中国高等院校计算机基础教育课程体系规划教材

丛书主编 谭浩强

ASP.NET 动态网站开发教程

冯 涛 编著

清华大学出版社

北京

内 容 简 介

本书从初学者角度出发,以通俗易懂的语言,详细介绍使用 ASP.NET 3.5 进行动态网站开发的实用技术。全书共分 17 章,包括开发入门、XHTML 和 CSS、C#语言基础、基本控件的使用、XML、站点导航控件、应用程序配置、主题与母版页、常用内置对象、身份验证技术、数据库基础与 SQL、使用 ADO.NET 操作数据库、数据绑定技术,以及使用程序进行数据控件的高级处理。最后通过一个"简捷动态网站"演示如何运用所学知识开发一个真正的网站。

本书适合作为大中专院校学生的教材,也适合作为 ASP.NET 开发爱好者的自学教程。

图书在版编目(CIP)数据

ASP.NET 动态网站开发教程 / 冯涛编著. --北京:清华大学出版社,2011.6
(中国高等院校计算机基础教育课程体系规划教材)
ISBN 978-7-302-23603-0

Ⅰ. ①A… Ⅱ. ①冯… Ⅲ. ①主页制作 – 程序设计 – 教材 Ⅳ. ①TP393.092

中国版本图书馆 CIP 数据核字(2010)第 159234 号

责任编辑:张 民 赵晓宁
责任校对:白 蕾
责任印制:何 芊

出版发行:清华大学出版社 地 址:北京清华大学学研大厦 A 座
　　　　　http://www.tup.com.cn 邮 编:100084
　　　　　社 总 机:010-62770175 邮 购:010-62786544
　　　　　投稿与读者服务:010-62795954,jsjjc@tup.tsinghua.edu.cn
　　　　　质 量 反 馈:010-62772015,zhiliang@tup.tsinghua.edu.cn
印 刷 者:清华大学印刷厂
装 订 者:三河市新茂装订有限公司
经 销:全国新华书店
开 本:185×260 印 张:21.75 字 数:509 千字
版 次:2011 年 6 月第 1 版 印 次:2011 年 6 月第 1 次印刷
印 数:1~4000
定 价:31.00 元

产品编号:032397-01

中国高等院校计算机基础教育课程体系规划教材

编审委员会

从 20 世纪 70 年代末、80 年代初开始，我国的高等院校开始面向各个专业的全体大学生开展计算机教育。特别是面向非计算机专业学生的计算机基础教育，牵涉的专业面广、人数众多，影响深远。高校开展计算机基础教育的状况将直接影响我国各行各业、各个领域中计算机应用的发展水平。这是一项意义重大而且大有可为的工作，应该引起各方面的充分重视。

20 多年来，全国高等院校计算机基础教育研究会和全国高校从事计算机基础教育的老师始终不渝地在这片未被开垦的土地上辛勤工作，深入探索，努力开拓，积累了丰富的经验，初步形成了一套行之有效的课程体系和教学理念。20 年来高等院校计算机基础教育的发展经历了 3 个阶段：20 世纪 80 年代是初创阶段，带有扫盲的性质，多数学校只开设一门入门课程；20 世纪 90 年代是规范阶段，在全国范围内形成了按 3 个层次进行教学的课程体系，教学的广度和深度都有所发展；进入 21 世纪，开始了深化提高的第 3 阶段，需要在原有基础上再上一个新台阶。

在计算机基础教育的新阶段，要充分认识到计算机基础教育面临的挑战。

(1) 在世界范围内信息技术以空前的速度迅猛发展，新的技术和新的方法层出不穷，要求高等院校计算机基础教育必须跟上信息技术发展的潮流，大力更新教学内容，用信息技术的新成就武装当今的大学生。

(2) 我国国民经济现在处于持续快速稳定发展阶段，需要大力发展信息产业，加快经济与社会信息化的进程，这就迫切需要大批既熟悉本领域业务，又能熟练使用计算机，并能将信息技术应用于本领域的新型专门人才。因此需要大力提高高校计算机基础教育的水平，培养出数以百万计的计算机应用人才。

(3) 从 21 世纪初开始，信息技术教育在我国中小学中全面开展，计算机教育的起点从大学下移到中小学。水涨船高，这样也为提高大学的计算机教育水平创造了十分有利的条件。

迎接 21 世纪的挑战，大力提高我国高等学校计算机基础教育的水平，培养出符合信息时代要求的人才，已成为广大计算机教育工作者的神圣使命和光荣职责。全国高等院校计算机基础教育研究会和清华大学出版社于 2002 年联合成立了"中国高等院校计算机基础教育改革课题研究组"，集中了一批长期在高校计算机基础教育领域从事教学和研究的专家、教授，经过深入调查研究，广泛征求意见，反复讨论修改，提出了高校计算机基础教育改革思路和课程方案，并于 2004 年 7 月公布了《中国高等院校计算机基础教育课程体系 2004》（简称 CFC 2004）。 CFC 2004 公布后，在全国高校中引起强烈的反响，国内知名专家和从事计算机基础教育工作的广大教师一致认为 CFC 2004 提出了一个既体现先进性又切合实际的思路和解决方案，该研究成果具有开创性、针对性、前瞻性和可操作性，对发展我国高等院校的计算机基础教育具有重要的指导作用。根据近年来计算机基础教育的发展，课题研究组对 CFC 2004 进行了修订和补充，使之更加完善，于 2006 年和 2008 年公布了《中国高等院校计算机基础教育课程体系 2006》（简称 CFC 2006）和《中国高等院校计算机基础教育课程体系 2008》（简称 CFC 2008），由清华大学出版社出版。

为了实现课题研究组提出的要求，必须有一批与之配套的教材。 教材是实现教育思想和教学要求的重要保证，是教学改革中的一项重要的基本建设。 如果没有好的教材，提高教学质量只是一句空话。 要写好一本教材是不容易的，不仅需要掌握有关的科学技术知识，而且要熟悉自己工作的对象、研究读者的认识规律、善于组织教材内容、具有较好的文字功底，还需要学习一点教育学和心理学的知识等。 一本好的计算机基础教材应当具备以下 5 个要素：

（1）定位准确。 要十分明确本教材是为哪一部分读者写的，要有的放矢，不要不问对象，提笔就写。

（2）内容先进。 要能反映计算机科学技术的新成果、新趋势。

（3）取舍合理。 要做到"该有的有，不该有的没有"，不要包罗万象、贪多求全，不应把教材写成手册。

（4）体系得当。 要针对非计算机专业学生的特点，精心设计教材体系，不仅使教材体现科学性和先进性，还要注意循序渐进、降低台阶、分散难点，使学生易于理解。

（5）风格鲜明。 要用通俗易懂的方法和语言叙述复杂的概念。 善于运用形象思维，深入浅出，引人入胜。

为了推动各高校的教学，我们愿意与全国各地区、各学校的专家和老师共同奋斗，编写和出版一批具有中国特色的、符合非计算机专业学生特点的、受广大读者欢迎的优秀教材。 为此，我们成立了"中国高等院校计算机基础教育课程体系规划教材"编审委员会，全面指导本套教材的编写工作。

这套教材具有以下几个特点：

（1）全面体现 CFC 2004、CFC 2006 和 CFC 2008 的思路和课程要求。 本套教材的作者多数是课题研究组的成员或参加过课题研讨的专家，对计算机基础教育改革的方向和思路有深切的体会和清醒的认识。 因而可以说，本套教材是 CFC 2004、CFC 2006 和 CFC 2008 的具体化。

（2）教材内容体现了信息技术发展的趋势。 由于信息技术发展迅速，教材需要不断更新内容，推陈出新。 本套教材力求反映信息技术领域中新的发展、新的应用。

（3）按照非计算机专业学生的特点构建课程内容和教材体系，强调面向应用，注重

培养应用能力，针对多数学生的认知规律，尽量采用通俗易懂的方法说明复杂的概念，使学生易于学习。

（4）考虑到教学对象不同，本套教材包括了各方面所需要的教材(重点课程和一般课程；必修课和选修课；理论课和实践课)，供不同学校、不同专业的学生选用。

（5）本套教材的作者都有较高的学术造诣，有丰富的计算机基础教育的经验，在教材中体现了研究会所倡导的思路和风格，因而符合教学实践，便于采用。

本套教材统一规划、分批组织、陆续出版。希望能得到各位专家、老师和读者的指正，我们将根据计算机技术的发展和广大师生的宝贵意见随时修订，使之不断完善。

全国高等院校计算机基础教育研究会荣誉会长
"中国高等院校计算机基础教育课程体系规划教材"编审委员会主任

谭浩强

ASP.NET 是微软公司推出的企业级网站开发平台，是目前国内外开发中、小企业网站的首选技术。 这不仅要归功于微软公司.NET 发展战略的成功实施，更重要的是ASP.NET 技术本身所具有的无限魅力——它不仅功能强大，而且易学易用、高效快捷，在与其同步推出的集成开发环境 Microsoft Visual Studio 下编程，更如行云流水一般。目前，ASP.NET 已被很多院校纳入网页设计相关课程的教学中。

　　本书从结构酝酿到最终完稿，历时一年半之久，是编者在总结多年 ASP.NET 的使用、教学，以及企业动态网站开发经验的基础上编写而成的。 本书的突出特点是入手容易、结构合理，学完即能应对 ASP.NET 动态网站开发。

　　一般来讲，在实际开发工作中，80% 的常用技术往往只占全部知识中 20% 的比例（即 2/8 定律）。 那么作为初、中级网站开发者，最先掌握这 20% 的常用技术是高效学习和提高网站开发技术的捷径。 本书紧密联系开发实践需要，将最常用的知识点和技术要领提炼出来，使之更具有针对性、功效性、简便性和实用性，使读者学习完成后，切实具备开发有价值的动态网站的能力。

　　本书内容由浅入深，知识讲解循序渐进，反映了初学者认识和掌握计算机技术的基本规律。 为了使读者能够在比较愉悦的状态下顺利地掌握 ASP.NET 网站开发技术，本书在精心构建知识体系的同时，各章节采用见名知意的方法进行命名，以使读者最直观地了解章节的核心作用。 每个新知识点的开始，都是通过问题索引，将理论与实践密切结合，易于学习、掌握和运用。

　　规范应该是开发者从开始学习时就应养成的良好编程习惯，但很多人往往忽视了这一点，只将关注的重心放在技术点上，结果反而制约了技术能力的发挥。 因为在实际开发工作中，不论是团队开发，还是产品开发，要求都是统一规范的，如果到那时再培养自己的规范习惯就欲速则不达了。 本书并没有刻意去介绍编程规范，而是将其融入到每一个实例中，使读者在学习完成时，自然而然就感知并强化了良好的编程规范习惯。

　　本书讲解的是 ASP.NET 3.5 版本，采用 C#作为后台编程语言，这是微软专为.NET 系统量身定做的语言，越来越多的.NET 开发者选择了 C#语言。 如果读者已经掌握了 VB、C/C++ 或者 Java 语言，那么 C#就理解几乎七八成了。 本书第 4 章还会对 C#作简单介绍。

　　本书案例的开发工具为 Microsoft Visual Studio 2008 Team Suite，可以从微软网站

下载到其 90 天的试用版，使用完全免费的 Microsoft Visual Web Developer 2008 速成版也可以。

　　全书共分 17 章，相关知识点包括：动态网站开发入门、XHTML 和 CSS、C#语言基础、基本控件的使用、XML、站点导航控件、应用程序配置、主题与母版页、常用内置对象、身份验证技术、数据库基础与 SQL、ADO.NET 操作数据库、数据绑定技术，以及编程对数据控件进行高级处理。 最后，通过一个综合实例"简捷动态网站"演示了如何运用所学知识开发出一个真正的动态网站。

　　本书在编写中，得到国内知名互联网应用服务提供商上海快网网络信息技术有限公司的大力支持与帮助，在此表示衷心的感谢。

　　因水平与时间所限，书中难免存在不足之处，欢迎读者批评指正。 若联系作者请发邮件至 bookSupport@ yeah.net 或登录 http://www.qacn.net。

编者

2010 年 10 月

第1章

什么是动态网站

什么样的网站算是动态网站？什么样的网站算是静态网站？在当今互联网上这两类网站并存的情况下，选择开发动态网站会带来什么样的好处？本章将通过实例对网站基础知识做一个简单的介绍。

1.1 网站的静态与动态

一个网站由许多个网页组成，这个网站是静态的还是动态的，可以通过其中的网页来大致做个判断。首先看一个静态网站的例子，如图 1-1 所示。

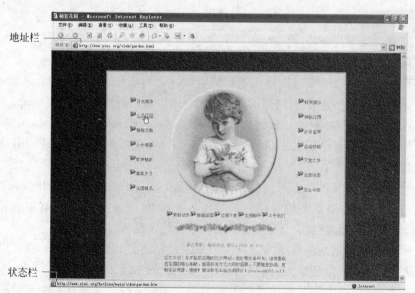

图 1-1 静态网站示例

通过查看各网页的扩展名是否是 htm 或 html，可以大致判断这是一个静态网站还是动态网站：

（1）地址栏中可以看到该网站当前的网页文件名为 garden.html，扩展名是 html。

（2）在将鼠标悬放到网页中的某些超链接时，状态栏中会显示跳转的目标网页，如

othergarden. htm,其扩展名是 htm。而且,扩展名的后面不带"?"等参数。

（3）网站每一个页面的名字都有明确含义,或者该页面存放在有明确含义名字的目录下。如"更新记录"网页命名为 news. htm,"少女漫画"网页存放在 girl 目录下。显然,该网站下若共有 N 个页面,则该网站的设计者就需手工一一为这 N 个网页命名。

下面再看一个动态网站的例子,如图 1-2 所示。

图 1-2　动态网站示例

这个网站有以下几个特征:

（1）网站首页包括了"用户登录"、"内容搜索"等功能模块。

（2）地址栏中可以看到该网站当前的网页文件名为 default. aspx,扩展名是 aspx。

（3）鼠标悬放到超链接后,从浏览器的状态栏可以看到跳转网页 Detail. aspx,扩展名是 aspx(后面的"?tbno = 202&id = c55e902c-4b37-4c77-8544-348d96cbbe78"是传递的参数)。

以上所体现的信息已足够表明,这个网站就是一个动态网站,而且是使用 ASP. NET 技术开发的。

由于目前流行的开发动态网站技术除了 ASP. NET 外,还有 JSP、PHP、ASP 等几种,所以,若在一个网站中查看到的各网页扩展名不是 aspx,而是 jsp、php、asp 中的某个,也说明它是动态网站,只不过是由另外的几种技术开发的而已。

静态网站和动态网站两者都可以为用户提供信息内容,但是动态网站功能更加强大,尽管开发技术要求高,但已成为当前互联网网站开发的主流。

需要说明的是,一个网站制作得是否精美与它是静态网站还是动态网站是两回事。

1.2　网站的静态与动态之别

单纯使用静态网页技术建设网站,在早期较为流行,虽然网页中包括有文字和图片,但是只要不改变设计,网页的显示信息是不会变化的。对静态网站中网页(也称静态网页)的访问过程如图 1-3 所示。

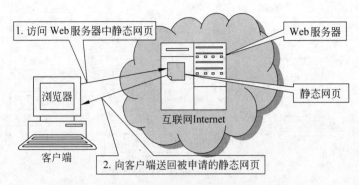

图 1-3 静态网页的访问过程

（1）客户端通过浏览器访问 Web 服务器中静态网页。

（2）服务器向客户端送回被申请的页面。

（3）在客户端下载并在浏览器上显示页面。

（4）断开客户端与服务器之间的联系。

整个过程比较简单,到客户端下载完页面时为止,整个过程就结束了。客户端接收到的网页内容与服务器上存放的网页内容是完全一致的。这一点,可以通过先制作一个普通的静态网页发布在服务器上,然后使用自己的浏览器访问它,并通过浏览器的【查看】|【源文件】功能来核对。

用于发布静态网页的网站设计一般比较简单,适用于发布信息量比较少,内容更新也比较缓慢,客户浏览的要求不高的网站。静态网页文件的扩展名一般为 htm 或 html。

随着因特网应用领域的扩展,各种不同类型的客户加入到网络中来,不少客户很快就提出了新的要求,例如,A 客户提出,能不能代我查阅一下自己银行存款的情况？要满足类似这样的需求,服务器的工作就不那么简单了。它首先要接收该用户提交的用户账号,然后查阅他的银行账户,进行必要的计算和统计,再将结果反馈给 A 客户。这就是说,服务器上的网页要具有交互性,获取该用户需求后,先执行相关的程序,进行处理后再生成一个只针对该用户的结果网页然后再返回。若还有另一个 B 客户也提出了同样的请求,则生成针对 B 客户的结果网页并返回。

想像一下,类似的请求会很多,若使用静态网站的开发技术来做工作量太大,实时性也无从谈起。总不能把全部客户可能请求的一切结果先制作成独立的各个静态网页放在服务器上备用吧。

再比如用户登录的处理,信息搜索的处理,论坛、博客等,都需要针对各用户具体的请求结果进行下一步的处理。这用静态网页是无法做到的,解决的办法是制作一个"以不变应万变"的网页来自动处理这种请求。这个"变"就需要通过在网页里添加程序来完成。

类似的这种最终输出内容将随程序执行的结果而有所不同的网页被称为"动态网页",访问动态网页的过程如图 1-4 所示。

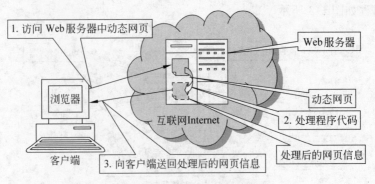

图 1-4　动态网页的访问过程

（1）客户端通过浏览器访问 Web 服务器中动态网页。

（2）服务器接收请求,开始处理此动态网页上的程序代码。

（3）将代码的处理结果形成新的网页信息向客户端送出。

（4）在客户端下载并在浏览器上显示网页。

（5）服务器断开与客户的联系。

　　与静态网页相比,动态网页在处理上多了一个处理程序代码的过程。因此,最后客户端接收到的网页内容与服务器上存放的网页内容是不一致的。

　　例如,服务器上存放了一个动态网页,内容是根据当前时间输出上午好或者下午好。客户端的浏览器若在上午 9 点钟和下午 3 点钟分别访问该网页,得到的显示结果是不相同的,如图 1-5 所示。

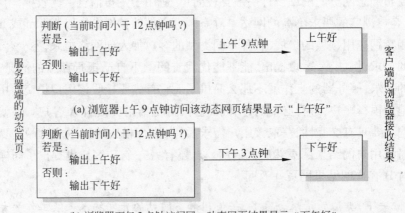

图 1-5　浏览器不同时段访问同一个动态网页

1.3　开发动态网站的几种主流技术

　　1.1 节中已经谈到,开发动态网站的主流技术除了 ASP.NET 外,还有 ASP、PHP、JSP 开发技术,下面对四者的特点简单加以对比。

1. ASP

ASP(Active Server Pages)由微软公司于1996年推出,采用脚本语言 VBScript 或 JavaScript 作为开发语言,简单易学,现今仍在动态网页开发领域占据很高份额。该类网页文件的扩展名一般为 asp。

2. PHP

超文本预处理器(Hypertext Preprocessor,PHP)由 Rasmus Lerdorf 于1994年提出来,是一种开放的、跨平台的服务器端嵌入式脚本语言,其大量借用 C、Java 和 perl 语言的语法,并且完全免费,可以直接从 PHP 官方站点自由下载。该类网页文件扩展名一般为 php。

3. JSP

JSP(Java Server Page)是 Sun 公司1999年推出的开发技术,借助在 Java 上的不凡造诣,在执行效率、安全性和跨平台性方面均有着出色的表现。网页文件扩展名一般为 jsp。

4. 新一代的 ASP. NET

虽然微软公司借助 ASP 获得了 Web 开发领域的巨大成功,但是受到了 PHP、JSP 的严峻挑战。2000年,微软公司推出了全新的 ASP. NET 开发技术。

ASP. NET 是建立在. NET 框架平台上的完全面向对象的系统,是在借鉴了 JSP 的诸多优点后推出的,这样 ASP. NET 就具有后发优势。

ASP. NET 不再采用解释型的脚本语言,而是采用编译型的程序语言,如 C#、VB. NET 等,执行速度加快了许多(大约比 ASP 效率高3倍)。并且 ASP. NET 可以把网页的内容与程序代码分开,即 Code-Behind(代码隐藏)技术,这样可以使得页面的编码井井有条,便于协作开发和功能的重复使用等,一系列的新特性都让 ASP. NET 获得了更高的开发效率、更优秀的使用效果。该类网页文件的扩展名一般为 aspx。

1.4 ASP. NET 开发环境和平台

运行 ASP. NET 网站前,需要先安装. NET 应用程序框架。. NET 框架是一个多语言组件开发和执行环境,可以从微软网站下载安装,地址如下:

```
http://download.microsoft.com/download/6/0/f/60fc/5854 - 3cb8 - 4892 - b6db
- bd4f42510f28/dotnetfx35.exe
```

或使用百度等搜索,关键字为 Microsoft . NET Framework 3.5。

有了. NET 框架的支持,一些单靠应用程序设计很难解决的问题都可以迎刃而解。. NET 框架这个平台给网站提供了全方位的支持,这些支持包括:

(1)强大的类库。利用类库中的类可以生成对象组装程序,以实现快速开发、快速部署的目的。

（2）多方面服务的支持。如智能输出（对不同类型的客户自动输出不同类型的代码）、内存的碎片自动回收、线程管理、异常处理等。

（3）允许利用多种语言对应用进行开发。

（4）跨平台的能力。

（5）充分的安全保障能力。

如果作为网站开发者，需要在本机开发 ASP. NET 网站，虽然开发工具选择余地颇多，最佳的莫过于微软同步推出的集成化编程软件 Microsoft Visual Studio，在该环境下开发 ASP. NET，更如行云流水一般。Visual Studio 2008 可以从微软公司网站下载，地址是

```
http://www.microsoft.com/downloads/details.aspx?familyid=D95598D7-AA6E
-4F24-82E3-81570C5384CB&displaylang=zh-cn
```

由于 Microsoft Visual Studio 内部已集成安装了. NET 框架，所以本机若已经安装了 Microsoft Visual Studio，可不必再单独安装. NET 框架。本书全部示例均以 Microsoft Visual Studio 为开发平台。

Framework——框架，是开发人员对编程语言命令集的称呼。. NET 应用程序框架（Microsoft . NET Framework）是一个多语言组件开发和执行的环境，意义就在于只用统一的命令集支持任何的编程语言。无论开发人员使用的是 C#作为编程语言还是使用 VB. NET 作为开发语言，都能够基于. NET 应用程序框架而运行。. NET 应用程序框架主要包括 4 个部分，分别为公共语言运行时、统一的编程类库、应用程序平台和程序设计语言。

. NET 框架的层次结构如图 1-6 所示。

图 1-6　. NET 框架的层次结构

1．. NET 框架使用的语言

在. NET 框架上可以运行多种程序设计语言，这是. NET 的一大优点，目前已经有 C#、VB . NET、C++ . NET、J#、Jscript . NET 等，由于多种语言都运行在. NET 框架之中，因此尽管语法有区别，但它们的功能都基本相同，应用程序开发者更便于选择自己习惯或爱好的语言进行开发。

C#是为. NET 框架"量体裁衣"新开发出来的语言，非常简练和安全，最适于在. NET 框架中使用。本书的示例都是用 C#编写的，并在第 4 章对 C#的常用语法进行了必要的讲解。

ASP. NET 并不是一门编程语言，它只是一个支持动态网站运行的环境、一个应用程序平台。在开发中，要选择一门. NET 的程序设计语言来编写，如 C#或 VB. NET 等。

2．类库

. NET 框架的另一个主要组成部分是类库，包括数千个可重用的"类"。各种不同的开发语言都可以调用它来开发应用程序功能。为了便于调用，再将"类"按照功能分组，

划分为各个"命名空间"（Java 中称为"包"）。相当于城市（类）与省份（命名空间）的关系。

3. 公共语言运行时

公共语言运行时（Common Language Runtime，CLR）也称公共语言运行环境，相当于 Java 体系中的"虚拟机"，它是 .NET 框架的核心，提供了程序运行时的内存管理、垃圾自动回收、线程管理和远程处理以及其他系统服务项目。同时，它还能监视程序的运行，进行严格的安全检查和维护工作，以确保程序运行的安全、可靠以及其他形式的代码的准确性。

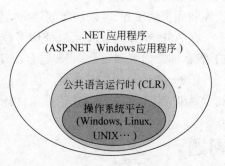

任何一个操作系统平台，只要能被 CLR 支持（目前仅支持 Windows 平台），则意味着 .NET 应用程序就可以在此平台上运行，实现跨平台的意义，如图 1-7 所示。

图 1-7 公共语言运行时在跨平台中的作用

4. 二次编译

一直以来，效率和跨平台是相矛盾的。在某平台下"编译"的应用程序虽然执行效率高，但只能被本平台识别运行，不能在其他平台运行（因为最终生成的文件是针对具体操作系统的机器代码）。而采用"解释"的方式逐条执行，虽然容易做到跨平台使用，但是效率却又变低了。如何能够做到既能跨平台，又能高效率执行？

.NET 通过"二次编译"的方式解决了这个问题，即源程序代码先经过"预编译"转换为中间语言代码（Intermediate Language，IL 或 MSIL，即俗称的"伪代码"）备存，直到在某个平台执行时再继续通过安装在该平台的转换引擎"实时编译"为本平台的机器代码运行。

这样，各类平台只要装上对应的能提供"实时编译"的转换引擎（CLR 提供此功能），就可以将其转换为本平台需要的机器代码运行，实现跨平台效果。

由于经预编译后的中间代码已经与二进制代码非常接近了，因此，"实时编译"的速度也很快。

.NET 语言转换的过程如图 1-8 所示。

图 1-8 从源代码到机器代码的转换过程

"二次编译"实际上是以牺牲第一次执行的效率为代价来换取程序整体执行效率的提高。所以，当一个 ASP.NET 程序首次编译执行时，它的执行速度会很慢（在实际中往往由开发人员进行首次运行），但以后每次运行速度就非常快了。

本章小结

　　动态网页开发技术是今后网站建设的趋势,而 ASP.NET 是一个完全面向对象的强大的动态网页开发技术。与.NET 框架完全结合是它最大的特点,借助.NET 框架庞大的类库和完善的服务,可以快速创建出功能强大、运行可靠的网站。

　　在 ASP.NET 开发中可以使用多种语言,C#是为.NET 框架“量体裁衣”新开发出来的语言,非常简练和安全,非常适合在.NET 框架中使用。

　　了解.NET 框架的基本概念能够提高未来开发应用程序的适用性和健壮性。虽然在初学 ASP.NET 时会觉得比较抽象,但随着后面的开发学习会逐渐清晰起来。

习题

1. 填空题

　　(1).NET 框架由_____、_____、_____和_____4 部分组成。

　　(2).NET 框架中包括一个庞大的类库。为了便于调用,将其中的“类”按照_____进行逻辑分区。

　　(3) 实现交互式网页需要采用_____技术,至今已有多种实现交互式网页的方法,如_____、_____、_____等。

2. 选择题

　　(1) 静态网页文件的扩展名是(　　)。

　　　　A. asp　　　　　　　B. aspx　　　　　　　C. htm　　　　　　　D. jsp

　　(2) 在 ASP.NET 中源程序代码先被生成中间代码(IL 或 MSIL),待执行时再转换为 CPU 所能识别的机器代码,其主要目的是满足(　　)的需要。

　　　　A. 提高效率　　　　B. 保证安全　　　　C. 程序跨平台　　　D. 易识别

3. 判断题

　　(1) 和 ASP 一样,ASP.NET 也是一种基于面向对象的系统。　　　　　　　(　　)

　　(2) 在 ASP.NET 中能够运行的程序语言只有 5 种。　　　　　　　　　　　(　　)

4. 简答题

　　(1) 静态网页与动态网页在运行时的最大区别在哪里?

　　(2) 简述.NET 框架中 CLR 的作用。

第 2 章

创建第一个动态网站

从无到有，一个简单的动态网站从开发到发布到互联网上，让全球人都能浏览，大致需要 4 个步骤，即申请域名和空间→网站设计与制作→预编译网站→网站上传发布，最后，用户就可以浏览到了。本章将带领大家依上述步骤制作并发布一个简单的 ASP. NET 网站。以便读者从总体上把握动态网站开发的基本流程，并掌握一些基础知识和相关工具的基本使用方法。

2.1　开发 ASP. NET 网站的步骤和前期准备

ASP. NET 动态网站的开发，与普通的静态网站相比，除了在上传网站前增加了一个"预编译"的环节，其他方面比较相近，步骤和所需条件如图 2-1 所示。

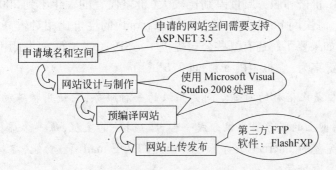

图 2-1　ASP. NET 动态网站开发步骤和所需条件

下面的小节将分别介绍各步骤的相关知识和操作方法。操作方法中的示例为一个整体，用户按步骤完成后，可实际在互联网上浏览。

2.2　创建一个简单的 ASP. NET 应用程序

2.2.1　完成后的效果

这是一个"欢迎来访者"的 ASP. NET 动态网站，只包含了一个网页，名称为 Default

. aspx。浏览者打开该网页后,在文本框内填入自己的姓名,如"李小莉",单击【欢迎】按钮后,网页会显示"李小莉是你吗,见到你太高兴了!",效果如图 2-2 所示。

图 2-2   示例网页

2.2.2   申请域名和空间

由于本书使用 ASP. NET 3.5 来开发动态网站,所以申请的网站空间就必须要支持 ASP. NET 3.5 版本,这一点与静态网站不同(静态网站放在任何网站空间都会被支持)。所以申请时要注意提供商的产品列表,它会明确标示空间容量和支持的网站类型。

"申请域名和空间"这一环节可以与虚拟主机提供商联系购买,目前开展这项业务的网络公司有很多,价格和服务质量差别比较大(价格便宜的一年不到 200 元),国内知名网络公司中,"上海快网 http://www. kuaiwang. com"的性价比相对较高,而且还提供了免费试用服务(如果要了解还有哪些公司提供了 ASP. NET 3.5 主机试用服务,可通过百度搜索,搜索关键字为"虚拟主机 asp. net 3.5 试用")。

虚拟主机是比俗称的网页空间更高级的一种服务,它使用特殊的软硬件技术,把一台运行在因特网上的服务器主机分成一台台"虚拟"的主机,每一台虚拟主机都具有独立的域名,具有完整的 Internet 服务器(WWW、FTP、E-mail 等)功能,虚拟主机之间完全独立,并可由用户自行管理。

在外界看来,每一台虚拟主机和一台独立的主机完全一样,但由于多台虚拟主机共享一台真实主机的硬件资源,所以每个虚拟主机用户承受的费用均大幅度降低。

目前,许多企业建设网站采用了这种方式,不仅节省费用,同时也不必为维护服务器担心,因为这些工作都由虚拟主机提供商来处理了。

下面就以"上海快网"为例进行申请试用(待日后网站功能完善后可以考虑购买正式虚拟主机)。

(1)在浏览器内输入网址"http://www. kuaiwang. com",进入"上海快网"网站首页。

(2)单击网页上方的【免费注册】按钮进入用户注册页面。填写"登录账号"、"登录密码"等必要信息,然后单击【确认注册】按钮完成注册。之后单击【返回】按钮回到网站首页,然后单击【请登录】按钮,使用刚才注册的账号进行登录。

(3)登录成功后,将进入会员的管理页面,选择【产品购买】中的【购买主机】。

(4)选择订购".net3.5专用主机",填写上传网站文件用的上传账号和密码等信息,并选择开通方式为"试用3天",然后单击【完成,注册到下一步!】按钮,系统即自动创建用户的虚拟主机(依照提示,略微等待,此时不要刷新浏览器)。创建完成后,将显示"虚拟主机购买结果"页面。其中提供了3个关键信息(记下它们),即【上传地址】、【上传账号】、【上传密码】,如图2-3所示。

虚拟主机购买结果	
主机种类	.net3.5 专用主机（net35）
主机名称	uploadnet
上传地址	222.73.231.170（建议使用域名作为地址,便于记忆）
上传账号	uploadnet
上传密码	abcd1234（本系统独有的各项管理也基于此密码）
管理地址	（注册会员可以在本系统直接管理）
购买方式	试用3天满意后付款
购买期限	1年
购买结果	提交成功!
现在管理	现在管理我的虚拟主机
付款方式	点击此处查看付款方式
⇨ 下一步点击备案	

图2-3 虚拟主机购买结果

(5)单击【现在管理我的虚拟主机】链接,可查看到浏览本主机的网站所用的三级域名,如 uploadnet.host170.9free.net。网站上传后,可通过这个域名浏览。

2.2.3 网站设计与制作

推荐使用 Microsoft Visual Studio 2008(简称为 VS 2008)开发 ASP.NET 动态网站,它为开发者提供了一个所见即所得的集成开发环境,并在人机交互的设计理念上更加完善。使用 Microsoft Visual Studio 2008 开发环境进行应用程序开发能够极大地提高开发效率,实现各种复杂的编程应用。

1. Microsoft Visual Studio 2008 的安装与使用

在安装 Visual Studio 2008 之前,首先确保 IE 浏览器版本为 6.0 或更高,其他计算机配置要求如下所示。

- 支持的操作系统:Windows Server 2003;Windows Vista;Windows XP。
- 最低配置:1.6 GHz CPU,384 MB 内存,1024×768 显示分辨率,5400r/min 硬盘。
- 在 Windows Vista 上运行的配置要求:2.4 GHz CPU,768 MB 内存。

当开发计算机满足以上条件后就能够安装了,过程非常简单。

（1）单击 Visual Studio 2008 安装光盘中的 Setup.exe 进入安装程序,如图 2-4 所示。

图 2-4　Visual Studio 2008 安装界面

（2）单击【安装 Visual Studio 2008】链接进行 Microsoft Visual Studio 2008 的安装。安装程序首先会加载安装组件,这些组件为 Visual Studio 2008 的顺利安装提供了基础保障,耐心等待即可。

（3）在安装组件加载完毕后,单击【下一步】按钮进行 Visual Studio 2008 安装路径和安装功能的选择,直接依照默认即可,如图 2-5 所示。

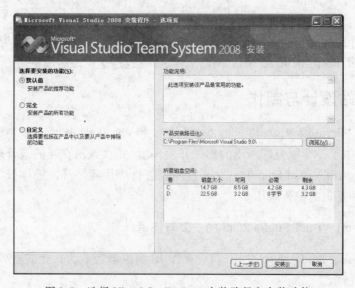

图 2-5　选择 Visual Studio 2008 安装路径和安装功能

若只使用 C#进行 ASP.NET 的开发,可以单击【选择要安装的功能】选项中的【自定义】,取消【语言工具】中的 Visual Basic 和 Visual C++的选择,以节省磁盘空间。

（4）单击【安装】按钮进行 Visual Studio 2008 的安装，如图 2-6 所示。

图 2-6　Visual Studio 2008 的安装

（5）安装完成后将返回到图 2-4 所示的初始界面，这时 Visual Studio 2008 就可以使用了。不过，建议大家再单击"安装产品文档"进行帮助功能的安装。这个功能对于自学很有帮助，只要将光标移动到困惑的地方，按 F1 键即可显示详细的解释。

（6）启动 Visual Studio 2008 开发工具中网站项目的工作界面，如图 2-7 所示。

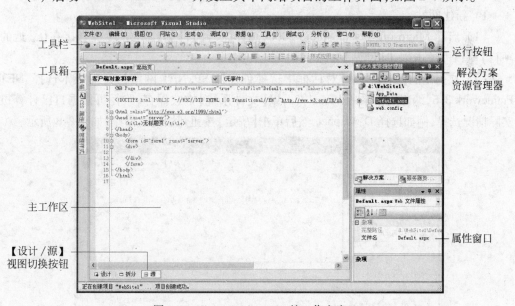

图 2-7　Visual Studio 2008 的工作主窗口

① 工具栏。提供用于格式化文本、查找文本等的命令。一些工具栏只有在【设计】视图下才可用。

② 工具箱。隐藏在左侧，鼠标悬放自动弹出，它提供开发 ASP.NET 程序所需的各种

控件。需要用到某个控件时，可以通过双击调用，或者直接用鼠标拖放到主工作区内。工具箱中的各控件按常用功能分组。

③ 运行按钮 ▶ 。用来测试运行当前选定的 ASP.NET 网页。

④ 解决方案资源管理器。用来管理网站内的所有文件和文件夹，类似 Dreamweaver 软件里的"站点管理器"。它不但可以从其他目录将已有文件拖放进来，也可以通过右击网站路径，如 📁 d:\WebSite1\ ，选择向其中添加新项。

⑤ 属性窗口。用来对所选控件设置属性。比如从工具箱中将控件拖放到主工作区后，就可以在属性栏设置该控件的显示文本（Text）、名称（ID）和背景颜色（BackColor）等属性。当单击某个属性名时，下方会自动显示其代表的含义。

⑥ 主工作区。位于中央，用来设计内容页面和书写有关代码，是主要的操作窗口。所有打开的文件都会放在该窗口中，单击切换主工作区上方的文件标签，就会显示相应的文件内容，单击右侧的关闭按钮，就可以关闭当前的文件。如果想重新打开文件，在【解决方案资源管理器】中双击文件名称即可。

⑦【设计/源】视图切换按钮。用于对主工作区内编辑的内容页在设计视图（所见即所得）与源代码视图之间切换。这个功能类似 Dreamweaver 软件里的【代码/设计】切换按钮 💿代码 🗏拆分 🗏设计 。

用户可以按自己的喜好重新排列窗口位置或调整大小。如果某些窗口在 Visual Studio 中不可见，在"视图"菜单上单击相应窗口名即可重新打开。

2. "欢迎来访者"网站的制作

1）新建网站

（1）启动 Microsoft Visual Studio 2008，选择【文件】|【新建网站】（或直接在【最近的项目】窗口内单击创建【网站】）。

（2）在弹出的【新建网站】对话框中选择创建【ASP.NET 网站】，开发版本选择.NET Framework 3.5，编程语言采用 Visual C#，以【文件系统】方式保存，路径可根据自己计算机实际情况选择，例如选择 D:\aspnet，然后单击【确定】按钮开始建立网站，如图 2-8 所示。

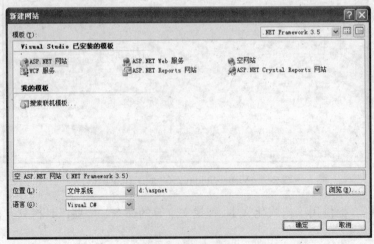

图 2-8　新建网站

（3）Visual Studio 2008 自动为当前新建网站生成必要的文件结构,这几个文件可从"解决方案资源管理器"中查看到,双击文件即可在主工作区打开进行编辑:

- 一个名为 App_Data 的系统目录;
- 一个名为 web.config 的网站配置文件;
- 一个名为 Default.aspx 的网页设计文件(展开 Default.aspx 前的加号 ⊞ ,可看到它还内嵌一个名为 Default.aspx.cs 的代码文件)。

默认情况下系统自动打开 Default.aspx 文件。

💡默认的情况下,Visual Studio 2008 创建的每一个网页都是由两个文件构成的,一个是扩展名为 aspx 的设计文件,另一个是扩展名为 cs 的代码文件。设计文件存放网页的设计结构,包含了很多标签。代码文件则存放网页的逻辑结构,只包含程序语句。

两者的命名很有意思,若设计文件名为 a.aspx,它对应的代码文件则名为 a.aspx.cs;设计文件名为 b.aspx,则代码文件就为 b.aspx.cs。

这种将内容设计和程序逻辑分别存放到两个文件的模式叫"代码分离"或"代码隐藏"。可以使得页面的结构井井有条并可以重复使用,它让不同的开发人员可以更专注于自己的工作领域。而 ASP、JSP、PHP 三者都是在一个网页文件中混合了 HTML 代码和程序代码。

2）界面设计

（1）单击【设计/源】切换按钮 ▣设计 ▯拆分 ▣源 切换到设计视图。

（2）从左侧边的工具箱中拖动标签控件(或双击标签控件)**A** Label 到主工作区。

（3）从工具箱中拖动文本框控件(或双击文本框控件) abl TextBox 到主工作区。

（4）从工具箱中拖动按钮控件(或双击按钮控件) ab Button 到主工作区。

3）修改控件属性

（1）单击选定主工作区中的标签控件 Label ,在右下角的【属性】窗口找到 ID 属性,将内容 Label1 修改为 labMessage,找到 Text 属性,将内容 Label 清除。

（2）单击选定主工作区中的文本框控件 ▯　　　　　　　 ,将【属性】窗口中的 ID 属性值 TextBox1 修改为 txtName。

（3）单击选定主工作区中的按钮控件 Button ,将【属性】窗口中的 ID 属性值 Button1 修改为 btnWelcome,将 Text 属性值 Button 修改为"欢迎"。

最终 Default.aspx 页的设计效果如图 2-9 所示。

4）编写代码

双击按钮【欢迎】,进入代码页 Default.aspx.cs,在 protected void btnWelcome_Click (object sender, EventArgs e)下面的一对花括号 ｛｝ 之间填入代码:

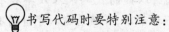

```
labMessage.Text = txtName.Text + "是你吗,见到你太高兴了!";
```

如图 2-10 所示。

💡书写代码时要特别注意:

（1）字母的大小写。C#区分字母的大小写,这一点与 TC 和 Java 要求是一致的。

（2）字符的全角与半角。除提示内容可任意外,其他部分一律用半角符号。对于上

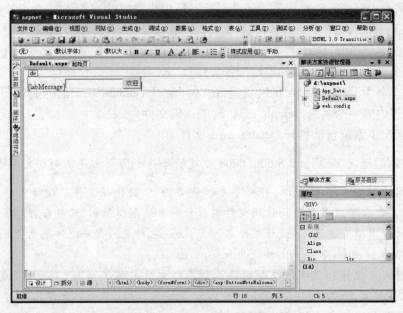

图 2-9　Default. aspx 页面设计效果

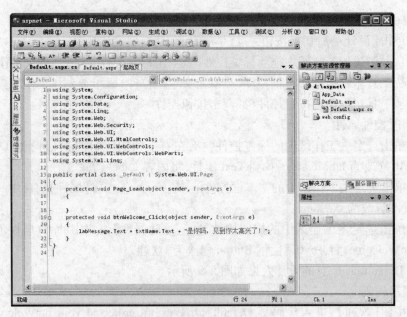

图 2-10　代码页 Default. aspx. cs

例来讲,是你吗,见到你太高兴了! 这句话里面的逗号",和感叹号"!"可以全、半角任意,但程序语句和操作符、双引号等必须是半角。

(3) 应充分利用 Visual Studio 2008 的智能感知功能,以提高代码录入效率和准确性。当我们键入控件名称或分隔句点时,它会弹出一个下拉菜单,并随着输入字符的不断完善,自动定位最吻合的控件名称,当定位到正确的名称时,只需键入下部分要录的字符,所选部分即可自动填充到代码中,如图 2-11 所示。

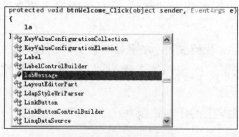

(a) 控件名称的智能感知   (b) 属性的智能感知

图2-11 控件名称和属性的智能感知

5）本地测试动态网站

（1）单击工具栏中的运行按钮 ▶ 启动调试（或按 F5 键）。Visual Studio 2008 会自动调用浏览器显示 Default. aspx 网页。首次运行调试前，Visual Studio 2008 会提示是否修改 Web. config 以启用调试，选择默认的然后单击【确定】按钮即可，如图2-12 所示。

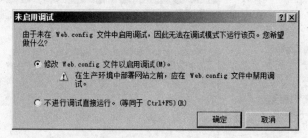

图2-12 提示选择是否修改 Web. config 以启用调试

（2）下面测试效果。在文本框内填入"李小莉"，单击【欢迎】按钮，即出现图2-2 所示的欢迎信息。若输入的是别的名字，比如"刘德华"，单击【欢迎】按钮后，则显示"刘德华是你吗，见到你太高兴了！"。

可以看到，同一个网页，根据用户输入信息的不同显示出了不一样的结果。大家可以对照第1章的1.2 节加以理解。

在 Visual Studio 2008 中自带了虚拟的 Web 服务器，所以开发人员可以不安装 IIS（Internet 信息服务）就可进行 ASP. NET 网页的调试。

（3）若要返回编辑状态，可以关闭弹出的测试网页或者单击 Visual Studio 2008 工具栏上的停止按钮■。

2.2.4 预编译网站

1. 预编译的好处

网站在本地测试成功后，应先经过预编译，之后再上传到互联网的虚拟主机上。这样做，具有下面4 点好处：

（1）避免安全隐患。经预编译后的网站，全部. cs 代码文件已被编译到"/bin"目录下一个扩展名为 dll 的二进制程序集文件中，起到了隐藏应用程序源代码的作用。否则，由于动态网页文件均是文本文件,若用户下载后进行源代码的查看,就有可能造成源文件代码泄露和漏洞的发现。

（2）精简文件数量。预编译后,不再包含.cs 代码文件,方便对网站文件的管理。

（3）提高运行效率。由于 ASP. NET 采用了二次编译的工作方式,所以先对网站预编译后再上传,避免了首次调用应用程序的延迟。

（4）预编译能够捕捉在应用程序启动阶段发生的任何错误。

2. 对网站进行预编译的方法

（1）在【解决方案资源管理器】窗口内右击项目路径,选择【发布网站】,如图 2-13 所示。

（2）系统会弹出【发布网站】对话框,单击浏览按钮▭,选择一个本地保存的位置,如图 2-14 所示。

图 2-13　选择【发布网站】

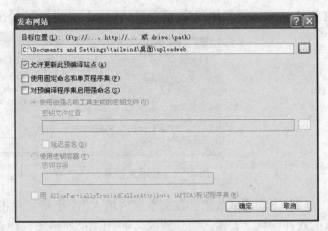

图 2-14　【发布网站】对话框

单击【确定】按钮后,Visual Studio 2008 即开始编译 ASP. NET 网站。编译后的 ASP. NET 网站中没有 cs 源代码,因为这些代码文件经编译后,会存放在 bin 目录下形成动态链接库 DLL 文件,如图 2-15 所示。

如图 2-15 所示,在发布目录中只包含 Default. aspx 页面文件而并没有包含代码文件 Default. aspx. cs,因为这些文件都被编译在 bin 目录下成为动态链接库文件。

编译后的 ASP. NET 网站在第一次应用时会有些慢,但之后的运行,每次对 ASP. NET 应用程序的请求都可以直接从 DLL 文件中请求,能够提高应用程序的运行速度。

2.2.5　用 FTP 工具发布网站

虽然 Visual Studio 2008 也支持 FTP 上传,但更好的选择是使用专门的 FTP 工具,比如 FlashFXP,CuteFTP 等,下面就以 FlashFXP（需要另外下载）为例,将已经过预编译的 ASP. NET 网站上传到互联网的虚拟主机。

（1）单击【开始】|【所有程序】| FlashFXP | FlashFXP,启动 FTP 工具 FlashFXP,如图 2-16 所示。

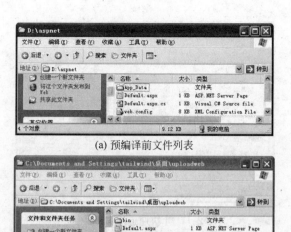

(a) 预编译前文件列表

(b) 预编译后文件列表

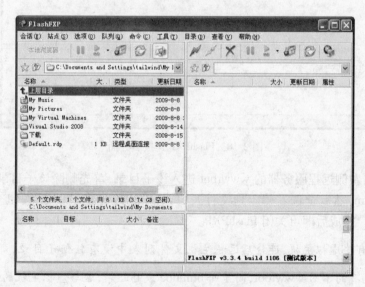

(c) 预编译后生成的动态链接库文件

图 2-15 预编译前后的文件对比

图 2-16 FlashFXP 程序界面

（2）单击工具栏的【连接】按钮，选择下拉列表中的【快速连接】，在弹出的【快速连接】对话框中填写 FTP 相应信息，其中的服务器、用户名、密码 3 个文本框中所填均来自于申请虚拟主机成功后得到的信息（参见图 2-3），然后单击【连接】按钮，如图 2-17 所示。

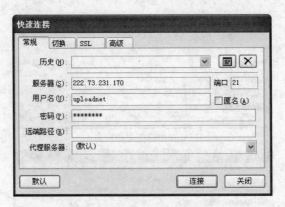

图 2-17 【快速连接】对话框

（3）FlashFXP 开始与虚拟主机建立连接，成功后在右侧窗口显示远程服务器文件列表，左侧为本地文件列表，首先切换本地文件目录到网站的发布路径，如图 2-18 所示。

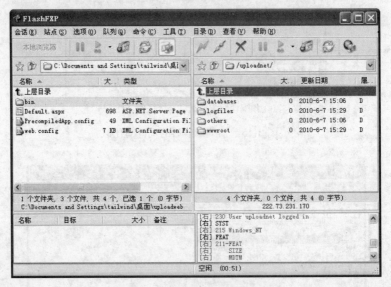

图 2-18 FlashFXP 连接后界面

（4）双击左侧远程服务器的 wwwroot 进入该子目录，首先删除该子目录内原有首页文件 index. htm，然后全选右侧本地文件及目录，单击本地窗口的 按钮全部上传，如图 2-19 所示。完成后即可关闭 FlashFXP。

对于有些虚拟主机，连接后远程主机文件列表中没有任何子目录，那么直接传送就可以了。也有的不叫 wwwroot，而是叫 htmldoc 或 doc 等，这与虚拟主机的设置有关，具体要传送到哪个子目录，要看提供商的使用说明。

2.2.6 网上浏览自己的作品

打开浏览器，浏览网站 http://uploadnet. host170. 9free. net/（即申请虚拟主机时得到的三级域名），输入一个姓名，单击【欢迎】按钮，即可实现所需效果。

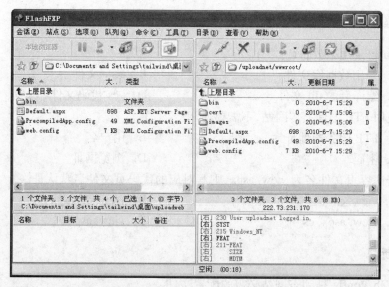

图 2-19　上传经预编译后的 ASP．NET 网站到虚拟主机 wwwroot 子目录下

若希望使用如 www．abc．com 这样的正式的域名访问网站,可以通过虚拟主机提供商的【域名注册】栏目注册购买合适的域名(大约 100 元),然后要求提供商或者自己到虚拟主机的管理界面,将该域名绑定到自己的虚拟主机上。

本章小结

本章通过"欢迎来访者"案例,概括性地介绍了一个简单的动态网站从设计制作到最终发布的完整流程,学习了相关工具的基本使用方法。Microsoft Visual Studio 是编写 ASP．NET 动态网站最有利的工具,借助 C#语言,能够以面向对象的方式高效地编写出具有交互功能的动态网站,将网站预编译后,再通过 FlashFXP 上传到互联网的 Web 服务器发布。

习题

1. 填空题

(1) 对于工作区内编辑的内容页,在设计视图(所见即所得)与源代码视图之间切换的是_____按钮。

(2) Label 控件的 Text 属性用于_____。

(3) 开发 ASP．NET 网站最有利的工具是_____。

(4) 为提高网站的安全性和初次访问速度,在使用 FTP 工具上传前,应首先对网站进行_____。

2. 选择题

(1) bin 目录用来放置(　　)。

    A. 专用数据库文件　　　　　　　　B. 共享文件

    C. 编译后的 dll 文件　　　　　　　　D. .cs 代码文件

(2) 使用 FTP 工具上传网站,不需要使用(　　)。

    A. FTP 服务器地址　　　　　　　　B. 用户名

    C. 密码　　　　　　　　　　　　　　D. 浏览网址

(3) 若内容页文件名为 view.aspx,则其对应的代码页文件名默认是(　　)。

    A. view.cs　　　　　　　　　　　　B. view.cs.aspx

    C. view.aspx.cs　　　　　　　　　　D. view.aspx

3. 判断题

(1) Web.config 是动态网站必需的配置文件。　　　　　　　　　　　(　)

(2) 对于任意一款虚拟主机,网站都应存放在 wwwroot 目录下。　　(　)

(3) .cs 代码文件必须随同网站一同上传到 Web 服务器。　　　　　(　)

(4) 并不是所有的虚拟主机都能够支持 ASP.NET 网页的运行。　　(　)

4. 简答题

(1) 什么是虚拟目录?

(2) 仔细对比后回答,网站内.aspx 内容页文件在进行预编辑前后有什么变化。

5. 操作题

(1) 利用百度搜索提供免费试用业务的虚拟主机提供商,并申请试用。

(2) 实际创建一个 ASP.NET 网站。

(3) 发布创建的 ASP.NET 网站到虚拟主机并浏览效果。

第 3 章

网页的基本组成元素
——XHTML 和 CSS

    无论是采用何种技术设计网页,网页的主体部分还是由 HTML(超文本置标语言)标签和 CSS(层叠样式表)构成的。不了解这两项基础技术,开发动态网页就相当于建空中楼阁。

    HTML 现在已经"升级"成了 XHTML,而 CSS 的功效之强也使它成为网页美化和布局不可或缺的技术。现在都讲究标准建站,而标准建站使用的技术主要就是 XHTML + CSS。

    以万网(http://www.net.cn)为例,IE 浏览器看到的显示效果如图 3-1 所示。

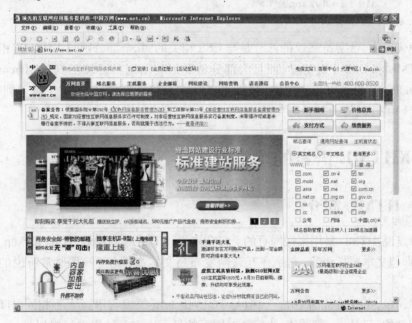

图 3-1 万网网站首页

    下面来看一看上面的页面效果是怎样由 XHTML 结合 CSS 构成的:

    单击 IE 浏览器菜单栏的【查看】|【源文件】,则浏览器自动调用"记事本"工具打开构成该网页的相关代码,如下所示为部分代码。

```
<!DOCTYPE html PUBLIC "-//W3C//DTD XHTML 1.0 Transitional//EN"
```

```
"http://www.w3.org/TR/xhtml1/DTD/xhtml1-transitional.dtd">
<html xmlns="http://www.w3.org/1999/xhtml">
<head>
    <meta http-equiv="Content-Type"content="text/html; charset=GB2312"/>
    <!--Use IE7 mode-->
    <meta http-equiv="X-UA-Compatible" content="IE=EmulateIE7"/>
    <title>领先的互联网应用服务提供商-中国万网(www.net.cn)</title>
    <meta name="keywords"content="万网,中国万网,域名注册,虚拟主机,主机托管,
企业邮箱">
    <meta name="description"content="领先的互联网应用服务提供商,为数百万用户
提供虚拟主机、企业邮箱、域名注册、网站建设、网络营销等全方位信息化服务。">
    <link href="/static/css/global.css" rel="stylesheet" type="text/css"/>
    <link href="/static/css/grid_blue.css" rel="stylesheet" type="text/
css" media="screen"/>
    <link href="/static/css/index.css" rel="stylesheet" type="text/css"
media="screen"/>
    <link href="/static/css/showtab.css" rel="stylesheet" type="text/css"/>
</head>
<body onclick="checkdiv(event)">
    <!--Layout-->
    <div class="style2008">
        <div id="wrapper">
//……以下省略……
```

上面代码中,带字符底纹的部分是与 CSS 相关的,其余部分则与 XHTML 相关。

XHTML 和 CSS 十分好学,而且大部分情况下利用网页开发工具,如 Dreamweaver、Visual Studio 等,也可以自动生成。但要成为一名合格的网站开发者,了解并拥有使用手工进行代码编写的能力却是必要的。

3.1　XHTML 语言的前世今生

3.1.1　HTML 简介

简单点说,HTML 是用来做网页的。复杂点说,HTML 是 Hyper Text Markup Language 的缩写,即超文本置标语言,它是在互联网发布超文本文件(也就是通常所说的网页)的通用语言。

它很简单,虽然也称为"语言",但与 TC、VB、Java 等编程语言大不相同,HTML 不含任何编程结构,只是由一些规定的标签对网页的显示内容和效果进行规划。

比如:

- 想实现"世界你好"的加粗显示效果:**世界你好**,只要用 <strong> 和 </strong> 这一对标签把"世界你好"围住即可。例如 <strong>世界你好</strong>。
- 若要实现它的倾斜效果:*世界你好*,就用 <em> 和 </em> 一对标签围住:<em>世界你好</em>。

- 若要实现加粗和倾斜的结合效果：***世界你好***，需要同时使用 < strong ></strong > 和 <em ></em > 这两对标签：< strong ><em > 世界你好 </em ></strong >，或者 <em ><strong > 世界你好 </strong ></em >。
- 若实现对"世界你好"的换行效果：

世界

你好

只需在"世界你好"之间插入一个换行标签即可：世界 < br/ > 你好。
- 若实现对"世界你好"的下划线效果：<u>世界你好</u>，用就 <u > 和 </u > 一对标签围住：<u > 世界你好 </u >。

HTML 的使用比较随意，比如它不区分大小写，使用 < strong > 世界你好 </strong > 与 < STRONG > 世界你好 </stroNG > 的效果是一样的。甚至 < strong ><em > 世界你好 </em ></strong > 交叉写成 <em ><strong > 世界你好 </em ></strong > 也不会报错。

3.1.2　XHTML 简介

XHTML 并不是更难懂的技术。简单点说，HTML 前面的 X 是吓唬人的，其实 XHTML 就是严谨而准确的 HTML。如果说 HTML 是汉语，那么 XHTML 就是标准普通话。若刚刚开始学习网页设计，越过 HTML 而直接学习 XHTML 是最佳的选择。

复杂点说，XHTML 是 HTML 的"升级规范"产品，其中 X 代表"可以扩展的"，是单词 extensible 的缩写。事实上它也属于 HTML 家族，只是具有更严格的书写标准、更好的跨平台能力。

另外，出于页面设计规范的需要，XHTML 将以前 HTML 能够实现的一些功能交给了 CSS，这意味着还需要学习 CSS 技术，但是这确实是 Web 未来发展的潮流。3.3 节将介绍 CSS 的知识。

学习 XHTML 不需要任何基础。相反，XHTML 是学习其他知识的必要基础。

3.2　XHTML 文件的基本结构

3.2.1　XHTML 标签简介

XHTML 文件与普通的纯文本文件的最大不同在于含有一些用" < >"包含的东西，例如 < strong >、<em >、< body >。通常把它们称做标签。

通常情况下 XHTML 的标签都是成对出现的，例如 < strong ></strong >。可以看到它们只相差一个"/"。前面没有"/"的标签叫"起始标签"，后面对应的有"/"的则叫"终止标签"，两者只相差一个"/"符号。

XHTML 也有一些标签并不成对出现，只是单个使用，如 < br/ >、< hr/ >、< input/ > 等，它们没有终止标签，自然也就无法"包住"任何内容，所以这种标签叫做"空标签"。"空标签"的"/"放在字符末尾。

与 HTML 标签不同的是，XHTML 标签区分大小写。在 XHTML 中，所有标签均使用小写。像"＜STRONG＞世界你好＜/stRONG＞"这样写是错误的,而应写为"＜strong＞世界你好＜/strong＞"。

大部分的 XHTML 标签允许设置一些属性。如水平线标签,原本它的代码是＜hr/＞,若需要控制显示出来的线条粗细为 1 个像素,可以为这条水平线添加一个属性"size",并设置为 1。那么它的完整代码就写成了:

```
<hr size="1"/>
```

类似地,为其他 XHTML 标签添加属性的方法也是在起始标签中加入:属性＝"属性值"。属性可以多个并存,中间用空格隔开,前后次序不限。需要注意的是,属性值必须使用引号"括"起来。单引号或者双引号都可以,但是双引号比较常用。格式为:

```
<起始标签 属性1="属性值1"  属性2="属性值2">被修饰内容</终止标签>
```

或者

```
<空标签 属性1="属性值1"  属性2="属性值2"/>
```

例如:

```
<p align="center">被修饰内容</p>
<p align="center"  id="obj">被修饰内容</p>
<input name="username"  type="text"/>
```

许多属性被大部分标签所共用。例如:

- align 属性:设置显示对齐的位置。值为 center、left、right,分别代表居中对齐、居左对齐、居右对齐。
- width 属性:设置显示的宽度。值可以用绝对和相对两种表示方法。绝对表示时使用数字,如 300、26,单位是像素。相对表示时用百分比,如 100%、40%,相对的是浏览器的宽或高。
- height 属性:设置显示的高度。值的表示同 width 属性。
- name 属性:作为被编程调用时的唯一标识。
- id 属性:同 name 属性。

3.2.2　用 XHTML 编写一个网页

仅仅使用 Windows 中的"记事本"工具就可以编写网页。例如,若在 IE 浏览器中显示如图 3-2 所示的效果。

其 XHTML 代码如图 3-3 所示。

操作的方法是,先新建一个文本文件,将上述 XHTML 代码录入其中,并将文件扩展名改为 htm,最后双击打开即可。具体操作步骤如下:

(1) 在本地磁盘选择一个保存位置,如"桌面",右击空白处弹出快捷菜单,选择【新建】|【文本文档】,将生成的"新建 文本文档.txt"重命名为 test.htm(主文件名 test 可以任意,但扩展名只能为 htm 或 html)。

有的 Windows 系统会隐藏文件的扩展名,解决方法是在文件夹窗口的菜单栏内,

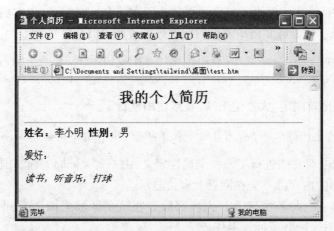

图 3-2　网页显示效果

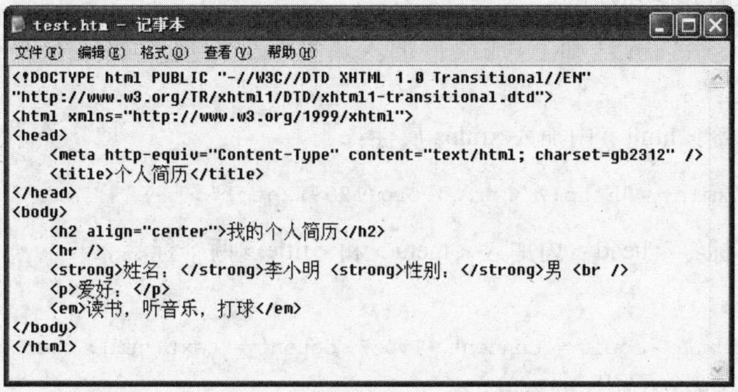

图 3-3　网页 XHTML 源代码

选择【工具】|【文件夹选项】|【查看】标签|【高级设置】,取消选中【隐藏已知文件类型的扩展名】复选框,然后单击【确定】按钮完成设置。

　　(2) 右击文件 test.htm,选择【打开方式】|【记事本】。录入图 3-3 中的代码。保存退出后,双击该文件,即可在 IE 浏览器中查看到效果。

3.2.3　XHTML 文档的结构

　　下面先介绍一下 XHTML 文档的结构(如图 3-4 所示)。

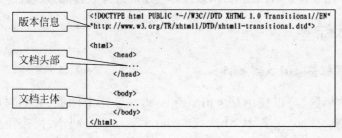

图 3-4　文档结构

一般 XHTML 格式的网页文档主要可分为版本信息、文档头部和文档主体 3 个部分。

- 版本信息：主要对文档所遵循的标准进行说明，即：

```
<!DOCTYPE html PUBLIC" - //W3C//DTD XHTML 1.0 Transitional//EN"
"http://www.w3.org/TR/xhtml1/DTD/xhtml1 - transitional.dtd" >
```

该部分内容比较固定，大家记下来，直接使用就行了。

> 上述代码是一行录入，系统自动实现了折行，中间请不要输入回车。

- 文档头部：对文档进行了一些全局性定义，由一对 <head> 标签围住。一般来说，位于头部的内容都不会在网页上直接显示。
- 文档主体：绝大多数 HTML 内容都放置在这个区域里面，它是网页最主要的部分，由一对 <body> 标签围住。
- 文档头部和文档主体全部由一对 <html> 标签围住。<html> 标签告诉浏览器网页文件的开始和结束。

在上述基本结构的基础上，还应再加入几个必要的属性和标签才能构成标准的 XHTML 文档框架：

- 在首标签 <html> 内加入 xmlns 属性：

```
<html xmlns ="http://www.w3.org/1999/xhtml" >
```

- 在头部标签 <head> 内加入 <meta> 和 <title> 两个标签。

```
<head >
<meta http - equiv ="Content - Type" content ="text/html; charset =GB2312"/ >
<title >个人简历 </title >
</head >
```

前者用于告诉用户的浏览器该网页应用哪种字符编码来显示，常用有以下三种：

- GB2312：简体字符编码。
- BIG5：繁体字符编码。
- UTF-8：全球统一编码。

后者用于在浏览器标题栏左侧显示该网页的标题。上例中，将会显示网页标题为"个人简历"。

图 3-3 所示的代码即是一个标准的 XHTML 文档。

由于大部分标签是成对出现的，所以最好使用缩进方式排版，以增强可读性。

3.2.4   基本标签

1. 内容标题标签 <h1> 到 <h6>

定义内容的标题，可以使用从 <h1> 到 <h6> 这几个标签，它们对应的终止标签分别为 </h1> 到 </h6>，其中 <h1> 到 <h6> 字号顺序减小，代表重要性也逐渐降低。通常浏览器将为标题单独占用一行，并在上、下留出比较大的间距。对比效果见表 3-1。

表 3-1　内容标题标签对比效果

XHTML 源代码	网页显示效果
< h1 > 这是一级标题 < /h1 >	这是一级标题
< h2 > 这是二级标题 < /h2 >	这是二级标题
< h3 > 这是三级标题 < /h3 >	这是三级标题
< h4 > 这是四极标题 < /h4 >	这是四级标题
< h5 > 这是五级标题 < /h5 >	这是五级标题
< h6 > 这是六级标题 < /h6 >	这是六级标题

2. 段落标签 < p >

定义段落使用 < p > 和 < /p > ,在 < p > 和 < /p > 之间的内容会被识别为一个段落,它类似于通常所说的一个"自然段"。与标题类似,浏览器也会在段落前后留出比较大的间距。

例如" < p > 智能 IP,融合网络 < /p > "。

3. 换行标签 < br/ >

当想另起一行书写文字却又不希望另起一个自然段的时候,就可以应用 < br/ > 标签了。 < br/ > 标签是一个空标签。

例如,"智能 IP, < br/ > 融合网络",结果是"融合网络"显示在了第 2 行。

4. 水平分割线标签 < hr/ >

实现水平分割线的标签是 < hr/ > 。它单独占一行,与 < br/ > 标签一样, < hr/ > 也是一个空标签。它显示为:

---

5. 注释 < !-- -- >

网页中也可以有注释,以使网页中的代码层次清晰,含义明确。注释可以使设计者在调试网页源代码时更加高效便利。在 <!-- 和 --> 之间的文本就是注释的内容,它不会在网页上显示。例如:

< ! – –网页中部开始 – – >

6. 文字格式标签 < strong > 和 < em >

< strong > 和 < /strong > 这对标签可以使得包含在之中的内容变成粗体显示。

例如" < strong > 用户姓名 < /strong > "将显示为"**用户姓名**"。

和这对标签可以使得包含在之中的内容显示为斜体。

例如"读书,听音乐"将显示为"*读书,听音乐*"。

7. 图片标签 <img>

Word 生成的 DOC 文件可以直接在文档内部储存图片、歌曲等二进制信息。而网页却是文本文件,只能通过标签调用外部的图片文件进行显示。

<img> 标签用于在网页里显示图片。<img> 标签有一个必需的属性"src",它的属性值就是图片的地址。如:

```
<img src="images/logo.gif" alt="网站标志"/>
```

代表的含义是调用 images 子目录下的 logo.gif 进行显示。

<img> 也是一个空标签,需要在结尾加上一个"/"以符合 XHTML 的要求。上面的例子除 src 外还有一个属性 alt,称为"替换属性",当图片由于某种原因无法显示的时候,alt 的属性值就会代替图片出现;而当图片正常显示时,通常只要把鼠标悬放到图片上就会看到 alt 属性的属性值。

8. 特殊字符(字符实体)

在 XHTML 中"<"和">"是比较特殊的字符,因为它们被用于识别标签,所以"<"和">"并不会出现在页面上。那么如果需要让浏览器显示这些特殊字符时该怎么做呢?这时就可以使用字符实体(注意,分号不能省略):

- 小于号"<"在 XHTML 代码中写作"<"。
- 大于号">"在 XHTML 代码中写作">"。
- 同样,在 HTML 文件内容中,连续空格在浏览器显示时将自动简化成一个空格,如果需要多个空格,可以使用编码" "代替。

9. 超链接 <a>标签

毫不夸张地说,是超链接把整个互联网连接了起来。超链接几乎可以指向互联网上的任何资源,例如另外一个网页、一张图片、一首 MP3 歌曲、一段视频等。而利用 XHTML 建立超链接的语法却非常简单,只需要一对 <a></a> 标签即可。

1) 文件链接

<a> 标签最常用的属性是 href 和 target,href 用来设置用户单击超链接后转向的目的地。target 用于指定显示目标网页的窗口(常用的值是_blank,代表弹出新窗口显示目标网页)。语法:

```
<a href="指向的网址" target="目标窗口">页面提示文字或图片</a>
```

例如:

- 在浏览器中显示为一个超链接"<u>关于</u>",单击它就显示网站同级目录的 about.htm 网页:

```
<a href="about.htm">关于</a>
```

- 显示超链接"找回密码"，单击它就显示网站内 user 子目录下的 getPassword. aspx
网页：

  ```
  <a href = "user/getPassword.aspx" >找回密码 </a>
  ```

- 显示超链接"我的照片"，单击它就显示网站内 photo 子目录下的 p02. jpg 图片：

  ```
  <a href = "photo/p02.jpg" >我的照片 </a>
  ```

- 单击超链接"即时通讯工具下载"，浏览器自动弹出下载窗口：

  ```
  <a href = "QQ.rar" >即时通讯工具下载 </a>
  ```

- 在浏览器中显示为一个超链接"百度"，单击它就将进入百度网站：

  ```
  <a href = "http://www.baidu.com/" >百度 </a>
  ```

💡 若调用的是互联网资源，需写全网址前的"http://"。

- 超链接的提示部分除使用文字外，也可以使用图片。如：

  ```
  <a href = "http://www.baidu.com/" ><img src = "images/baidulogo.gif"/ ></a>
  ```

- 仅制作一个空超链接，并不为单击进行任何操作。如：

  ```
  <a href = " # " >我哪里也不去 </a>
  ```

2）邮件链接

href 属性的值也可以是邮件的地址，这时属性值里就要用到"mailto："这个前缀。如希望当用户单击"与我联系"后，自动调用本地邮件收发软件（Outlook、Foxmail 等），并在收件人地址填入"tailwind@126. com"这个信箱，则应写为：

```
<a href = "mailto: tailwind@ 126.com" >与我联系 </a>
```

3）页内跳转链接（锚点）

在浏览一个很长的网页时，设计者经常会提供一些超链接让用户单击后自动定位到当前网页内某个位置，或者是回到页面的顶端。

例如，在下面的页面中，当单击链接"系统提示我没有权限访问邮箱，怎样才能取回密码呢？"时，浏览器将自动滚动定位到该标题所处位置，如图 3-5 所示。

若单击另外的"我想修改邮箱的密码，怎样做？"等几个链接，也能实现类似效果。

代码实现方法分两步：

（1）设置位置模块。在图 3- 5（b）所示的"系统提示我没有权限访问邮箱，怎样才能取回密码呢？"内容区加上代码：<a name = " a1"/ >；在"我想修改邮箱的密码，怎样做？"内容区加上代码：<a name = " a2"/ >。

（2）建立超链接指向。在图 3- 5（a）所示位置制作两个链接以提供用户实现单击定位：

```
<a href = "#a1" >系统提示我没有权限访问邮箱，怎样才能取回密码呢？ </a>
<a href = "#a2" >我想修改邮箱的密码，怎样做？ </a>
```

请大家注意两点，一是步骤（1）与（2）的属性值 a1、a2 的对应关系；二是链接的 href

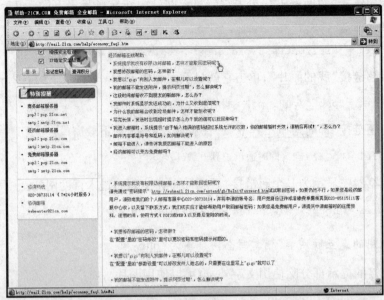

(a) 单击页内跳转链接"系统提示我没有权限访问邮箱，怎样才能取回密码呢？"

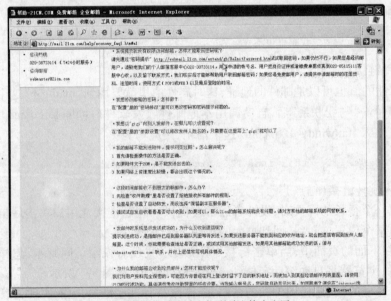

(b) 浏览器自动滚动定位到对应的内容区

图 3-5　单击页内跳转链接效果

属性值要加前缀"#"。

页内跳转链接在网页内有大量的内容时，可以让用户很快地找到所需要的信息。通常情况下都是在一些说明性的网页内做目录使用。

10. 无序列表和有序列表

无序列表的标签是 < ul >，而每一个列表项目则用 < li > 标签表示。无序列表的效果如图 3-6 所示。

其代码如下：

宠物列表：
```
<ul>
<li>小猫</li>
<li>小狗</li>
<li>小猪</li>
<li>小刺猬</li>
</ul>
```

将上例的标签 ul 改为 ol，即成了有序列表，列表项目仍然是 <li>。下面用有序列表来改写上例中的宠物列表。效果如图 3-7 所示。

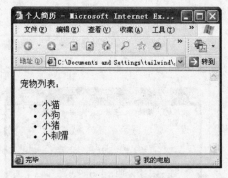
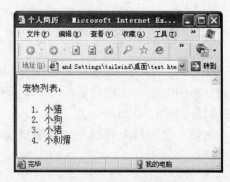

图 3-6　无序列表效果　　　　　图 3-7　有序列表效果

11. 对象标记 <span> 与 <div>

<span> 与 <div> 所包围的网页元素，例如文字、图片、表单或多媒体元素，都会被视为一个对象。 <div> 标记的对象在显示效果上会独立成一行，如果旁边有其他的图文，都会自动换行到下一行； <span> 标记的对象在显示上则会和旁边的图文位于同一行上。

这两个标记并不会产生任何的文件编排效果，其主要的目的是配合 CSS 或 JavaScript 语言对内容进行动态修饰。代码格式：

```
<span>文字、图片、表单或多媒体元素</span>
<div>文字、图片、表单或多媒体元素</div>
```

12. 滚动效果 <marquee>

标签 <marquee> 可以实现文字的滚动效果。如显示效果为文字"哗啦啦，我在移动啦！"自左向右水平移动，其代码为：

```
<marquee direction="right">
哗啦啦,我在移动啦!
</marquee>
```

其他常用属性见表 3-2。

表 3-2　< marquee > 的属性

属　　性	描　　述
direction	设定文字滚动的方向(取值为 up、down、left、right)
behavior	设定文字滚动的方式(取值为 scroll、slide、alternate,分别为循环往复、只进行一次滚动、交替进行滚动)
scrollamount	设置文字滚动的速度
scrolldelay	设置每一次滚动时产生的时间延迟
loop	设置文字滚动的循环次数
width、height	设置文字滚动的区域

3.2.5　表格标签

在 XHTML 中,创建表格的标签是 < table > ,表格中的每一行使用 < tr > 和 </tr > 标签划分,行中的每一个单元格再用 < td > 和 </td > 标签划分,如图 3-8 所示。

这是一个 3 行 4 列的有边框表格,相关代码如下:

图 3-8　表格效果

```
< table border = "1" >
  < tr >
    < td > 星期一 </td > < td > 打球 </td >
< td > 小明 </td >< td > 1 小时 </td >
  </tr >
  < tr >
    < td > 星期二 </td >< td > 游泳 </td >< td > 大力 </td >< td > 2 小时 </td >
  </tr >
  < tr >
    < td > 星期三 </td >< td > 郊游 </td >< td > 小丽 </td >< td > 5 小时 </td >
  </tr >
</table >
```

💡表格标签 < table > 有一个 border 属性,如果不设置它的值或设置为 0,浏览器将不显示表格的边框。

表格中,可以为 < table > 、< tr > 、< td > 这三个标签分别设置各自的 width 和 height 两个属性来控制自身的宽度和高度。

有时,表格中某些单元格需要合并,这就要用到 colspan 和 rowspan 这两个属性。colspan 用于做横向单元格的合并,rowspan 用于做纵向行的合并。其属性值即为合并后占用的单元格数或行数。

下面对图 3-8 的例子利用合并技术进行改写,增加了一行,修改了星期内容,如图 3-9 所示。

其代码如下:

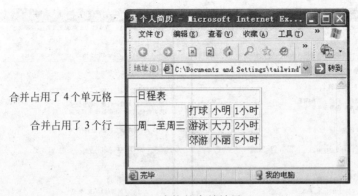

图 3-9　表格的合并效果

```
< table border = "1" >
  < tr >
    < td colspan = "4" > 日程表 </td >
  </tr >
  < tr >
    < td rowspan = "3" > 周一至周三 </td > < td > 打球 </td > < td > 小明 </td >
< td >1 小时 </td >
  </tr >
  < tr >
                      < td > 游泳 </td > < td > 大力 </td > < td >2 小时 </td >
  </tr >
  < tr >
                      < td > 郊游 </td > < td > 小丽 </td > < td >5 小时 </td >
  </tr >
</table >
```

💡必须保证各行的单元格数量一致,被合并部分也应计算在内。如上例的 3 行4 列表格,“日程表”一个单元格就合并占用了 4 个单元格位置,所以该行就只它本身一个 < td > 标签。“周一至周三”这个单元格合并占用了下面两个行的首单元格位置,所以原“星期二”和“星期三”两个 < td > 标签就应删除掉。

　　表格是 XHTML 中处境尴尬的一个标签。从表格的能力来看,它既可以被用来展示数据,如制作一个通讯录或成绩单之类的数据表格;它也能用于网页的布局,如将一个网页分成若干栏目或对一些内容进行定位。但在 XHTML 中,表格标签 < table > 不被推荐用来布局,W3C 希望 CSS 可以取代 < table > 在布局方面的地位,这也是 Web 发展的方向。不过事实上,目前 < table > 仍被许多网站用于网页布局。

3.2.6　域标签

　　域标签 < fieldset > 可以实现一个非常不错的显示效果,在实际制作中也比较常用。下面首先看一下使用 < fieldset > 域标签前后的对比效果,如图 3-10 所示。
　　可以看出,通过 < fieldset > 可以设置一个方框(也称做域),然后通过其内含的

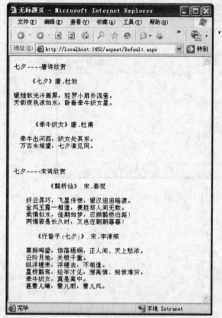

(a) 使用 <fieldset> 域标签前   (b) 使用 <fieldset> 域标签后

图 3-10   使用 < fieldset > 域标签前后对比效果

<legend >标签设置域标题,即可实现图中效果。其语法如下:

```
<fieldset >
<legend >域的标题 </legend >
域中要显示的内容
</fieldset >
```

对于图 3-10,对唐诗部分和宋词部分则分别使用了两个 < fieldset > 标签以划分区域。
其相关源标签代码如下:

```
<fieldset >
<legend >七夕 - - - -唐诗欣赏 </legend >
    《七夕》唐.杜牧
//......中间省略......
</fieldset >
<fieldset >
<legend >七夕 - - - -宋词欣赏 </legend >
        《鹊桥仙》宋.秦观
//......中间省略......
</fieldset >
```

3.2.7   框架标签

简单地说,通过框架,可以让多个网页同时显示在浏览器的一个页面内。框架有两
种,分别为"框架集"和"内嵌框架",如图 3-11 所示。

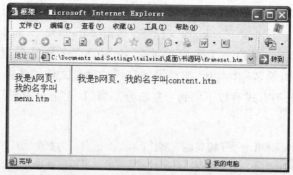

(a) 框架集

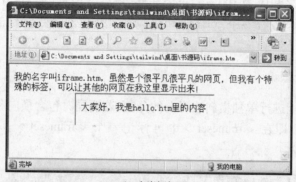

(b) 内嵌框架

图 3-11　框架集和内嵌框架

1. 框架集 < frameset >

框架集是一种浏览器窗口的分割技巧,通过一个特殊的框架集网页,将浏览器窗口分割成多个子窗口,让每个子窗口各显示一份网页文件,从而实现一个浏览器窗口同时显示多个网页的效果。

框架集网页与一般的网页文件代码有两处不同。如下所示,请注意两处带字符底纹的地方。

```
<!DOCTYPE html PUBLIC "-//W3C//DTD XHTML 1.0 Frameset//EN"
        "http://www.w3.org/TR/xhtml1/DTD/xhtml1-frameset.dtd">
<html xmlns="http://www.w3.org/1999/xhtml">
<head>
    <meta http-equiv="Content-Type" content="text/html; charset=GB2312"/>
    <title>框架</title>
</head>
<frameset cols="22%,*">
  <frame name="left" src="menu.htm"/>
  <frame name="right" src="content.htm"/>
</frameset>
</html>
```

- 普通网页版本信息中的 transitional. dad 在框架集网页中换成了 frameset. dad。
- 在框架集页中不再含有 < body > 标签,其被 < frameset > 标记所取代,然后通过 < frame > 标签定义每一个子窗口的名字(由 name 属性设置,以配合超链接使用)、调用网页的名称(由 src 属性设置显示的网页文件的路径)。

浏览器窗口的分割方式有以下两种:左右分割窗口、上下分割窗口,其语法结构分别如下:

```
< frameset cols ="第 1 个子窗口的宽度比,第 2 个子窗口的宽度比",…/ >
< frameset rows ="第 1 个子窗口的高度比,第 2 个子窗口的高度比",…/ >
```

各宽(高)度比之和应为 100%。正因如此,最后一个宽(高)度比往往可以省略,用 * 号代替。< frameset > 标签中 cols(或 rows) 属性中,值的个数应与子标签 < frame > 的个数相同。

2. 框架集的嵌套

一个框架集只能进行单独横向或纵向的分割,若要同时包含横向和纵向的框架,可以使用框架集的嵌套,即在 < frameset > 中再标记一个 < frameset >。例如图 3-12 所示效果。

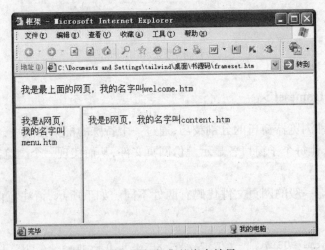

图 3-12　框架集的嵌套效果

可以看成,首先是按两行分割,在第二行不用 < frame > 标签显示某网页,而是用另一组按列分割的 < frameset > 代替。该嵌套框架集网页的代码如下,加字符底纹效果部分是内嵌的 < frameset >。

```
< !DOCTYPE html PUBLIC " - //W3C.//DTD XHTML 1.0 Frameset//EN"
"http://www.w3.org/TR/xhtml1/DTD/xhtml1 - frameset.dtd" >
< html xmlns ="http://www.w3.org/1999/xhtml" >
< head >
    < meta http - equiv ="Content - Type" content ="text/html; charset =GB2312"/ >
    < title >框架 </title >
</head >
```

```
< frameset rows = "20% , * " >
  < frame name = "top" src = "welcome.htm"/ >
  < frameset cols = "22% , * " >
    < frame name = "left" src = "menu.htm"/ >
    < frame name = "right" src = "content.htm"/ >
  </ frameset >
</ frameset >
</ html >
```

3. 内嵌框架 <iframe >

内嵌框架标记 <iframe >不是分割窗口,而是与图片标签类似,也是同其他文字等内容编排在一个普通网页内。当这个普通的网页显示时,<iframe >标签所处位置自动由其 src 属性所指定的子网页填充显示。代码如下:

```
< iframe src = "hello.htm" name = "hi" align = "center" width = "260" height = "60"/ >
```

4. 框架间的链接

有时,希望单击某页的超链接后,目标网页在另一个框架内显示,如图 3-13 所示。其框架集网页 frameset. htm 的代码如下所示。

```
< !DOCTYPE html PUBLIC " - //W3C//DTD XHTML 1.0 Frameset//EN"
"http://www.w3.org/TR/xhtml1/DTD/xhtml1 - frameset.dtd" >
< html xmlns = "http://www.w3.org/1999/xhtml" >
< head >
    < meta http - equiv = "Content - Type" content = "text/html; charset =GB2312"/ >
    < title >框架</ title >
</ head >
< frameset cols = "26% , * " >
  < frame name = "left" src = "menu.htm"/ >
  < frame name = "right" src = "content.htm"/ >
</ frameset >
</ html >
```

左侧显示超链接页 menu. htm 的代码如下所示。

```
< !DOCTYPE html PUBLIC " - //W3C//DTD XHTML 1.0 Transitional//EN"
"http://www.w3.org/TR/xhtml1/DTD/xhtml1 - transitional.dtd" >
< html xmlns = "http://www.w3.org/1999/xhtml" >
< head >
    < meta http - equiv = "Content - Type" content = "text/html; charset =GB2312"/ >
    < title ></ title >
</ head >
< body >
```

(a) 单击左侧框架内欢迎页超级链接后的效果

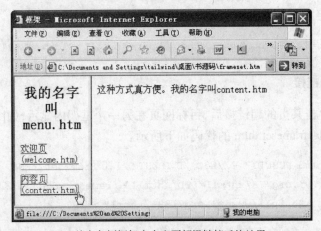

(b) 单击左侧框架内内容页超级链接后的效果

图 3-13   超链接效果

```
<h2 align = "center">我的名字叫 menu.htm</h2>
<a href = "welcome.htm" target = "right">欢迎页(welcome.htm)</a>
<hr/>
<a href = "content.htm" target = "right">内容页(content.htm)</a>
</body>
</html>
```

制作上述效果的关键是代码中加字符底纹部分中名称的对应。

超链接中 target 属性的值除了可以取上面这种自定义的框架名外,也可以是以下的特殊框架名:

_blank:在弹出的新窗口显示目标文件。

_parent:当框架有嵌套时,在父窗口显示目标文件,否则与_top 相同。

_self:在本窗口显示目标文件。

_top:在整个浏览器窗口显示目标文件。

3.2.8 表单标签

表单是用户提交信息的重要渠道。例如用户注册、登录、内容搜索、投票等都需要表单来实现。

例如：若实现用户登录效果，如图 3-14 所示。

其代码如下：

图 3-14 用户登录效果

```
<!DOCTYPE html PUBLIC " - //W3C//DTD
XHTML 1.0 Transitional//EN"
"http://www.w3.org/TR/xhtml1/DTD/xhtml1
-transitional.dtd" >
<html xmlns = "http://www.w3.org/1999/
xhtml" >
<head >
    <meta http - equiv = "Content - Type" content = "text/html;charset =GB2312"/ >
    <title >登录</title >
</head >
<body >
    用户登录
```

```
< form name = "form1" action = "do.aspx" method = "post" >
    姓名：< input name = "username" type = "text"/ >        <br/ >
    密码：< input name = "userpassword" type = "password"/ >    <br/ >
           < input name = "ok" type = "submit" value = "登录"/ >
</form >
```

```
</body >
</html >
```

代码中加字符底纹的部分与表单相关。表单部分用 < form >标签围住,内有 action 和 method 两个关键属性。由表单标签围住的内容包括两部分：表单组成元素和修饰内容(提示汉字,< br/ >换行标签等)。

表单的 action 属性用于设置后台处理程序,后台处理程序常由 ASP,JSP,PHP 和本书介绍的 ASP. NET 编写。

method 属性用于设置提交数据的方式,一种是 get 方式,另一种是 post 方式。get 方式借助 URL 提交信息,速度快,但携带数据容量小;post 方式提交容量大,但速度略慢。一般常用 post 方式。

常见的表单组成元素有以下几个：

(1) 文本框,如 _____。

```
< input type = "text" name = "user"/ >
```

(2) 密码框。外观同文本框,但输入的任何字符均以星号 * 或粗点 · 显示。

```
< input type = "password" name = "pass"/ >
```

（3）提交按钮，如 登录 。

```
< input type = "submit" name = "ok" value = "登录"/ >
```

（4）图片提交按钮，如 登 录 。

```
< input type = "image" name = "ok" src = "button.jpg"/ >
```

（5）复位按钮。外观同提交按钮，单击后，整个表单恢复到初始状态。

```
< input type = "reset" name = "resetform" value = "重填"/ >
```

（6）标准按钮。外观同提交按钮，往往结合 JavaScript 语言对事件进行各种处理。

```
< input type = "button" name = "btncheck" value = "验证"/ >
```

（7）单选框，如男生◉ 女生○。单项可选时，如"性别"可选为"男生"或"女生"，就要为它们起同一个名字（name）。如需某个单选框默认状态为选中，需添加 checked。

```
男生 < input type = "radio" name = "sex" value = "男" checked/ >
女生 < input type = "radio" name = "sex" value = "女"/ >
```

单选框提交的是 value 属性内的值，而非外面的提示信息，如上面的例子，提交的是"男"而非"男生"。其他的表单元素皆同理。

（8）复选框，如听听音乐☑ 踢踢足球☑ 看看小说☐。多项可选时，为便于处理，也习惯起同一个名字。如需某个复选框默认状态为选中，需添加 checked。

```
听听音乐 < input type = "checkbox" name = "affect" value = "听音乐" checked/ >
踢踢足球 < input type = "checkbox" name = "affect" value = "踢足球" checked/ >
看看小说 < input type = "checkbox" name = "affect" value = "看小说"/ >
```

（9）隐藏框。不显示任何外观，一般已预设了值，不需要用户处理，该值就随同整个表单提交到网站后台。

```
< input type = "hidden" name = "userid" value = "9527"/ >
```

（10）文件框，如 浏览... 。文件框主要是用来浏览客户端的文件列表，然后将选择的文件上传到 Web 服务器。

```
< input type = "file" name = "upload"/ >
```

上面的 10 个表单元素可以总结出以下几个特点：
- < input > 标签是一个空标签。
- type 属性的值用于显示不同类型。
- name 的属性值可自定义，用于网站后台程序的调用取值。
- value 的属性值可自定义，用于显示默认信息或者预存提交的值。
- checked 可用于单选框和复选框，用于设置默认选中状态。

（11）列表框，如 二班 。列表框使用 < select > 标签，其中的每个列表项使用 < option > 标签，< option > 与 </option > 围住的部分只是显示内容，提交的值由 value 属性设定。如需某个列表项默认状态为选中,需添加 selected。

```
< select name = "classroom" >
    < option value = "c1" >一班 < /option >
    < option value = "c2" selected >二班 < /option >
    < option value = "c3" >三班 < /option >
< /select >
```

　　(12) 文本区域,如 ⬚。用于输入大量的文本信息。rows 属性设置显示行数,cols 属性设置行字符数。

```
< textarea name = "memo" rows = "3" cols = "40" >
< /textarea >
```

3.2.9　XHTML 的校验

　　制作的网页是否符合 XHTML 标准,可提交权威机构 W3C(万维网联盟)检验一下。网址为 http://validator.w3.org/,该页面就是一个 XHTML 校验工具,可以选择通过 URL 网址校验、上传网页文件校验和直接输入代码校验三种方式。最后单击 Check 按钮即可进行校验,如图 3-15 所示。

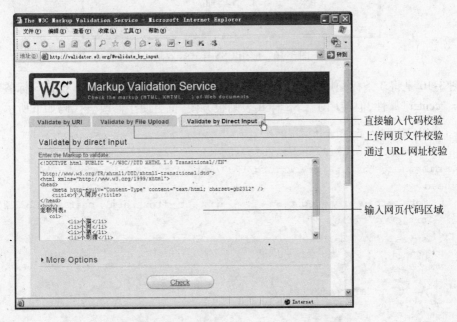

图 3-15　检验是否符合 W3C 的 XHTML 标准

3.3　XHTML 的最佳拍档 CSS

　　虽然 XHTML 也可以设置网页大小、色彩之类的格式,但级联样式表(Cascading Style Sheets,CSS)可以更好地定义网页的外观,并更好地实现格式与内容的分离。可以说,没有 CSS 的 XHTML 是不完整的。

CSS 的使用有 3 种方法比较常用,分别是:

- 在 < head > 标签中使用 < style > 标签;
- 直接在 XHTML 标签中使用 style 属性;
- 在 < head > 标签中使用 < link > 标签链接外部的 CSS 文件。

3.3.1　在 < head > 标签中使用 < style > 标签

当需要将一个网页中的多个 XHTML 标签中的内容格式统一时,使用这种方法。即,在 < head > 标签中的 < style > </style > 之间定义样式,然后在文件中使用这些样式。例如,要显示如图 3-16 所示的效果。

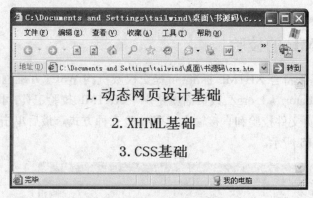

图 3-16　应用 CSS 样式表效果

图 3-16 是将 3 条标题居中显示。若照以前的做法,需分别为每个 < h2 > 标签设置 align = " center" 属性,但使用了 CSS 样式表则很方便,也更便于修改。代码如下所示。

```
<!DOCTYPE html PUBLIC " - //W3C//DTD XHTML 1.0 Transitional//EN"
"http://www.w3.org/TR/xhtml1/DTD/xhtml1 - transitional.dtd" >
<html xmlns = "http://www.w3.org/1999/xhtml" >
<head >
    <meta http - equiv = "Content - Type" content = "text/html; charset =GB2312"/ >
    <title > </title >
    <style >
     h2
      {
        text - align:center;
      }
    </style >
</head >
<body >
    <h2 >1.动态网页设计基础 </h2 >
    <h2 >2.XHTML 基础 </h2 >
    <h2 >3.CSS 基础 </h2 >
</body >
</html >
```

可以看出,代码中 < body > 标签中的内容可以不做任何多余的修饰,居中效果只需在 CSS 中设置一次即可。

3.3.2 直接在 XHTML 标签中使用 style 属性

直接在 XHTML 标签中使用 style 属性的语法如下:

```
<标签名称 style = "属性1:值1;属性2:值2;属性3:值3;…"></标签名称>
```

例如,设置字符"世界你好"字体为隶书,字号为 20 点,可以写为:

```
<p.style = "font - family:隶书;font - size:20pt" >世界你好</p>
```

这种方法与使用 XHTML 方式设置格式没有本质的区别,它失去了 CSS 特有的优势,因此这种方法不常用。

3.3.3 在 < head > 标签中使用 < link > 标签链接外部的 CSS 文件

如果希望通过使用相同的 CSS 样式定义,将多个网页的格式统一,可以先将样式定义保存为一个 CSS 文件,然后在这些网页的 < head > 标签中使用 < link > 标签链接外部的 CSS 文件。

例如,多个网页需要设置为灰色背景,并且当鼠标悬放到超链接上时显示十字线光标,如图 3-17 所示。

图 3-17   使用 < link > 标签链接外部 CSS 文件效果

可以按以下方法制作。

(1) 使用记事本新建一个文件,录入以下样式代码。

```
body
 {
    font - style:italic;
    background - color:#e7e7e7;
 }
a
 {
```

```
    cursor:crosshair;
  }
```

（2）将此文件保存名为 tree. css。

（3）在各网页的 <head> 标签中添加代码 < link href = " tree. css" rel = " stylesheet" type = " text/css" / > 即可。

图 3-17 所示的网页代码如下。

```
< !DOCTYPE html PUBLIC " - //W3C//DTD XHTML 1.0 Transitional//EN"
"http://www.w3.org/TR/xhtml1/DTD/xhtml1 - transitional.dtd" >
< html xmlns = "http://www.w3.org/1999/xhtml" >
< head >
    < meta http - equiv = "Content - Type" content = "text/html; charset = GB2312"/ >
    < title >学习 CSS < /title >
    < link href = "tree.css" rel = "stylesheet" type = "text/css"/ >
< /head >
< body >
    < p >1.动态网页设计基础 < /p >
    < p >2.XHTML 基础 < /p >
    < p >3.CSS 基础 < /p >
    < a href = "http://tailwind.cn" >技术支持 < /a >
< /body >
< /html >
```

3.3.4　定义 CSS

样式规则的使用例子前面已经使用了几个,总结其语法如下:

选择器 1
　{
　　属性 1：属性值 1；
　　属性 2：属性值 2；
　　⋮
　}
选择器 2
　{
　　属性 1：属性值 1；
　　属性 2：属性值 2；
　　⋮
　}
　⋮

选择器除了可以使用基本的 XHTML 标签名字,如 body、h2、p 外,还可以有另外两种类别,即用户自定义的类(如. menu)和虚类(如 a:active)。

另外,每个样式的内容也可以写在一行里,如:

选择器 1{　　　　属性 1：属性值 1；　　　属性 2：属性值 2；…}
选择器 2{　　　　属性 1：属性值 1；　　　属性 2：属性值 2；…}
⋮

但是分行写可以使样式可读性更好。

1. 使用基本的 XHTML 标签名字

这种以 XHTML 标签的名字作为选择器的方式在实际使用中非常典型。它可以为某个或某些 XHTML 标签应用样式定义。如前面 tree.css 中应用于 <a> 标签中的样式定义。

```
a
{
    cursor:crosshair;
}
```

有个这样的样式定义，网页中只要出现在 <a> 标签中的内容，鼠标悬放时都呈现为十字线光标。

如果对于多个 XHTML 标签应用的样式相同，可以通过编组方式简化样式的定义，即用逗号将不同的 XHTML 标记分开。例如，对于

```
h1
{
    text-align:center;
}
h2
{
    text-align:center;
}
h3
{
    text-align:center;
}
```

可以写为

```
h1,h2,h3
{
    text-align:center;
}
```

2. 用户自定义的类

定义标签类的语法如下（注意类名前的句点）：

```
.类名
{
```

```
    属性1：属性值1；
    属性2：属性值2；
     ⋮
}
```

定义后，如某个标签需要使用上面类的设置效果，可以通过添加 class 属性来引用，语法如下（注意调用时的类名前不再加句点）：

<标签名称 class = "类名" ></标签名称 >

如：< p class = " bigfont " >世界你好 </p >。

3. 自动应用的样式

定义自动应用样式的语法如下（注意 ID 名前的#号）：

```
#ID 名
{
    属性1：属性值1；
    属性2：属性值2；
     ⋮
}
```

定义后，若页面元素的 ID 名与样式的 ID 名相同，则此样式自动应用。

4. 虚类

虚类是单独对 < a > 标签（超链接标签）使用的，可以设置超链接的显示状态样式。虚类可以设置超链接的 4 种状态类型：

a：link：未访问过的超链接。

a：visited：已经访问过的超链接。

a：hover：访问者操作鼠标悬放时的超链接。

a：active：正在单击超链接时。

这 4 种状态的效果如图 3-18 所示。

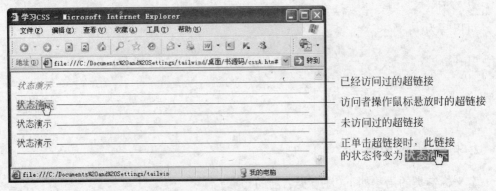

图 3-18　设置超链接的 4 种状态类型

本网页的源代码如下：

```
<!DOCTYPE html PUBLIC "-//W3C//DTD XHTML 1.0 Transitional//EN"
"http://www.w3.org/TR/xhtml1/DTD/xhtml1-transitional.dtd">
<html xmlns="http://www.w3.org/1999/xhtml">
<head>
    <meta http-equiv="Content-Type" content="text/html; charset=GB2312"/>
    <title>学习 CSS</title>
    <style>
     a:link
      {
        color: #0000ff;
        text-decoration: none;
        font-weight: normal;
        font-style: normal;
      }
     a:visited
      {
        color: #3399ff;
        text-decoration: none;
        background-color: #ffffff;
        font-weight: normal;
        font-style: italic;
      }
     a:hover
      {
        color: #00ab00;
        text-decoration: underline;
        background-color: #eaeaea;
        font-weight: bold;
        font-style: normal;
      }
     a:active
      {
        color: #ff0000;
        text-decoration: none;
        background-color: #818181;
        font-weight: bold;
        font-style: normal;
      }
    </style>
</head>
<body>
<a href="#">状态演示</a><hr/>
<a href="#">状态演示</a><hr/>
<a href="#">状态演示</a><hr/>
```

```
<a href = "#" >状态演示 </a ><hr/ >
</body >
</html >
```

上面的例子对超链接的 4 种显示状态分别进行了设置。需要注意的是,这 4 种状态设置是有顺序要求的,即 a:link→a:visited→a:hover→a:active。

提示:已经单击过的超链接若需恢复原始状态,需清除浏览器的历史记录。步骤是在 IE 浏览器的菜单栏单击【工具】|【Internet 选项】|【清除历史记录】。

3.3.5 常用 CSS 样式属性

下面列出一些常用的 CSS 样式属性。其中,由/* 和 */围住的部分是 CSS 注释内容,使用时可去掉。

1. 文字属性

```
color: #999999;                           /* 文字颜色 */
font - family: 宋体;                       /* 文字字体 */
font - size: 9pt;                          /* 文字大小 */
font - style:itelic;                       /* 文字斜体 */
line - height: 200% ;                      /* 设置行高 */
font - weight:bold;                        /* 文字粗体 */
text - indent: 2em;                        /* 段落首行缩进 2 个字符 */
text - decoration:line - through;          /* 加删除线 */
text - decoration:underline;               /* 加下划线 */
text - decoration:none;                    /* 删除超链接的下划线 */
text - transform: capitalize;              /* 首字大写 */
text - align:right;                        /* 文字右对齐 */
text - align:left;                         /* 文字左对齐 */
text - align:center;                       /* 文字居中对齐 */
vertical - align:top;                      /* 垂直向上对齐 */
vertical - align:bottom;                   /* 垂直向下对齐 */
vertical - align:middle;                   /* 垂直居中对齐 */
```

2. 符号属性

```
list - style - type:none;                  /* 不编号 */
list - style - type:decimal;               /* 阿拉伯数字 */
list - style - type:upper - roman;         /* 大写罗马数字 */
list - style - type:lower - alpha;         /* 小写英文字母 */
list - style - type:disc;                  /* 实心圆形符号 */
list - style - type:circle;                /* 空心圆形符号 */
list - style - type:square;                /* 实心方形符号 */
list - style - image:url(/dot.gif);        /* 图片式符号 */
list - style - position:outside;           /* 凸排 */
list - style - position:inside;            /* 缩进 */
```

3. 背景样式

```
background - color:#F5E2EC;                    /*背景颜色*/
background:transparent;                         /*透视背景*/
background - image : url(/image/bg.gif);        /*背景图片*/
background - repeat : repeat;                   /*重复排列–网页默认*/
background - repeat : no - repeat;              /*不重复排列*/
background - repeat : repeat - x;               /*在 x 轴重复排列*/
background - repeat : repeat - y;               /*在 y 轴重复排列*/
background - position : center;                 /*居中对齐*/
```

4. 鼠标光标样式

```
CURSOR: hand;                                   /*链接手指*/
cursor:crosshair;                               /*十字形*/
cursor:help;                                    /*加一问号*/
cursor:text;                                    /*文字 I 形*/
cursor:wait;                                    /*漏斗*/
p {cursor:url("光标文件名.cur"),text;};         /*光标图案*/
```

5. 边界与边框样式

```
float: left;                                    /*向左浮动*/
float: right;                                   /*向右浮动*/
position: absolute;                             /*绝对定位(以浏览器的左上角为坐标原点)*/
position: relative;                             /*相对定位(相对此元素的包含块)*/
left: 10px;                                     /*距左侧距离*/
top: 10px;                                      /*距顶端距离*/
border - top : 1px solid #6699cc;               /*上框线*/
border - bottom : 1px solid #6699cc;            /*下框线*/
border - left : 1px solid #6699cc;              /*左框线*/
border - right : 1px solid #6699cc;             /*右框线*/
```

6. 其他框线样式

```
solid                                           /*实线框*/
dotted                                          /*虚线框*/
double                                          /*双线框*/
margin - top:10px;                              /*上边界*/
margin - right:10px;                            /*右边界值*/
margin - bottom:10px;                           /*下边界值*/
margin - left:10px;                             /*左边界值*/
padding - top:10px;                             /*上边框留空白*/
padding - right:10px;                           /*右边框留空白*/
padding - bottom:10px;                          /*下边框留空白*/
padding - left:10px;                            /*左边框留空白*/
```

3.3.6　Visual Studio 中使用样式

Visual Studio 中有个新的样式生成器对话框。使用此对话框不但可以自动生成样式，也可以即时预览。它可以创建基于 ID 的、基于元素的、内嵌的、基于类的各种样式。也可以嵌入外部现有的样式文件(.CSS)。

可以通过单击 Visual Studio 菜单的【格式】|【新建样式】打开【新建样式】对话框(如图 3-19 所示)，也可以通过"管理样式"工具窗口来打开它。

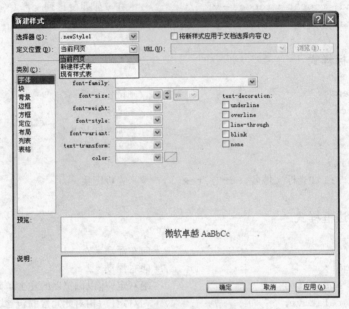

图 3-19　【新建样式】对话框

对话框中的各个选项说明如下：

- 选择器：可以自己输入一个样式名，或者从下拉列表选择级联样式。
- 定义位置：可以选择将定义的新样式创建在当前页面、现有的样式表或新的样式表中。
- 将新样式应用于文档选择内容：选择该选项，新样式将只对文档中选择的内容应用。
- 类别：点击每个类别时，右边就会打开相关的属性。任何被改动过的属性，其类别都会以粗体方式显示。
- URL：只有当在【定义位置】中选择【现有样式表】时，才会使用到这个选项标识外部 CSS 文件的路径。

现在，如果想为一个 Button 控件创建样式，可以做的就是在设计视图选中该控件，然后打开【新建样式】对话框，设置需要的属性，预览，最后单击【应用】按钮即可。

样式生成器对于 CSS 样式初学者来说非常有用，用它在网页中完成常规的 CSS 样式编码非常有效。

本章小结

本章通过多个小案例,概括性地学习了 XHTML 语言。XHTML 语言中的标签是网页的基本组成元素,而 CSS 具有更好的外观修饰能力。不管多么复杂的网页样式,最终都能以 XHTML 标签结合 CSS 的形式来展现。

习题

操作题

(1) 请制作一个 CSS 文件,然后将此 CSS 文件链接到本章例子中的每篇 XHTML 文档,从而使这些 XHTML 文档的格式得到统一美化。

(2) 用 XHTML + CSS 制作一个简单的网页。内容不限,尽量多使用一些标签,使效果多样化。

第 4 章

欲学 ASP.NET,C#先行

ASP. NET 只是. NET 框架基础上的一个应用(或者说是运行环境),而 C#(读为"C Sharp")与 VB、Java、C++等一样,本身是一门高级编程语言,利用 C#语言结合 ASP. NET 提供的一些专有对象才可以编写出功能强大的动态网站。要理解这一点可以再回顾一下第 1 章"ASP. NET 开发环境和平台"的内容。

当然,使用 VB. NET 也可以开发 ASP. NET 动态网站,但由于 C#是专门为. NET 新开发的编程语言,与. NET Framework 同时出现和发展;换个角度看,C#出现较晚,恰恰可以吸取其他编程语言的优点——C#不仅结合了 C++的强大灵活性和 Java 语言的简洁特性,还吸取了 Delphi 和 Visual Basic 所具有的易用性。因此,C#是一种使用简单、功能强大、表达力丰富的语言。事实上,大部分的专业. NET 开发人员选择了 C#。这里,我们也选择了 C#。

如果读者已经有 C、C++、Java 的使用经历,那么 C#的学习将更加快捷,可以说已经掌握了 80% 了。因为它们的语法规则非常类似。

既然涉及了编程语言,那么请坚信,只有不断练习才是最好的学习方式,所以建议读者从本章开始对书中所提供的程序示例亲自进行编辑、调试和运行。

4.1 编码与存储结构

4.1.1 ASPX 网页代码存储模式

用 ASP. NET 技术创建的网站中虽然可以包括多种类型的网页,如. htm 文件、html 文件、. asp 文件,但是最基本的网页是以. aspx 作为扩展名的网页,这种网页又简称为 ASPX 网页(或称为 Web 窗体页)。

' 对于每一个 ASPX 网页,默认情况下采用代码分离模式开发,也就是将 ASPX 网页文件一分为二,一个是以. aspx 为扩展名的设计文件,另一个是以. cs 为扩展名的代码文件。这一点,可以通过展开 Visual Studio【解决方案资源管理器】窗口中网页文件前的加号 ⊞ 看到,如 Default. aspx
      Default. aspx. cs ○

当网页很多时，Visual Studio 如何知道哪两个文件是一对呢？其实，两个文件是有内部联系的，如图 4-1 所示。

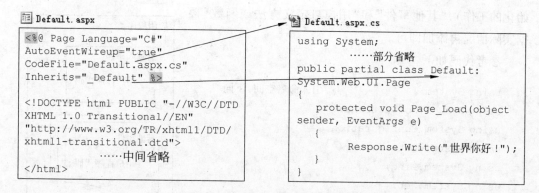

图 4-1　代码分离模式下某个网页所属的两个文件内部联系

设计文件 Default. aspx 首行的 CodeFile 属性指明了对应的代码文件名字 Default. aspx. cs，Inherits 属性则指明了代码文件中类的名字_Default。

当然，不采用代码分离模式编写网页而采用单一模式编写也行，即一个网页只由一个文件组成，从而将代码与设计标签混合在一起以节省产生的文件数量。方法关键是在【添加新项】对话框内取消选中【将代码放在单独的文件中】复选框，如图 4-2 所示。但是不建议这样做。

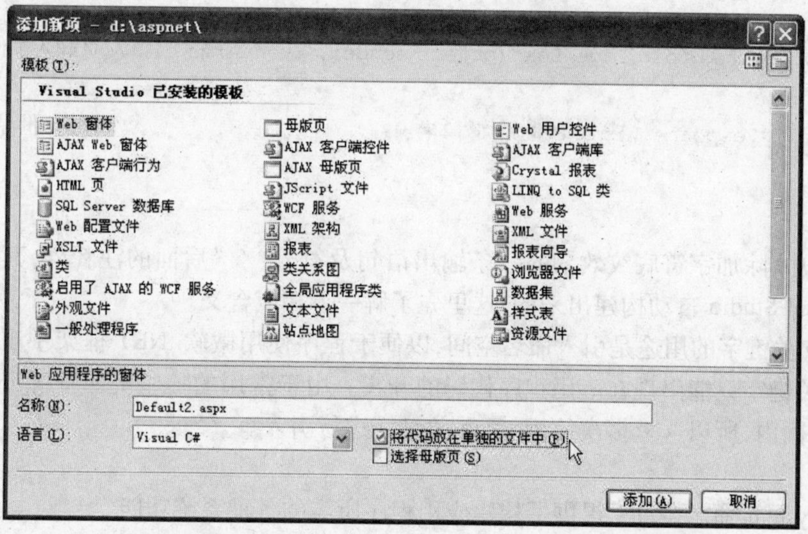

图 4-2　单击取消选中复选框而使用单一模式编写动态网页

4.1.2　C#程序的结构

C#程序代码均书写在代码文件中。在开始学习 C#代码之前，首先应该了解 ASP.NET 中C#语言的基本编程结构。其逻辑结构如图 4-3 所示。

若将用户的程序代码放入"应用程序类"的"页载入事件"中,就会自动在该网页启动时执行(因此这里适合做初始化的工作),"其他事件"和"用户自定义方法或函数"根据实际情况再添加即可。

参考代码如下。

```
using System;                    //引入命名空间,下同
using System.Collections;
using System.Configuration;
using System.Data;
using System.Linq;
using System.Web;
using System.Web.Security;
using System.Web.UI;
using System.Web.UI.HtmlControls;
using System.Web.UI.WebControls;
using System.Web.UI.WebControls.WebParts;
using System.Xml.Linq;

public partial class _Default: System.Web.UI.Page
                    //应用程序类
{
    protected void Page_Load(object sender, EventArgs e)   //页载入事件
    {
        Response.Write("世界你好!");               //输出"世界你好!"
    }
}
```

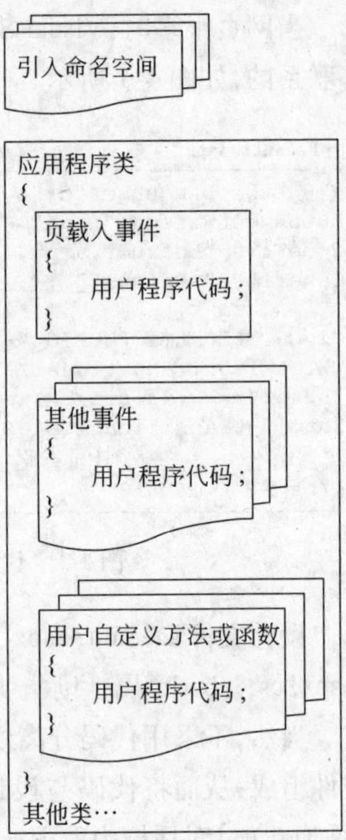

图 4-3　ASP.NET 中 C#语言的逻辑结构

代码中,除加字符底纹效果的一条输出语句及符号"//"后面的注释外,其他代码均是由 Visual Studio 自动构建出来的,这里先了解一下相应含义。

using 关键字的用途是引入命名空间,以便于程序使用微软.NET 框架中现有的类库资源,该关键字只能出现在应用程序代码的开头。由于常用的一些类库资源分布在不同的命名空间内,所以这里多次使用 using 关键字进行引入。

例如:

- System 命名空间:提供了构建应用程序所需的各种系统功能。
- System. Collections 命名空间:包含接口和类,这些接口和类定义各种对象(如列表、队列、位数组、哈希表和字典)的集合。
- System. Configuration 命名空间:包含提供用于处理配置数据的编程模型的类型。
- System. Data 命名空间:提供对表示 ADO. NET 结构的类的访问。通过 ADO. NET 可以生成一些组件,用于有效管理多个数据源的数据。
- System. Linq 命名空间:提供支持使用语言集成查询(LINQ)进行查询的类和接口。

- System. Web 命名空间：提供使得可以进行浏览器与服务器通信的类和接口。
- 更多的命名空间可参阅 MSDN。

.NET 中提供大量的命名空间，以便开发人员能够方便地使用现有的类库进行应用程序的开发。

代码中，语句 public partial class _Default 就是定义一个应用程序类，类名叫_Default，由 class 关键字声明，public 代表它是公用的。

partial 代表这是部分类，部分类可以提供给类的编写者一种更好的代码物理组织方式。

类名下面的花括号"{"和"}"用来标识代码范围。用户的程序代码只能写在类中的事件、方法或函数内。

系统默认构建的唯一的事件是页载入事件，代码是 protected void Page_Load(object sender，EventArgs e)，括号( )内的是默认参数，不必改动，注意观察该事件的名称 Page_Load，这是一种"见名知意"的命名方式，含意为"当网页载入时调用"，下划线前为对象名 Page，后面是发生的事件 Load。由系统生成的事件大都是这样的格式。

4.1.3 C#的代码书写格式

好的代码格式让代码具有可读性，能够让开发者更加轻松地了解和认知代码。所以，按照约定的格式书写代码是一个非常良好的习惯。主要书写格式的原则包括：应用缩进、大小写敏感、空白区、注释和见名知意。

1. 缩进

缩进不是必需的，但缩进可以为开发人员阅读代码带来层次感，帮助分辨区域，可以看到，括号都是有层次的，同一语句块中的语句应该缩进到同一层次，越往内，缩进得越深。这是一个非常重要的约定，因为它直接影响到代码的可读性。

在 Visual Studio 中编写代码，缩进会自动进行。

2. 大小写敏感

C#是一种对大小写敏感的编程语言。例如"userName"、"UserName"、"username"都是不同的字符串，在编程中应当注意。

3. 空白区

绘画需要留白，艺术大师往往都是留白大师。同理，使用空白亦能改善代码的格式，提高代码的可读性。比如在操作符两侧添加空格；各个代码段之间多用空行分隔，等等，都是书写代码时的"留白"。

4. 注释

良好的注释习惯能够让代码更加优雅和可读，谁也不希望代码在几天后连自己也不认识了。

注释的写法有两种，一种是注释大段代码的，以符号"/ *"开始，并以符号"*/"结

束;另一种是注释单行代码的,使用符号"//"来写注释。例如:

```
/ *
多行注释
本例演示了在程序中写注释的方法
* /
//单行注释,一般对单个语句进行注释
```

5. 见名知意

在给变量或其他对象命名的时候,应给出具有描述性质的名称,这样写出来的程序便于理解,即"见名知意"。比如一个消息字符串的名字就可以叫 strMessage,而起为 e9x3T 就不是一个好的变量名。

建议的写法格式是,前三个字符代表类型,后面使用一个或多个单词代表作用,除代表作用的单词首字母采用大写外,其他全用小写。例如:

- 字符串类型:用于保存用户姓名的变量:strUserName;
- 整数类型:用于保存计算结果的变量:intResult;
- 文本框控件:用于保存用户密码:txtUserPassword;
- Label 控件:用于显示提示信息:labMessage;
- 按钮控件:用于提交登录:btnLogin。

上述命名方式实际是将传统的匈牙利命名法(即前面写类型后面写作用)与驼峰命名法(即字母大小写像驼峰一样上下起伏)结合在一起了。

4.2　数据类型

应用程序总是需要处理数据,而现实世界中的数据类型多种多样。必须让计算机了解需要处理什么样的数据,以及采用哪种方式进行处理,按什么格式保存数据等。比如,在编码程序中需要处理单个字符,在订购票系统中需要打印货币金额,在科学运算中不同情况下需要不同精度的小数。这些都是不同的数据类型。

其实,任何一个完整的程序都可以看成是一些数据和作用于这些数据上的操作的说明,每一种高级语言都为开发人员提供一组数据类型。不同的语言提供的数据类型不尽相同。

下面将学习 C#语言提供的数据类型,以及使用这些数据类型时的要点。

对于程序中的每一个用于保存信息的量,使用时都必须声明它的数据类型,以便编译器为它分配内存空间。C#的数据类型可以分为两大部分:值类型和引用类型。

4.2.1　值类型

在具体讲解各种类型之前先提一下变量的概念,在后面将对变量作进一步的讨论。从用户角度来看,变量就是存储信息的基本单元;从系统角度来看,变量就是计算机内存中的一个存储空间。

下面开始介绍值类型。C#的值类型可以分为以下几种：

- 简单类型
- 结构类型
- 枚举类型

1. 简单类型

简单类型，是直接由一系列元素构成的数据类型。C#语言中提供了一组已经定义的简单类型。从计算机的表示角度来看，这些简单类型可以分为整数类型、布尔类型、字符类型和实数类型。

1）整数类型

顾名思义，整数类型的变量的值为整数。数学上的整数可以从负无穷大到正无穷大，但是由于计算机的存储单元是有限的，所以计算机语言提供的整数类型的值总是在一定的范围之内。

C#中有9种整数类型，划分的依据是根据该类型的变量在内存中所占的位数。位数的概念是按照 2 的指数幂来定义的。比如说8位整数，则它可以表示 2 的 8 次方个数值，即 256。这些整数类型在数学上的表示以及在计算机中的取值范围见表4-1。

表 4-1　整数类型

数据类型	名　称	特　征	取 值 范 围
sbyte	短字节型	有符号 8 位整数	−128 ~ 127
byte	字节型	无符号 8 位整数	0 ~ 255
short	短整型	有符号 16 位整数	−32 768 ~ 32 767
ushort	无符号短整型	无符号 16 位整数	0 ~ 65 535
int	整型	有符号 32 位整数	−2 147 483 648 ~ 2 147 483 647
uint	无符号整型	无符号 32 位整数	0 ~ 4 294 967 295
long	长整型	有符号 64 位整数	−9 223 372 036 854 775 808 ~ 9 223 372 036 854 775 807
ulong	无符号长整型	无符号 64 位整数	0 ~ 18 446 744 073 709 551 615

例如：

```
int intSum = 20 + 30;        //定义整型变量 intSum，并为其赋值为 50 (20 和 30 的和)
```

2）布尔类型

布尔类型表示的逻辑变量只有 true 和 false 两种取值，是用来表示"真"和"假"这两个概念的。如：

```
bool bolIsBoy = true;        //定义布尔型变量 bolIsBoy，并为其赋值为 true (真)
```

💡 在 C 和 C++中，用 0 来表示"假"，其他任何非 0 的式子都表示"真"，这种不正规的表达在 C#中已经被废弃了。

3）实数类型

实数类型分为浮点类型和十进制类型。

浮点类型在 C#中采用两种数据类型来表示：单精度（float）和双精度（double），它们的差别在于取值范围和精度不同。计算机对浮点数的运算速度大大低于对整数的运算，在对精度要求不是很高的浮点数计算中，可以采用 float 型，而采用 double 型获得的结果将更为精确。当然，大量使用双精度浮点数将会占用更多的内存单元，而且计算机的处理任务也将更加繁重。

- 单精度：取值范围为 $1.5 \times 10^{-45} \sim \pm 3.4 \times 10^{38}$，精度为 7 位数；
- 双精度：取值范围为 $\pm 5.0 \times 10^{-45} \sim \pm 1.7 \times 10^{308}$，精度为 15 到 16 位数。

十进制类型（decimal）主要用于在金融和货币方面的计算。它的取值范围比 double 类型的范围要小得多，但它更精确。十进制类型是 128 位数据类型，运算结果可准确到小数点后 28 位。它所表示的范围为 $1.0 \times 10^{-28} \sim 7.9 \times 10^{28}$。

当定义一个 decimal 变量并赋值给它时，数值后补充 m 作为下标以表明它是一个十进制类型。如：

```
decimal decMoney=1.0m;
```

4）字符类型

除了数字以外，计算机处理的信息主要就是字符了。字符包括数字字符、英文字母、表达符号等，C#提供的字符类型按照国际上公认的标准，采用 Unicode 字符集。

一个 Unicode 的标准字符长度为 16 位，用它可以表示世界上大多数语言。可以按以下方法给一个字符变量赋值，如：

```
char chrGrade='A';
```

另外，还可以直接通过十六进制转义符（前缀\x）或 Unicode 表示法给字符型变量赋值（前缀\u），如下面对字符型变量的赋值写法都是正确的：

```
char chrX='\x0032';//
char chrY='\u0032';//
```

在 C#中也存在着转义字符，用来在程序中指代特殊的控制字符，见表 4-2。

表 4-2 转义字符

转义符	字符名	转义符	字符名
\'	单引号	\f	换页
\"	双引号	\n	新行
\\	反斜杠	\r	回车
\0	空字符	\t	水平制表符 tab
\a	响铃	\v	垂直制表符
\b	退格		

例如，要输出这样一句字符串"旗帜上写着"自由"两个字"，若直接写成：

```
Response.Write("旗帜上写着"自由"两个字");
```

程序会出错,因为文字内容里的双引号(")与作为定界符的双引号(")有冲突。解决的办法就是使用转义字符替代内容中的双引号("):

```
Response.Write("旗帜上写着 \"自由 \"两个字");
```

2. 结构类型

利用上面介绍过的简单类型,进行一些常用的数据运算、文字处理似乎已经足够了,但是不可避免会碰到一些更为复杂的数据类型。比如,通讯录的每条记录要存放他人的姓名、电话和地址,如果按照简单类型来管理,每一条记录都要存放到三个不同的变量当中,这样工作量大,不易管理,也不够直观。

最好的办法是定义一种新的类型,它的内部可由多种简单类型组合而成,这样就可以把各种不同类型数据信息存放在一起构成一个"组",统一处理。这个新的类型就是结构类型。内部的每一个简单变量称为结构的成员,结构类型采用 struct 来进行声明。例如,可以定义一个存放通讯录的结构类型:

```
struct PhoneBook
{
    public string strName;
    public string strPhone;
    public string strAddress;
}
PhoneBook pbClassmate;
```

pbClassmate 就是一个 PhoneBook 结构类型的变量。上面声明中的 public 表示对结构类型的成员的访问权限。有关访问权限的细节问题将在之后详细讨论。

对结构成员的访问通过结构变量名加上访问符"."句点,后面再跟成员的名称,如:

```
pbClassmate.strName = "周小杰";
pbClassmate. strPhone = "024 - 89714166";
Response.Write(pbClassmate.strName);              //输出结果"周小杰"
```

结构类型包含的成员的类型和数量没有限制,可以相同,也可以不同。比如,可以在通讯录的记录中再加上年龄这个成员:

```
struct PhoneBook
{
    public string strName;
    public string strPhone;
    public string strAddress;
    public string strAge;
}
```

3. 枚举类型

设计枚举的意义,实际上是为一组在逻辑上密不可分的整数值提供便于记忆的符号。

例如,声明一个代表颜色的枚举类型的变量 MyColor:

```
enum MyColor{red, yellow, blue, green, black, white};
```

使用时可采用以下语法:

```
int intApple = MyColor.green;              //等效于 int intApple = 3;
int intOrange = MyColor. yellow;           //等效于 int intOrange = 1;
```

从上面的语句可以看到:

- 枚举类型的变量在某一时刻只能取枚举中某一个元素的值;
- 相对于直接使用数字,采用枚举赋值更有意义,便于记忆和理解;
- 枚举中的每一个元素类型都是 int 型,第一个元素的值为0,第二个元素的值为1, 其后依此递增。

当然,也可以通过给元素直接赋值的方法使其序列从1而不是0开始:

```
enum MyColor{red = 1, yellow, blue, green, black, white};
```

这样 red 的值为1,其后元素的值分别为2,3,……

为枚举元素所赋的值的类型限于 long、int、short 和 byte 等整数类型。

4.2.2　引用类型

C#中的另一大数据类型是引用类型,引用这个词在这里的含义是:该类型的变量不直接存储所包含的值,而是指向它所要存储的值。也就是说,引用类型存储实际数据的引用值的地址(C/C++中的指针即是一种引用类型)。C#中的引用类型有4种:

- 类
- 代表
- 数组
- 接口

1.　类(class)

C#是一种标准的面向对象开发语言,类则是面向对象编程的基本单位,是一种包含数据成员、函数成员和嵌套类型的数据结构。类的数据成员有常量、域和事件,函数成员包括方法、属性、索引指示器、运算符、构造函数和析构函数。

类支持继承机制。通过继承,派生类可以扩展基类的数据成员和函数方法,进而达到代码重用和设计重用的目的。

有关类的概念将在4.6节详细讲解。

类和结构同样都包含了自己的成员,但它们之间最主要的区别在于,类是引用类型,而结构是值类型。

2.　代表(delegate)

代表(delegate),有的书中称它为委托。无论对它如何进行翻译,实际从运用上看,它相当于 C/C++中的函数指针。当然,与指针不同的是,代表在 C#中是类型安全的。

有了代表,就多了一条调用方法的途径。即,不但可以用方法名来调用,也可以将代表指向方法后,采用代表来调用。

在声明代表时,需要指定代表指向的原型的类型。注意,它不能有返回值,也不能带有输出类型的参数。比如可以声明一个指向 int 类型函数原型 MyDelegate( )的代表:

```
delegate int MyDelegate();
```

下面的例子采用调用方法名和代表这两种方式,均实现了输出信息"条条大路通罗马"。

```
using System;
//······中间省略······
using System.Xml.Linq;

public partial class _Default: System.Web.UI.Page
{
    delegate string myDelegate();                //声明一个字符串类型的代表 myDelegate
    protected void Page_Load(object sender, EventArgs e)
    {
        Test t = new Test();
        Response.Write(t.Roman());                //通过方法名的调用来输出信息
        myDelegate dg = new myDelegate(t.Roman);  //将代表指向实例方法 Roman
        Response.Write(dg());                     //通过代表来输出信息
    }
}


class Test
{
    public string Roman()                         //建立方法
    {
        return("条条大路通罗马!");
    }
}
```

3. 数组

在进行批量处理数据的时候,常要用到数组。数组是一组类型相同的有序数据,数组按照数组名、数据元素的类型和维数来进行描述。

数组的声明格式:

类型[]数组名 = new 类型[元素个数]

比如声明一个整数数组:

```
int[] arr = new int[3];
```

它在内存中的逻辑结构如图 4-4 所示。

在使用数组的时候,可以通过在数组名后的[ ]中加入下标来取得对应的数组元素,如 arr[2]。C#中的数组元素的下标是从 0 开始的,也就是说,第一个元素对应的下标为 0 以后逐个增加。

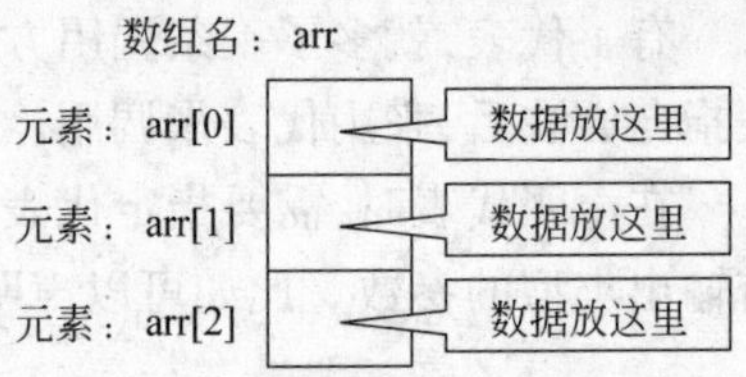

数组名:arr

元素:arr[0]	数据放这里
元素:arr[1]	数据放这里
元素:arr[2]	数据放这里

图 4-4   一维数组在内存中的逻辑结构

在 C#中数组可以是一维的也可以是多维的。一维数组最为普遍,用得也最多。先看一看下面的例子:

```
int[] arr = new int[3];
arr[0] = 6;
arr[1] = 9;
arr[2] = 10;
Response.Write(arr[0] + arr[2] - arr[1]);
```

它的结果为 7。

这个程序创建了一个基类型为 int 型的一维数组,共有三个元素,分别进行了赋值,最后进行数学运算后输出。

也可以在数组声明的时候就同时对数组元素进行赋值,这也叫做对数组的初始化。

```
int[] arr = new int[]{6,9,10};
```

这样就相当于将 6 赋值给了第 0 个元素,即 arr[0]为 6,9 赋给了 arr[1],10 赋给了 arr[2]。数组 arr 共三个元素。

4.3   常量和变量

对于基本数据类型,按其取值是否可改变又分为常量和变量两种。在程序执行过程中,其值不可发生改变的量称为常量,其值可变的量称为变量。它们可与数据类型结合起来分类。例如,可分为整型常量、整型变量、字符常量、字符变量等。在程序中,常量是可以不经说明而直接引用的,而变量则必须先定义后使用。

4.3.1   常量和符号常量

常量就是其值固定不变的量。从数据类型角度来看,常量的类型可以是任何一种值类型或引用类型。

常量有两种,一种是直接常量(也叫字面常量),另一种是符号常量。

如 12、0、−3、4.6、−1.23、'a'、'5'这些常量均属于直接常量。

符号常量则使用某个标识符来代替具体的一个值,整个程序运行中不允许被改变。例如:

```
const float TaxRate = 0.2587;    //定义浮点型符号常量 TaxRate(税率),值为 0.2587
TaxRate = 0.271;                 //错误,常量不允许被改变
Response.Write(AGE);             //输出符号常量 TaxRate 的值 0.2587
```

常量的类型不仅可以是 float 型，也可以是以下之一：

sbyte，byte，short，ushort，int，uint，long，ulong，char，float，double，decimal，bool，string，枚举类型（enum-type）或引用类型（reference-type）。

使用符号常量的好处是：

- 含义清楚。很明显，使用 TaxRate 比 0.2587 更易让开发者理解。
- 能做到"一改全改"。可以想像，该税率可能在程序中多次被使用，若一段时间后调整了税率，使用符号常量的方式则只要修改语句中定义的一条语句即可。

4.3.2　变量

其值可以改变的量称为变量。程序要对数据进行读、写、运算等操作，当需要保存特定的值或计算结果时，就需要用到变量。

一个变量应该有一个名字，在内存中占据一定的存储单元，如图 4-5 所示。

图 4-5　变量在内存中的形式

变量必须先定义后使用。变量值可以通过赋值被改变。例如：

```
int a;                  //定义整型变量 a
a = 6;                  //将 6 赋值给变量 a，a 的值为 6
a = 18;                 //将 18 赋值给变量 a，a 的值改为 18
Response.Write(a);      //输出 a 的值 18
```

变量也可以在定义时就被赋值，这叫做定义赋初始值。例如：

```
int a = 25;
```

4.4　类型转换

在应用程序开发当中，很多情况下都需要对数据类型进行转换，以保证程序的正常运行。C#语言中数据类型的转换可以分为两类：隐式转换和显式转换。

隐式转换就是系统默认的，不需要加以声明就可以进行的转换。例如下面的例子：

```
int a = 10;             //定义整型变量 a
float b = 3.14F;        //定义单精度浮点型变量 b，F 是单精度标识符，加在常量后
double c = a + b;       //隐式转换
Response.Write(c);      //隐式转换
```

由于类型不同的数据是不能直接相互计算的，系统会对参与的各数据做一下对比，精度低的一方会隐式转换为精度高的一方的类型，然后才能相互运算。

上例的第 3 条语句，a 是整型，b 是单精度浮点型，两者数据类型不一致。b 的精度高，所以 a 会隐式转换为单精度浮点型，两者才可以进行运算。

计算的和是单精度浮点型，要赋值给双精度浮点型的 c，所以系统再将计算的和隐式转换为双精度浮点型，再赋值给 c。

第 4 条语句是输出,输出类型应为字符串类型,所以系统再将双精度浮点型的 c 隐式转换为字符串后才能正确输出。

显式类型转换,又叫强制类型转换。与隐式转换正好相反,显式转换需要用户明确地指定转换的类型。

下面的例子是通过强制类型转换符括号"( )"进行显式类型转换:

```
int i =1;                              //声明整型变量 i
float j = (float)i;                    //显式转换为单精度浮点型
```

下面的例子是使用 Convert 类实现转换。

```
string i = "1";                        //声明字符串变量
int j = Convert.ToInt32(i);            //显式转换为整型
```

下面的例子是使用对象自带的 ToString( )方法实现转换。

```
int a = 25;                            //声明整型变量 a 并赋初值 25
string b = a.ToString();
          //通过 a 的 ToString()方法转换为字符串类型"25"并赋值给字符串类型变量 b
```

建议平时采用显式转换,这是因为隐式类型转换并不能保证成功率,另外也是为了提高程序的可读性。

4.5 表达式操作符

C#语言中的表达式类似于数学运算中的表达式,是操作符、操作对象和标点符号等连接而成的式子。

1. 操作符的分类

表达式由操作数和操作符组成。表达式的操作符指出了对操作数的操作,比如操作符有加" + "、减" – "、乘" * "、除"/"和建立新实例"new"。操作数可以是文字、域、当前变量或表达式。

依照操作符作用的操作数的个数来分,C#中有三种类型的操作符:

- 一元操作符:如 + +i ,x – – 。一元操作符作用于一个操作数,一元操作符又包括前缀操作符和后缀操作符。
- 二元操作符:如 3 +6,5 * 8。二元操作符作用于两个操作数,使用时在操作数中间插入操作符。
- 三元操作符:C#中仅有一个三元操作符,即?:。三元操作符作用于 3 个操作数,使用时在操作数中间插入操作符。

下面分别给出使用操作符的例子:

```
int x =5,y =10,z;
x + +;                    //后缀一元操作符
– – x;                    //前缀一元操作符
```

```
z = x + y;                          //二元操作符
y = (X > 10 ? 0 : 1);               //三元操作符
```

2. 操作符的优先级

当一个表达式包含多样操作符时，操作符的优先级控制着单个操作符求值的顺序。这和数学运算中的"先算乘除后算加减，括号优先"的道理是一致的。

例如，表达式 x + y * z 按照 x + (y * z) 求值，因为 * 操作符比 + 操作符有更高的优先级。

表 4-3 总结了所有操作符从高到低的优先级顺序。

表 4-3 运算符的优先级（由高到低排列）

操作符类型	操 作 符
初级操作符	X.y,f(x),a[x],x + +,x - -,new,typeof,checked,unchecked
一元操作符	+ , - , ! , ~ , + +x, - -x,(T)x
算术操作符	* , / , %
位操作符	< < , > > ,&,│,^, ~
关系操作符	< , > , < = , > = ,is,as
逻辑操作符	&,^,│
条件操作符	&&,││,?
赋值操作符	= , + = , - = , * = , / = , < < = , > > = ,&= ,^ = ,│ =

当优先级相同时，操作符按照出现的顺序由左至右执行。

除了赋值操作符，所有的二进制操作符都是左结合的，也就是说，操作按照从左向右的顺序执行。例如 x + y + z 按(x + y) + z 进行求值。

赋值操作符和条件操作符(?:)按照右结合的原则，即操作按照从右向左的顺序执行。如 x = y = z 按照 x = (y = z)进行求值。

建议在写表达式的时候，如果不易确定操作符的有效顺序，则尽量多采用括号来保证运算的顺序，这样可使得程序一目了然，而且自己在编程时也能够思路清晰。

3. 算术操作符和算术表达式

C#中提供的算术操作符有 5 种：加法操作符 + 、减法操作符 - 、乘法操作符 * 、除法操作符/ 、求余(模)操作符% 。下面的表达式表明了用法。

```
int a = 10;
int b = 24;
Response.Write(a * b);              //输出结果为 240
Response.Write(b% a);               //输出结果为 4
```

4. 赋值操作符和赋值表达式

赋值就是给一个变量赋一个新值。先处理等号右侧的表达式，处理结果再赋给等号左侧的变量。C#中提供的赋值表达式有：

$$= \quad += \quad -= \quad *= \quad /= \quad \%= \quad \&= \quad |= \quad \wedge= \quad <<= \quad >>=$$

赋值的左操作数必须是一个变量、属性的表达式。

```
int a;
a =3;                //将 3 赋值给变量 a,a 的值为 3
a + =4;              //相当于 a = a +4,即将 a(原值为 3)+4 的和(7)再赋给 a,a 值为 7
a - =2;              //相当于 a = a -2,即将 a(现值为 7)-2 的差(5)再赋给 a,a 值为 5
a% =4;               //相当于 a = a% 4
```

C#中可以对变量进行连续赋值,这时赋值操作符是右关联的,这意味着从右向左操作符被分组。例如,形如 a = b = c 的表达式等价于 a =(b = c),即先将 c 赋值给 b,再将 b 结果赋值给 a。

要注意的是,对于 + =这样的复合赋值操作符,中间不允许有空格。另外,如果赋值操作符两边的操作数类型不一致,那就要先进行类型转换(隐式或显式转换)。

5. 关系操作符和关系表达式

关系运算实际上是逻辑运算的一种,可以把它理解为一种"判断"。判断的结果要么是"真",要么是"假",也就是说关系表达式的返回值总是布尔值(boolean)。C#定义关系操作符的优先级低于算术操作符,高于赋值操作符。

最常用的关系操作符有:

- 等于 = =:如 3 = =6 的返回值为 false(假),6 = =6 的返回值为 true(真);
- 不等于! =:如 6! =6 的返回值为 false(假),3! =6 的返回值为 true(真);
- 小于 <:如 6 <3 的返回值为 false(假),3 <6 的返回值为 true(真);
- 大于 >:如 3 >6 的返回值为 false(假),6 >3 的返回值为 true(真);
- 小于或等于 < =:如 6 < =3 的返回值为 false(假),3 < =6 和 3 < =3 的返回值为 true(真);
- 大于或等于 > =:如 3 > =6 的返回值为 false(假),6 > =3 和 3 > =3 的返回值为 true(真);
- 类型是否兼容 is:如 6 is float 的返回值为 false(假),6 is int 的返回值为 true(真)。

用关系操作符将两个表达式连接起来的式子就是关系表达式。关系表达式的值就是关系操作符的返回值,即一个布尔值。关系表达式可以再作为关系操作符的操作数,也可以作为布尔值赋给赋值表达式。例如,下面都是合法的关系表达式。

```
a >b,(a = b) >c,(a >b) > (c <d),(a >b) = =c
```

6. 逻辑操作符和逻辑表达式

C#语言提供了三种逻辑操作符:

- &&:逻辑与,二元操作符。
- ||:逻辑或,二元操作符。
- !:逻辑非,一元操作符。

它们之间的运算关系可以用真值表来表示。假设,x 和 y 是两个布尔值,它们的初始值和运算结果见表4-4。

表 4-4　逻辑运算真值表

x	y	x&&y	x‖y	!x
false	false	false	false	true
false	true	false	true	true
true	false	false	true	false
true	true	true	true	false

用逻辑操作符将关系表达式或布尔值连接起来就是逻辑表达式，逻辑表达式的值仍然是一个布尔值。

在熟练地掌握逻辑操作符和关系操作符以后，就可以使用逻辑表达式来表示各种复杂的条件。例如，给出一个年份，要判断它是不是闰年。闰年的条件是：是 400 的倍数，或者是 4 的倍数但不是 100 的倍数。

设某年份为 year ，闰年与否就可以用一个逻辑表达式来表示：

```
(year% 400) = =0 ||((year% 4) = =0 && (year% 100)! =0)
```

7. 位运算

任何信息在计算机中都是以二进制的形式保存的，位操作符就是对数据按二进制位进行运算的操作符。C#语言中的位操作符有：

- & 与
- | 或
- ^异或
- ~ 取补
- << 左移
- >> 右移

下面通过"与运算"对 C#的位操作符做个简单的介绍。

操作数按二进制位进行与运算，运算规则是，除了两个位均为1，与运算的结果为1，其他情况下与运算的结果均为0：

```
0&0 =0
0&1 =0
1&0 =0
1&1 =1
```

例如，十进制数 2 与 10 进行与运算：

$$2 的二进制表示　00000010$$
$$10 的二进制表示　00001010$$

$$与运算的结果　00000010$$

所以 2&10 的结果为十进制的 2。

8. 其他特殊操作符

1）三元操作符

三元操作符?:,有时也称为条件操作符。它可以看成是 if else 语句的缩略形式,熟练使用该语句可以让代码变得更简练。

它的工作顺序是:

对条件表达式 b? x:y ,先对条件 b 进行判断,如果 b 的值为 true,则计算 x,最终运算结果为 x 的值。否则,计算 y,最终运算结果为 y 的值。

例如:

```
int a;
a = 3 > 7? 5 + 9:2 + 3;                    //a 的值为 5
```

2）自增和自减操作符

自增操作符 + + 对变量的值加 1,而自减操作符 − − 对变量的值减 1。

比如,假设一个整数 x 的值为 9,那么执行 x + + 之后的值为 10。

3）new 操作符

new 操作符用于创建一个新的类型实例。它有三种形式:

- 对象创建表达式:用于创建一个类类型或值类型的实例;
- 数组创建表达式:用于创建一个数组类型实例;
- 代表创建表达式:用于创建一个新的代表类型实例。

下面三个式子分别创建了一个对象、一个数组和一个代表实例。

```
class  A{};                           //创建一个类(为方便,这里建的是空类)
A a = new A;                          //创建类 A 的实例 a
int[] int_arr = new int[10];          //创建一个数组实例
delegate double DFunc(int x);         //创建一个代表
DFunc f = new DFunc(f);              //创建一个代表实例并指向方法 f()
```

4.6 类

由于类是面向对象开发中最重要的概念,因此单独作为一节详细介绍。

4.6.1 类的结构及继承

类支持继承机制。通过继承,派生类可以扩展基类的数据成员和函数方法,进而达到代码重用和设计重用的目的。

对于上述知识的理解,可以通过一个简单的例子来完成。

例如,新建一个汽车类 Car,它有个鸣笛的方法 speake( ),能返回"嘀嘀"的声音。于是可以这样设计类:

```
class Car
{
```

```
public string speake()
{
    return("嘀嘀");
}
}
```

这只是定义了一个抽象的汽车类，如果希望有个具体的汽车该怎么办？那就要利用它生成一个实例。生成实例需要用 new 关键字来完成。格式如下：

```
Car myCar = new Car();
```

这样就建立了名为 myCar 的具体的一辆车了。当然，大街上的汽车不止一辆，如果再建立一辆汽车呢？可以写为：

```
Car herCar = new Car();
```

由于汽车类 Car 已经内建了鸣笛的功能，即 speake( )方法，自然，由汽车类 Car 生成的实例也就拥有了鸣笛的功能。例如我的车鸣笛：

```
myCar.speake();
```

她的车鸣笛：

```
herCar.speake();
```

下面看一看继承，继承用冒号"："表示。

例如，在前面的基础上，又要新开发一个快车类 FastCar，快车也应鸣笛呀，好在早已定义好的汽车类 Car 中，已经有了鸣笛方法 speake( )，因此，只要新的快车类继承旧的汽车类 Car 就可以了，不必再重新定义鸣笛了。至于快车类中要新增的功能：如"速度"方法 speed( )后面补上便是。于是就有了如下方式来定义新的快车类 FastCar。

```
class FastCar :Car
{
    public string speed()
    {
        return("200 公里/小时");
    }
}
```

对比 Car 类和 FastCar 类，后者在定义类名后添加了"：Car"，这就是继承的表示方法。表示当前类继承自冒号"："后面的类。这里的 FastCar 叫做派生类（也称子类），Car 叫做基类（也称父类）。下面就可以试验一下快车类的功效。

建立一个快车的实例 yourCar：

```
FastCar yourCar = new FastCar();
```

快车的实例除拥有新建的速度方法 speed( )，还拥有继承过来的鸣笛方法 speake( )：

```
yourCar.speake()
yourCar.speed()
```

上述例子的完整代码结构如下所示。

```
using System;
//......中间省略......
using System.Xml.Linq;

public partial class _Default:System.Web.UI.Page
{
    protected void Page_Load(object sender,EventArgs e)
    {
        Car myCar = new Car();
        Response.Write(myCar.speake());

        FastCar yourCar = new FastCar();
        Response.Write(yourCar.speake());
        Response.Write(yourCar.speed());
    }
}


class Car
{
    public string speake()
    {
        return("嘀嘀");
    }
}

class FastCar : Car
{
    public string speed()
    {
        return("200 公里/小时");
    }
}
```

由上可见,类的继承与派生使用户可以重用前人或自己已有的代码,使自己的开发工作站在前人的肩膀上,从而实现代码的重用,而且通过继承机制实现了现实生活中事物间的一般化与特殊化的关系,使编程思想更贴近人们的日常思维。

4.6.2 对类的成员的访问

在编写程序时,可以对类的成员使用不同的访问修饰符,从而定义它们的访问级别。

1. 公有成员(public)

C#中的公有成员提供了类的外部界面,允许类的使用者从外部进行访问。公有成员的修饰符为 public，这是限制最少的一种访问方式。

2. 私有成员（private）

C#中的私有成员仅限于类中的成员可以访问，从类的外部访问私有成员是不合法的。若在声明中没有出现成员的访问修饰符时，则默认方式即为私有的。私有成员的修饰符为 private。

3. 保护成员（protected）

为了方便派生类的访问，但又希望成员对于外界是隐藏的，这时可以使用 protected 修饰符，声明成员为保护成员。

4. 内部成员（internal）

使用 internal 修饰符的类的成员是一种特殊的成员，这种成员对于同一包中的应用程序或库是透明的，而在. NET 包之外是禁止访问的。

一般动态网站的开发中，前三种访问方式比较常见（public，protected，private）。

下面的例子说明了类的成员的访问修饰符的用法。

```csharp
using System;
//......中间省略......
using System.Xml.Linq;

public partial class _Default : System.Web.UI.Page
{
    protected void Page_Load(object sender,EventArgs e)
    {
    }
}


class Automotive                        //定义汽车类
{
    public int wheels;                  //公有成员,轮子个数
    private int passengers;             //私有成员,乘客数
    protected float weight;             //保护成员,重量
    public void Fa()
    {
        wheels = 4;                     //正确,允许访问自身成员
        passengers = 8;                 //正确,允许访问自身成员
        weight = 10;                    //正确,允许访问自身成员
    }
}


class train                             //定义火车类
{
```

```
    public int num;                          //公有成员,车厢数目
    private float weight;                    //私有成员,重量
    public void Ft()
    {
        num =5;                              //正确,允许访问自身成员
        weight =100;                         //正确,允许访问自身成员
        Automotive a = new Automotive();     //建立汽车类实例 a
        a.wheels = 4;                        //正确,允许访问另一个类实例 a 的公有成员
        a.passengers = 20;                   //错误,不允许访问另一个类实例 a 的私有成员
        a.weight = 6;                        //错误,不允许访问另一个类实例 a 的保护成员
    }
}


class Car:Automotive                         //定义轿车类,从汽车类继承
{
    string color;                            //私有成员(默认值)颜色
    public void Fc()
    {
        color = "red";                       //正确,允许访问自身成员
        Car c = new Car();                   //建立轿车实例 c
        c.wheels = 4;                        //正确,允许访问父类实例 c 的公有成员
        c.passengers = 8;                    //错误,不允许访问父类实例 c 的私有成员
        c.weight = 6;                        //正确,允许访问父类实例 c 的保护成员
    }
}
```

从上面的代码中可以看出类的访问规律:公有成员(public)谁都能访问(公开);私有成员(private)只能自己访问,即使由自己所派生的子类也不可以(隐私不外泄);保护成员(protected)像一个团结的家庭,自己以及自己的子类都可以访问,外界却不可以访问(一致对外)。

4.6.3　成员的静态和非静态

若将类中的某个成员声明为 static,该成员称为静态成员。类中的成员要么是静态的要么是非静态的,一般说来,静态成员是属于类所有的,非静态成员则属于类的实例(对象)所有。

从上面的例子中大家也会发现,若需要访问其他类的成员,必须先生成一个实例,然后才能通过实例去访问,比如:

```
Automotive a = new Automotive();             //建立汽车类实例 a
a.wheels = 4;                                //正确,允许访问另一个类实例 a 的公有成员
```

如果不通过实例而直接访问类中的成员,即使是公有成员,程序也会报错的。比如直接写成这样:

```
Automotive.wheels = 4;
```

系统会报错"非静态字段、方法或属性'Automotive. wheels'要求对象引用"。

那要怎样才能够直接从类中访问某个成员呢？方法就是在声明该成员时再加上 static 关键字。比如：

```
public static int wheels;
```

当然，这样声明后，虽然能够直接从类中访问它了，但却再不能够从类建立的实例中访问了。

以下示例代码演示了如何声明静态和非静态成员，其中，加字符底纹的语句是错误的。

```
using System;
//……中间省略……
using System.Xml.Linq;

public partial class _Default:System.Web.UI.Page
{
    protected void Page_Load(object sender,EventArgs e)
    {
        Test.x =1;                        //错误,不能直接访问类的非静态成员
        Test.y =2;                        //正确,可以直接访问类的静态成员
        Test.G();                         //正确,可以直接访问类的静态成员(方法)
        Test myT = new Test();
        myT.x =3;                         //正确,可以在类的实例中访问非静态成员
        myT.y =4;                         //错误,不能在类的实例中访问静态成员
        myT.G();                          //错误,不能在类的实例中访问静态成员(方法)
    }
}


class Test
{
    public int x;
    public static int y;
    void F()
    {
        x =1;                             //正确,可以引用自身成员
        y =1;                             //正确,等价于 Test.y =1
    }
    public static void G()                //建立公有静态方法
    {
        y =2;
    }
}
```

从原理上说，类的非静态成员属于类的实例所有，每创建一个类的实例，都在内存中

为非静态成员开辟了一块区域。而类的静态成员属于类所有,为这个类的所有实例所共享,无论这个类创建了多少个副本,一个静态成员在内存中只占有一块区域。

4.6.4　构造函数与析构函数

构造函数的目的是对类的实例进行初始化。即使没有声明,每个类也都有构造函数,编译器会自动地提供一个默认的构造函数。在访问一个类的时候,系统将最先执行构造函数中的语句。

使用构造函数请注意以下几个问题:

- 一个类的构造函数通常与类名相同;
- 构造函数不声明返回类型。一般地,构造函数总是 public 类型的,如果是 private 类型的,表明类不能被实例化,这通常用于只含有静态成员的类;
- 在构造函数中不要做对类的实例进行初始化以外的事情,也不要尝试显式地调用构造函数。

下面的例子示范了构造函数的使用。

```
class A
{
    int x = 0, y = 0, count;
    public A()                        //构造函数(无参数)
    {
        count = 16;
    }
    public A(int vx, int vy)          //构造函数(有参数)
    {
        x = vx;
        y = vy;
    }
}
```

建立实例时,可以使用:

```
A mya1 = new A();                     //使用无参数的构造函数
```

或

```
A mya2 = new A(2,6);                  //使用有参数的构造函数
```

上例子中,类 A 同时提供了不带参数和带参数的构造函数。构造函数可以是不带参数的,这样对类的实例的初始化是固定的。有时,在对类进行实例化时,需要传递一定的数据,来对其中的各种数据初始化,使得初始化不再是一成不变的,这时,可以使用带参数的构造函数,实现对类的不同初始化。

在带有参数的构造函数中,类在实例化时必须传递参数,并保证数量和类型的一致。

当类的实例结束时,一般希望确保它所占的存储能被收回。C#中提供了析构函数,

可以将专门释放被占用系统资源的语句写在析构函数内。

析构函数的名字与类名相同，只是在前面加了一个波浪线符号~。

例如为上例增加析构函数，可以写为：

```
~A()
{
    count = 0;
}
```

4.7 流程控制

到目前为止，前面看到程序还只能按照编写的顺序执行，中途不能发生任何变化。然而，实际生活中并非所有的事情都是按部就班地进行的，程序也是一样，为了适合自己的需要，经常要转移或者改变程序执行的顺序。达到这些目的的语句叫做流程控制语句。

与大多数编程语言相似，在程序模块中，C#可以通过条件语句控制程序的流程，从而形成程序的分支和循环。C#中提供了以下控制关键字：

- 选择控制：if、else、switch、case
- 循环控制：while、do、for、foreach
- 跳转语句：break、continue
- 异常处理：try、catch、finally

4.7.1 条件语句

当程序中需要进行两个或两个以上的选择时，可以根据条件判断来选择将要执行的一组语句。C#提供的选择语句有 if 语句和 switch 语句。

if 语句是最常用的选择语句了，它根据布尔表达式的值来判断是否执行后面的内嵌语句。格式为：

```
if(布尔表达式)
    {
    内嵌语句1
    }
```

或者

```
if(布尔表达式)
    {
    内嵌语句1
    }
else
    {
    内嵌语句2
    }
```

当布尔表达式的值为真,则执行 if 后面的内嵌语句1,为假则程序继续执行,如果有 else 语句,为假则执行 else 后面的内嵌语句2,否则执行以后的语句。

例如下面的例子用来对一个浮点数 x 进行四舍五入,结果保存到一个整数 i 中:

```
x = 4.6;
if(x - int(x) > 0.5)
  {
    i = int(x) + 1;
  }
```

4.7.2　switch 语句

if 语句每次判断只能实现两条分支,如果要实现多种选择的功能,虽然使用 if 语句的嵌套也可以做到,但需要书写冗长的代码。而 switch 语句可以有效地避免冗长的代码并能测试多个条件。

它的一般格式为:

```
switch(控制表达式)
{
  case 常量表达式1:
    内嵌语句1
  case 常量表达式2:
    内嵌语句2
  …
  default:
    内嵌语句n
}
```

switch 语句根据控制表达式的值,对照各 case 后的常量表达式看与哪一个相吻合,若与某一个常量表达式吻合,则执行该 case 分支内的内嵌语句。

switch 语句的控制表达式的数据类型可以是 sbyte、byte、short、ushort、uint、long、ulong、char、string 或枚举类型(enum-type),每个 case 标签中的常量表达式必须属于或能隐式转换成控制表达式值的类型。各 case 标签中的常量表达式值不能相同,语句中最多只能有一个 default 标签。

下面举一个例子来说明 switch 语句是如何实现程序的多路分支的。

假设考查课的成绩按优秀、良好、中等、及格和不及格分为5等,但实际的考卷为百分制,等级对应的分数为 90~100、80~89、70~79、60~69、60 分以下。下面的程序将考卷成绩 x 转换为考查课成绩。代码如下

```
using System;
 ://中间省略
using System.Xml.Linq;

public partial class _Default : System.Web.UI.Page
```

```
{
    protected void Page_Load(object sender,EventArgs e)
    {
        int x;
        string strResult;
        x = 82;                                    //测试用分数
        switch(Convert.ToInt32(x/10))
        {
            case 10:
                strResult = "优秀";
                break;
            case 9:
                strResult = "优秀";
                break;
            case 8:
                strResult = "良好";
                break;
            case 7:
                strResult = "中等";
                break;
            case 6:
                strResult = "及格";
                break;
            default:
                strResult = "不及格";
                break;
        }
        Response.Write(strResult);
    }
}
```

程序运行的结果为"良好"。

需要注意的是，每一个分支结束后要添加 break 语句。

4.7.3 循环语句

循环语句可以实现一个程序模块的重复执行。它对于简化程序，更好地组织算法有着重要的意义。C#提供了 4 种循环语句，分别适用于不同的情形：

- while 语句
- do-while 语句
- for 语句
- foreach 语句

1. while 语句

while 语句有条件地将内嵌语句执行 0 遍或若干遍。语句的格式为：

```
while(布尔表达式)
{
    内嵌语句
}
```

它的执行顺序是：

（1）计算布尔表达式的值；

（2）当布尔表达式的值为真时，执行内嵌语句一遍，然后程序转至步骤（1）继续判断；

（3）当布尔表达式的值为假时，while 循环结束。

while 语句中允许使用 break 语句提前结束循环，执行后续的语句；也可以用 continue 语句来停止当次循环进度，转而进行下一轮的循环。

下面的程序片段用来计算一个整数 x 的阶乘值。

```
long y =1;
int x =5;                        //变量 x 存放要计算的阶乘
while(true)
{
    y * =x;                      //等价于 y = y * x
    x - - ;
    if(x = =0)
    {
        break;
    }
}
Response.Write(y.ToString());    //输出结果为 120
```

2. do-while 语句

do-while 语句与 while 语句不同的是，它先执行内嵌语句一次，然后再判断是否再继续循环。因此，do-while 循环即使布尔表达式为假，也至少会执行一次内嵌语句。语法如下：

```
do
{
    内嵌语句
}while(布尔表达式)
```

在 do-while 循环语句中同样允许用 break 语句和 continue 语句实现与 while 语句中相同的功能。

使用 do-while 循环来实现求整数的阶乘的程序如下：

```
long y =1;
int x =5;                            //变量 x 存放要计算的阶乘
do
{
```

```
y * = x;                                    //等价于 y = y * x
x - - ;
if(x = = 0)
{
    break;
}
}while(true);
Response.Write(y.ToString());               //输出结果为120
```

3. for 语句

for 语句是 C#中使用频率最高的循环语句,在事先知道循环次数的情况下,使用 for 语句是比较方便的。for 语句的格式为:

```
for(循环控制变量; 循环控制条件; 循环控制的改变量)
  {
      内嵌语句
  }
```

其中,for 后括号内的三项都是可选项:

- 循环控制变量一般用来做初始化,可以有一个或多个(用逗号隔开);
- 循环控制条件决定循环的次数,可以有一个或多个语句;
- 循环控制的改变量控制循环控制变量的值按设定规律改变,也可以有一个或多个语句。

请注意,尽管初始化、循环控制条件和改变量都是可选的,但如果忽略了循环控制条件,就需要在内嵌语句中预设好跳转语句 break 或 goto,当满足一定条件时退出,否则将产生一个死循环。

for 语句执行顺序如图 4-6 所示。

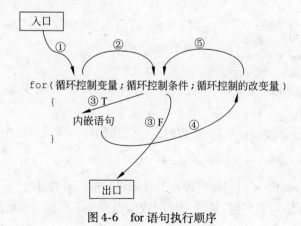

图 4-6　for 语句执行顺序

(1) 按书写顺序将循环控制变量部分(如果有的话)执行一遍,为循环控制变量赋初值。

(2) 测试循环控制条件(如果有的话)中的条件是否满足。

（3）若没有循环控制条件项或条件满足，则执行内嵌语句一遍；若条件不满足，则 for 循环终止。

（4）执行改变量操作，然后回到步骤（2）继续执行。

图中的执行顺序为：①→②→（判断循环条件值为真）→③T→④→⑤→（判断循环条件值为真）→③T→④→⑤→…循环效果…→（判断循环条件值为假）→③F。

下面的例子将输出数字 1~9，清楚地显示出了 for 语句是怎样工作的。

```
for(int i = 0;i < 10;i + +)
{
    Response.Write(i.ToString());
}
```

4. foreach 语句

若需对某一集合进行循环操作，可选择使用 foreach 语句，语法如下：

```
foreach(局部变量 in 集合)
    {
        执行语句
    }
```

for each 语句执行顺序为：

（1）集合中是否存在元素。

（2）若存在，则用集合中的第一个元素初始化局部变量。

（3）执行控制语句。

（4）集合中是否还有剩余元素，若存在，则将剩余的第一个元素再初始化局部变量。若不存在，结束循环。

foreach 语句示例代码如下所示。

```
//定义数组变量
string[] str = {"hello","world","nice","to","meet","you"};
//如果存在元素则执行循环
foreach(string s in str)
    {
        Response.Write(s + " * ");                    //输出元素
    }
```

上述代码声明了数组 str，并对 str 数组进行遍历循环。运行结果为：

```
hello * world * nice * to * meet * you *
```

同样，break 和 continue 也可以出现在 foreach 语句中，功能不变。

在使用 foreach 语句的时候，局部变量的数据类型应该与集合或数组的元素的数据类型相同。

4.7.4   异常处理语句

在编写程序时，不仅要关心程序的正常操作，也应该把握在现实世界中可能发生的各类不可预期的事件,比如用户错误的输入,内存不够,磁盘出错,网络资源不可用,数据库无法使用等。在程序中可以预先采用异常处理方法来解决这类问题。

C#中提供了一种处理系统级错误和应用程序级错误的结构化的、统一的类型安全的方法。

通常,异常处理语句由 try-catch 组成,格式如下:

```
try
{
    将有可能出现异常的语句块放在这里
}
catch                           //捕获异常
{
    这里放如果出现异常后的处理语句        //抛出异常,之后程序结束
}
```

若 try 中的语句发生了异常,则执行 catch 中的语句,然后结束整个程序。

若 try 中的语句没有发生异常,程序将继续执行下去,catch 中的语句不会执行。

在应用程序开发当中,try-catch 语句能够处理异常并返回给用户友好的错误提示,例如:

```
int x =1;                            //声明整型变量 x
int y =0;                            //声明整型变量 y
try                                  //尝试处理代码块
{
    x = x/y;                         //出现异常
}
catch                                //捕获异常
{
    Response.Write("除数不能为空");    //抛出异常
}
Response.Write("处理完成");           //由于前面发生异常,此语句不会被执行
```

上述代码试图用一个整型变量除以一个值为 0 的整型变量,不使用 try-catch 捕捉异常,则系统会抛出异常跳转到开发环境或代码块,从而中断程序。使用 try-catch,系统同样会抛出异常,但是开发人员能够通过程序捕捉异常并自定义输出异常,从而提高程序人机界面的友好性。

如果希望无论程序是否出现异常,都必须执行一段代码,则可将 finally 语句放在 try-catch 语句后面,格式如下:

```
try
 {
    有可能出现异常的语句块放在这里
 }
catch                           //捕获异常
 {
```

```
        这里放如果出现异常后的处理语句              //抛出异常,之后程序结束
    }
    finally                                  //继续执行程序块
    {
        这里放无论是否发生异常都将执行的语句
    }
```

本章小结

　　熟练掌握 C#语言是高效利用 ASP. NET 开发强大的动态网站的基础。换句话说,只有掌握好程序的编写,才能从容面对各种实际应用。本章介绍了 C#语言的基本语法结构,变量的声明、数据类型定义方法,数据类型的转换函数和程序异常处理。

习题

1. 填空题

(1) 如果 int X 的初始值为1,则执行表达式 X + =1 之后,X 的值为_____。

(2) 存储整型的变量应当用关键字_____来声明。

(3) 布尔型的变量可以赋值为关键字_____或_____。

(4) 一般来说,_____语句用于计数控制循环,_____语句用于定点控制循环。

2. 选择题

(1) 在 C#当中无须编写任何代码就能将 int 型数值转换为 double 型数值,称为(   )。

　　　A. 显式转换　　　　B. 隐式转换　　　　C. 数据类型变换　　　　D. 变换

(2) 如果左操作数大于右操作数,(   )运算符返回 false。

　　　A. =　　　　　　　B. <　　　　　　　C. < =　　　　　　　D. 以上都是

(3) 在 C#当中,(   )表示为" "。

　　　A. 空字符　　　　　B. 空串　　　　　　C. 空值　　　　　　　D. 以上都不是

3. 判断题

(1) 使用变量前必须声明其数据类型。　　　　　　　　　　　　　　　　(   )

(2) 算术运算符 * 、/、% 、+ 、−处于同一优先级。　　　　　　　　　　　(   )

(3) 每组 switch 语句中必须有 break 语句。　　　　　　　　　　　　　(   )

4. 简答题

(1) 计算下列表达式的值,并在 Visual Studio 2008 中进行验证。

　　　① 5 +3 * 4　　　　　② (4 +5) * 3　　　　③ 7%4

（2）下列代码运行后，scoreInteger 的值是多少？

```
int scoreInteger;
double scoreDouble = 6.66;
scoreInteger = (int) scoreDouble;
```

（3）指出下列程序段的错误并改正。

```
i = 1;
while (i < = 10);
i + +;
}
```

第 5 章

从标准控件开始

控件就像手中的积木,可以高效地堆积出理想的功能模型。ASP. NET 提供了丰富的控件,利用这些控件能够轻松地实现一个交互复杂的 Web 应用功能。

ASP. NET 提供的控件共三大类:

- Web 服务器端控件
- HTML 控件
- 用户自定义控件

HTML 控件是 ASP. NET 为了向下兼容而保留的,当对网站由静态网页升级到动态网页时有可能会用到它们。

Web 服务器端控件是 ASP. NET 首选控件,Visual Studio 2008 提供了大约 80 个 Web 服务器端控件(可通过工具箱窗口进行查看),并根据应用的领域划分为 8 个小类,分别为:

(1) 标准控件类。

(2) 数据控件类。

(3) 验证控件类。

(4) 导航控件类。

(5) 登录控件类。

(6) WebParts 控件类。

(7) AJAX 扩展控件类。

(8) 报表控件类。

本章关注的是 Web 服务器端控件中的标准控件类。

5.1 ASP. NET 控件的一些共性

虽然 ASP. NET 中提供的控件非常多,但只要掌握了一定的规律,学习使用起来就会变得非常容易。

Visual Studio 中的控件均列在【工具箱】窗口(如图 5-1 所示)内,使用时只需双击即可添加到工作区当前光标位置处,也可以用鼠标拖放添加。

5.1.1　Web 服务器端控件的属性特征

在 Visual Studio 的设计视图中,用鼠标选择了某个服务器端控件,或者,当从【工具箱】窗口中将一个新的服务器端控件添加到工作区后,【属性】窗口会动态地将该控件的自有属性、事件等列出来以供选择调整。比如,选择了 Label 控件后,【属性】窗口的显示效果如图 5-2 所示。

这里可以看出该控件的 ID 名称：Label1

填写属性值

对应帮助

图 5-1　【工具箱】窗口内的控件　　　　　　图 5-2　Label 控件的属性显示效果

【属性】窗口的工具栏中,默认按分类顺序对各属性排列,如果希望按字母排序,可以单击按钮 ↓↑ 。

可以在对应的属性名后面填写相应属性值,如为 Height 属性填写为 25px 后回车,这时在主工作区的设计视图中立即就可以看到效果,这种设置属性的方式叫静态设置。

也可以通过在代码页的载入事件中(即 Page_Load 事件)编写程序来设置,如添加赋值语句“Label1.Height=25；”进行设置,自然,设置后的效果只有在程序运行时才能够看到了,这种方式叫属性的动态设置。

静态设置容易上手,动态设置可移植性好。初学者适合静态设置,待对控件的各属性比较了解后再推荐使用动态设置。

不必对繁多的属性感到畏惧,一是因为常用属性只有十来个,而且大部分的属性在各控件中是通用的;二是 Visual Studio 中对每个属性均给出了对应帮助,非常好理解。

　　每个 Web 服务器端控件都有专属于自己的若干个事件，如单击事件、加载事件、数据绑定事件等。可以通过单击【属性】窗口的事件按钮 ✦ 查看。图 5-3 所示为 Label 控件的事件。

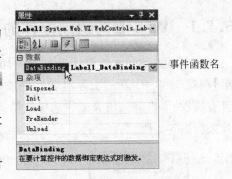

图 5-3　Label 控件的方法显示效果

　　双击某个事件时，系统会自动生成对应的事件函数，如图 5-3 中的 Label1_DataBinding，并自动切换到代码页，这样，只需在代码页新生成的对应事件函数的一对花括号"{}"内添加程序即可。网页执行时，当满足事件（本例即帮助中描述的"在要计算控件的数据绑定表达式时激发"）时，添加的程序代码会自动被调用。

5.1.2　Web 服务器端控件的结构

　　当从【工具箱】窗口中将一个服务器端控件拖放到工作区后，在源代码视图模式会自动生成相应的标签代码（设计视图只是将其"所见即所得"地显示出来而已），因此，了解 ASP.NET 控件标签代码的含义，有助于更好地使用控件。

　　ASP.NET 控件标签代码的基本格式如下：

```
<asp:控件类型 ID = "name" runat = "server" ></asp:控件类型 >
```

或者写成空标签的形式：

```
<asp:控件类型 ID = "name" runat = "server"/ >
```

　　例如，从【工具箱】窗口中依次添加 Label、TextBox、Button 三个控件，设计视图显示的效果为 Label▯▯▯▯▯ Button 。单击【设计/源】切换按钮 [口设计|口拆分|回源] 中的【源】按钮，进入源代码视图，可看到这三个控件的标签代码为：

```
<asp:Label ID = "Label1" runat = "server" Text = "Label" ></asp:Label >
<asp:TextBox ID = "TextBox1" runat = "server" ></asp:TextBox >
<asp:Button ID = "Button1" runat = "server" Text = "Button"/ >
```

　　从中可以看出，ASP.NET 控件标签代码与 XHTML 标签比较类似，都需要写在一对尖括号内。其前缀"asp:"是必加项，紧接着是控件的类型，如 Label、TextBox、Button。

　　后面的就是各属性了，其中，ID 属性是控件的唯一标识，作为编程时调用的名字；"runat = "server""是 ASP.NET 控件标签的固有属性，代表这是 Web 服务器端控件。以上部分是必不可少的，其他属性根据需要添加，省略则取默认值。

　　若通过【属性】窗口对控件进行了某些设置，则在该控件的标签代码中都能体现出来，两者是关联显示的。

　　例如，对上面的 Label 控件，在【属性】窗口内对 ID、Text、Width 属性重新设置（ID 设为"labUserName"，Text 设为"请输入姓名"，Width 设为"100px"）后，可以看到源代码视图中相应的标签代码已经被更新为：

```
<asp:Label ID = "labUserName" runat = "server" Text = "请输入姓名"
    Width = "100px" > </asp:Label >
```

这样,对某控件进行属性的设置,又多了一种选择,那就是在源代码视图中直接手工添加属性。值得一提的是,Visual Studio 中无处不在的智能感知技术让手工输入标签代码也变得十分愉快,如图 5-4 所示。

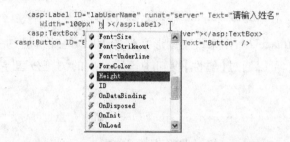

图 5-4 在源代码视图中直接手工添加属性

如果为某个控件设置了事件,事件的调用代码会在标签内添加。例如,为 Button 控件设置了单击事件后,则其代码会更新成为:

```
<asp:Button ID = "Button1" runat = "server" Text = "登录" onclick = "Button1_Click"/ >
```

5.2 ASP.NET 中常用 Web 服务器端标准控件

Web 服务器端标准控件有 29 个,下面只对其中常用的几个进行介绍。

5.2.1 显示控件

1. Label 控件 A Label

Label 控件主要用于在页面上显示文本。前面的几章已经多次使用到它,拖放到工作区显示效果为Label 。

Label 控件的标签代码默认为:

```
<asp:Label ID = "Label1" runat = "server" Text = "Label" > </asp:Label >
```

其常用的属性有:

- Text:用来设置显示的文本信息。
- Visible:设置是否显示该控件,属性值为 true 或 false。实际运用的技巧是,将提示信息事先放在 Text 属性中,并将 Visible 属性初始设为 false,待用户触发了某个操作后,通过程序直接将 Visible 设为 true 即可显示预存的提示信息。

使用程序对该控件处理的用法如下(分别对 Text 属性进行"写"和"读"的处理):

```
Label1.Text = "大家好";              //在网页上显示"大家好"
Label1.Visible = true;            //使 Label1 控件可见
string strHello = Label1.Text;    //读取 Label1 控件中的文本值,赋值为变量 strHello
```

2. Image 控件

Image 控件用于在页面上显示图像。拖放到工作区显示效果为 ，设置图像后则显示为具体的图像。

Image 控件的标签代码默认为：

```
<asp:Image ID = "Image1" runat = "server"/>
```

常用的属性为 ImageUrl，用来设置图形文件的 URL 地址，设置完成后对应的图标才会显示相应的图形。可以通过【属性】窗口中该属性后的浏览按钮 进行选择。也可以用程序设置，如：

```
Image1.ImageUrl = " ~ /images/hp.jpg";      //路径信息也可写为"images/hp.jpg"
```

需要注意的是，相比传统的相对路径表示方式（images/hp. jpg），代码中的路径多了"～/"，它代表 Web 应用程序的根，也就是【解决方案资源管理器】窗口中的网站根目录位置。ASP. NET 运行时会自动将其解析成实际的相对路径。这比传统方式具备更好的可移植性。比如，即使将上述代码所在的网页存放到网站的其他位置下，也无须对这行代码中的路径进行修改。

5.2.2　文本框控件

TextBox 控件在【工具箱】中的图标为 ，拖放到工作区默认会显示一个文本框 ，可以让用户输入文本信息。

TextBox 控件的标签代码默认为：

```
<asp:TextBox ID = "TextBox1" runat = "server" ></asp:TextBox >
```

常用的属性有：

- Text：设置或得到文本框中的内容。
- TextMode：设置或得到文本框的输入类型。类型有三种：SingleLine（默认值）可以输入单行字符；MultiLine（文本区域框）可以输入多行字符，显示行数另由 Rows 属性来设置；Password，即密码框。
- AutoPostBack：当文本修改以后，自动回发到服务器。它实际上是做什么用的呢？在传统的输入表单中，用户一般先通过各种输入框输入、选择各种信息，在整个过程，浏览器都是"静止"的，不会与服务器有任何交互，最后在单击提交按钮之后，信息才真正提交到服务器上。ASP. NET 中的大部分服务器端控件却可以不使用提交按钮，只要自身被修改，就可以立刻提交到服务器上，但前提是必须把这个控件的 AutoPostBack 属性设置为 true。再配合相关事件函数，可以做到许多提高用户体验的效果。

通过程序对该控件属性处理的用法与 Label 控件类似。这里不再赘述。

常用的事件有 TextChanged 事件（默认事件），可以在用户对文本框内容输入完成后，自动激发相应程序（如对输入数据进行校验）。

下面的例子是当用户在文本框输入完成后，无须使用按钮，只要鼠标在网页其他部位单击一下（即焦点更改），就会得到提示"数据输入完成，内容是 XX"。

（1）从【工具箱】窗口拖入 Label 控件和 TextBox 控件，双击文本框控件或单击选择文本框控件，再单击【属性】窗口的 ✏ 按钮进入事件列表，双击事件 TextChanged，在自动生成的事件函数 TextBox1_TextChanged 内输入相关提示程序。参考代码如下：

```
protected void TextBox1_TextChanged(object sender,EventArgs e)
{
    Label1.Text = "数据输入完成,内容是" + TextBox1.Text;
}
```

（2）修改 TextBox 控件的 AutoPostBack 值为 True。

上例中使用的都是控件的默认 ID 名称，建议采用"见名知意"的方式命名，并调整好控件名称与程序调用的对应关系。后同。

5.2.3　按钮控件

按钮控件可以把页面上的输入信息提交给服务器。共有三种，它们分别是：

- Button 控件（标准按钮） ⓐⓑ Button
- LinkButton 控件（超链接按钮） ⓐⓑ LinkButton
- ImageButton 控件（图像按钮） 🖼 ImageButton

这三种控件的本质一样，都是按钮，对应的也都是单击（Click）事件，最主要的区别是外观的样式不同。

将 Button 控件、LinkButton 控件和 ImageButton 控件拖放到工作区分别显示为 Button 、LinkButton 和 🖼 三种样式。

Button 控件的主要属性是 Text，用于设置将在按钮上显示的文本。

LinkButton 控件的主要属性也是 Text，用于设置要在该链接上显示的文本。

ImageButton 控件的主要属性是 ImageUrl，用于设置要显示图像的路径（URL）。

三种控件在源视图模式中对应的标签分别为：

```
<asp:Button ID = "Button1" runat = "server" Text = "Button"/>
<asp:LinkButtonID = "LinkButton1"
            runat = "server" >LinkButton </asp:LinkButton >
<asp:ImageButton ID = "ImageButton1" runat = "server"/>
```

在下面的例子中，页面将显示上述三个按钮控件和一个 Label 控件，当单击某个按钮时，会在 Label 控件中提示"您单击了 XX 按钮！"，程序运行如图 5-5 所示。

这里首先把 Button 控件和 LinkButton 控件的 Text 属性值设为"提交"，ImageButton 控件的 ImageUrl 属性值设为站点中预先准备好的图片。

然后分别双击各按钮控件，在代码文件中各自对应的单击事件内输入相关语句。代码如下：

```
using System;
```

图 5-5　Button 控件实例

```
//……中间省略……
using System.Xml.Linq;

public partial class _Default: System.Web.UI.Page
{
    protected void Page_Load(object sender,EventArgs e)
    {
    }

    protected void ImageButton1_Click(object sender,ImageClickEventArgs e)
    {
        Label1.Text = "您单击了图像按钮!";
    }
    protected void LinkButton1_Click(object sender,EventArgs e)
    {
        Label1.Text = "您单击了链接按钮!";
    }
    protected void Button1_Click(object sender,EventArgs e)
    {
        Label1.Text = "您单击了标准按钮!";
    }
}
```

5.2.4　选择控件

1. RadioButton 控件 RadioButton

使用多个 RadioButton 控件可以生成一组单选按钮。

RadioButton 控件的标签代码默认为:

```
<asp:RadioButton ID = "RadioButton1" runat = "server"/>
```

常用的属性有:

- GroupName：当拖放多个 RadioButton 控件构成一组单选按钮时，为确保用户只能选中其中之一，须将这些单选按钮的该属性设置为相同的值。
- Text：设置按钮上显示的文本信息。
- Checked：如果将组中某个控件的属性设置为 true，则此项为默认的选中项。也可以通过 Checked 属性判断单选按钮是否被选中，值为 true，表明按钮被选中；值为 false，表明按钮没有被选中。

在下面的例子中，使用 RadioButton 控件设置了一组单选按钮（只含两个单选按钮），当选择"男"后，单击【确定】按钮，页面显示"您是男士"，如图 5-6 所示。

图 5-6　RadioButton 控件实例

设计页的相关标签代码如下：

```
<asp:RadioButton ID = "rbtMan" runat = "server" GroupName = "userSex" Text = "男"/>
<asp:RadioButton ID = "rbtWomen" runat = "server" GroupName = "userSex" Text = "女"/>
<asp:Button ID = "btnOk" runat = "server" onclick = "btnOk_Click" Text = "确定"/>
<asp:Label ID = "lblResult" runat = "server"></asp:Label>
```

代码页内"确定"按钮的代码如下：

```
protected void btnOk_Click(object sender, EventArgs e)
{
    if (rbtMan.Checked)                          //如果选择了"男"单选按钮
    {
        lblResult.Text = "您是男士";
    }
    if (rbtWomen.Checked)                        //如果选择了"女"单选按钮
    {
        lblResult.Text = "女士优先";
    }
    if (!rbtMan.Checked && !rbtWomen.Checked)    //如果都未选择
    {
        lblResult.Text = "好像您还没有选啊";
    }
```

2. RadioButtonList 控件

由于每一个 RadioButton 控件是独立的控件，要判断一组内是否有被选中的项，必须判断所有控件的 Checked 属性值，这样语句比较烦琐，针对这种情况，ASP. NET 提供了 RadioButtonList 控件，该控件具有和 RadioButton 控件同样的功能，但可以方便管理各个数据项。

RadioButtonList 控件的标签代码默认为：

```
<asp:RadioButtonList ID = "RadioButtonList1" runat = "server">
    </asp:RadioButtonList>
```

常用属性为：

- RepeatDirection：项的布局方向。可选为默认的 Vertical（垂直）或 Horizontal（水平），如图 5-7 所示。
- SelectedValue：获取选定项的值。
- SelectedIndex：获取或设置选定的数据项的索引值（从 0 开始索引），若没有选择任何项，则索引值为 −1。
- DataTextField：数据源中提供每项的显示文本的字段。后面学习到数据库时可配合使用。
- DataValueField：数据源中提供每项值的字段。后面学习到数据库时可配合使用。
- Items：列表中项的集合。通过该集合，可对列表中的项进行统计（Count）、添加（Add）、清空（Clear）、读取等操作。

拖放 RadioButtonList 控件到工作区初始显示为 ○未绑定。选中该控件，在控件上会出现 ▶ 图标，单击可以显示或隐藏 RadioButtonList 控件的快捷任务菜单，如图 5-8 所示。

图 5-7　RadioButtonList 控件项的布局方向　　图 5-8　RadioButtonList 控件的快捷任务菜单

提示：快捷任务菜单中的各选项实际上在【属性】窗口内也对应存在，它只是列出最常用的一部分，使用起来更快捷方便而已。

选择快捷任务菜单中的【编辑项】，出现【ListItem 集合编辑器】对话框，可以通过【添加】或【移除】按钮，为 RadioButtonList 控件添加或删除数据项，如图 5-9 所示。

每个数据项包括了 4 个选项，分别是：

- Enabled（是否启用），若设为 false，则运行后该数据项变为灰色不可选。
- Selected（是否设为默认选中状态）。
- Text（显示文本）。
- Value（实际将要提交的值）。

每个数据项都有唯一的索引值，从 0 开始计数。用法与数组的操作类似（每一个数据项相当于数组中的一个元素）。

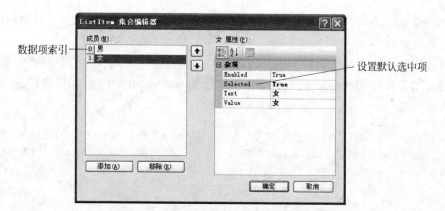

图 5-9 为 RadioButtonList 控件添加数据项

完成图 5-9 数据项的添加后，RadioButtonList 控件对应的标签代码将调整为：

```
<asp:RadioButtonList ID = "RadioButtonList1" runat = "server"
    RepeatDirection = "Horizontal" >
    <asp:ListItem >男 </asp:ListItem >
    <asp:ListItem Selected = "True" >女 </asp:ListItem >
</asp:RadioButtonList >
```

使用 RadioButtonList 控件来输出性别就非常简单了，只需要一条语句即可：

```
protected void btnOk_Click(object sender,EventArgs e)
{
    lblResult.Text = "您是" + RadioButtonList1.SelectedValue + "士";
{
```

若要更完善地完成图 5-6 中判断性别的操作，可如下编写代码：

```
protected void btnOk_Click(object sender,EventArgs e)
{
    if(RadioButtonList1.SelectedIndex > =0)              //如果用户选择了某一数据项
    {
        if(RadioButtonList1.SelectedValue = ="男")        //如果选择了数据项的值为"男"
        {
            lblResult.Text = "您是男士";
        }
        else
        {
            lblResult.Text = "女士优先";
        }
    }
    else                                                //如果都未选择
    {
        lblResult.Text = "好像您还没有选啊";
    }
}
```

RadioButtonList 控件除了上述的用法外,还支持数据项的各项操作,主要是利用列表项集合对象 Items。

(1) 使用 Add 方法进行数据的动态添加。即通过程序语句,在运行中为该控件添加数据项。如为 RadioButtonList 控件(设 ID 名为 RadioButtonList1)添加性别作为数据项,可写为:

```
RadioButtonList1.Items.Add("男");          //相当于 Text 和 Value 均为"男"
RadioButtonList1.Items.Add("女");          //相当于 Text 和 Value 均为"女"
```

或

```
RadioButtonList1.Items.Add(new ListItem("男","boy"));
                                           //Text 为"男",Value 为"boy"
RadioButtonList1.Items.Add(new ListItem("女","girl"));
                                           //Text 为"女",Value 为"girl"
```

(2) 使用 Count 属性获取数据项的总数量。例如:

```
int a = RadioButtonList1.Items.Count;
```

(3) 使用 Clear 方法清除所有数据项。例如:

```
RadioButtonList1.Items.Clear();
```

(4) 对数据项进行读取。
- 判断第 0 项是否被选中:RadioButtonList1. Items[0]. Selected。
- 获取第 0 项的显示文本:RadioButtonList1. Items[0]. Text。
- 获取第 0 项的提交值:RadioButtonList1. Items[0]. Value。

3. CheckBox 控件 ☑ CheckBox

使用多个 CheckBox 控件可以生成一组复选框。
CheckBox 控件的标签代码默认为:

```
< asp:CheckBox ID = "CheckBox1" runat = "server"/ >
```

常用的属性有:
- Text:设置控件上显示的文本。
- Checked:复选框的选中状态。选中值为 true,未选则为 false。

在下面的例子中,通过 CheckBox 控件生成一组复选框,当选择了其中的数据项后单击【确定】按钮,网页将显示所选项目,如图 5-10 所示。

图中各控件在设计页的源视图中的标签代码如下(注意各控件已经重新命名了 ID):

```
< asp:CheckBox ID = "cbxFootball" runat = "server" Text = "足球"/ >
< asp:CheckBox ID = "cbxMusic" runat = "server" Text = "音乐"/ >
< br/ >
< asp:CheckBox ID = "cbxReading" runat = "server" Text = "阅读"/ >
< asp:CheckBox ID = "cbxSwimming" runat = "server" Text = "游泳"/ >
```

图 5-10 单击【确定】按钮后显示所选项目

```
<br/>
<asp:Button ID="btnOk" runat="server" onclick="btnOk_Click" Text="确定"/>
<asp:Label ID="lblResult" runat="server"></asp:Label>
```

【确定】按钮的单击事件代码如下：

```
protected void btnOk_Click(object sender, EventArgs e)
{
    string strMessage = "";
    if (cbxFootball.Checked)                     //若选中足球复选框
    {
        strMessage += cbxFootball.Text + " ";    //将文本"足球"累加到字符变量
    }
    if(cbxMusic.Checked)                         //若选中音乐复选框
    {
        strMessage += cbxMusic.Text + " ";       //参考：a + =b 相当于 a = a +b
    }
    if(cbxReading.Checked)                       //若选中阅读复选框
    {
        strMessage += cbxReading.Text + " ";
    }
    if(cbxSwimming.Checked)                      //若选中游泳复选框
    {
        strMessage += cbxSwimming.Text + " ";
    }
    lblResult.Text = "您喜欢" + strMessage;       //显示累加后的结果值
}
```

4. CheckBoxList 控件 ☰ CheckBoxList

　　虽然使用 CheckBox 控件可以生成一组复选框，但这种方式对于多个选项来说，在程序判断上比较烦琐，因此，CheckBox 控件一般用于数据项较少的复选框，而对于数据项较多的复选框，多使用 CheckBoxList 控件，可以方便地获得用户所选取数据项的值。

CheckBoxList 控件的用法与 RadioButtonList 控件的用法非常类似。CheckBoxList 控件则放置到工作区显示□未绑定 。

CheckBoxList 控件的标签代码默认为：

```
<asp:CheckBoxList ID ="CheckBoxList1" runat ="server"></asp:CheckBoxList>
```

常用属性为：
- RepeatColumns：设置每行显示的数据项的个数。
- RepeatDirection：设置各数据项的排列方向（水平和垂直）。
- Items：列表中项的集合。

如希望实现上例中显示喜欢内容的效果，可使用 CheckBoxList 控件替代 CheckBox 控件，并通过选择快捷任务菜单中的【编辑项】，为其添加足球、音乐、阅读、游泳 4 个数据项，在【属性】窗口设置 RepeatColumns 为 2，RepeatDirection 为 Horizontal。双击【确定】按钮进入代码视图，为【确定】按钮的单击事件输入代码，如下所示。

```
protected void btnOk_Click(object sender,EventArgs e)
{
    string strMessage ="";
    for(int i =0; i <CheckBoxList1.Items.Count; i ++)
    {
        if(CheckBoxList1.Items[i].Selected)              //若当前项被选中
        {
            strMessage + =CheckBoxList1.Items[i].Text +" ";
        }
    }
    lblResult.Text ="您喜欢" + strMessage;
}
```

通过代码可以看出，使用 CheckBoxList 控件，仅用一个 for 循环就能判断出所有被选中的数据项。

5.2.5 列表控件

1. ListBox 控件 ListBox

ListBox 控件用于创建允许单选或多选的列表框，使用方法与 RadioButtonList 控件非常类似。默认在工作区显示【未绑定】，通过它的快捷任务菜单中的【编辑项】，可以为该控件添加数据项。

ListBox 控件的标签代码默认为：

```
<asp:ListBox ID ="ListBox1" runat ="server"></asp:ListBox>
```

常用的属性有：
- Rows：要显示的可见行的数目。
- SelectionMode：列表的选择模式。默认只能选择单行（Single），如设置为 Multiple

可选择多行。

● Items：列表中项的集合。

下面的例子中，使用 ListBox 控件创建了一个多项选择列表，通过配合 **Ctrl** 键进行多个数据项的选择，如图 5-11 所示。

图 5-11 ListBox 控件的多项选择输出

本例【确定】按钮的单击事件代码如下：

```
protected void btnOk_Click(object sender,EventArgs e)
{
    string strMessage = "";
    for (int i = 0; i < ListBox1.Items.Count; i + +)
    {
        if (ListBox1.Items[i].Selected)
            strMessage + = ListBox1.Items[i].Text + " ";
    }
    lblResult.Text = "您喜欢的歌曲是" + strMessage;
}
```

2. DropDownList 控件 📇 DropDownList

下拉列表框相对列表框，可以更好地节约页面布局的空间。ASP. NET 中的 DropDownList 控件则用来创建下拉列表框，下拉列表框只能单选。

DropDownList 控件的标签代码默认为：

```
<asp:DropDownList ID = "DropDownList1" runat = "server"></asp:DropDownList>
```

使用方法与 ListBox 控件非常类似。

常用的属性有：

● SelectedItem：获得所选项的内容。

● Items：列表中项的集合。

使用 DropDownList 控件实现上例中喜欢歌曲网页的代码可只用一条语句实现：

```
lblResult.Text = "您喜欢的歌曲是" + DropDownList1.SelectedItem.Text;
```

这是因为 DropDownList 控件只能单选列表框中的一条数据项,因此不必再使用循环逐一判断。

5.2.6 超链接控件

HyperLink 控件 A HyperLink 显示为一个超链接,默认显示为 HyperLink。

HyperLink 控件的标签代码默认为:

```
<asp:HyperLink ID="HyperLink1" runat="server">HyperLink</asp:HyperLink>
```

常用的属性有:

- Text:要为该链接显示的文本。
- ImageUrl:要显示的图像的 URL。也就是说它也可以显示成图像链接。
- NavigateUrl:定位到的 URL。即单击后链接的目标地址。
- Target:链接的目标框架。需与 Frameset 或 Iframe 框架配合使用。

5.2.7 文件上传控件

FileUpload 控件 🔁FileUpload 可以将用户本地文件上传到 Web 服务器。显示为 _____ 浏览。

FileUpload 控件的标签代码默认为:

```
<asp:FileUpload ID="FileUpload1" runat="server"/>
```

常用的属性有:

- FileName:返回要上传文件的名称,不包含路径信息。
- HasFile:如果是 true,则表示该控件有文件要上传。
- PostedFile:获得上传文件的引用。PostedFile 对象与上传文件相关联后,通过该对象的一些属性,可获得有关上传文件的一些信息。比如 ContentLength(文件大小)、ContentType(文件类型)等。PostedFile 有一个重要的方法 SaveAs,用于实现文件的上传操作。

在下面的例子中,使用 FileUpload 控件完成文件的上传,所上传的文件限制了文件的大小,不能大于 1MB,上传后的文件保存在站点中名为 upload 的子目录中。如果是 JPG 图像格式就显示图像超链接,如果是其他文件格式则显示文本超链接。效果如图 5-12 所示。

本例设计页源代码如下:

```
<%@ Page Language="C#" AutoEventWireup="true" CodeFile="Default.aspx.cs"
Inherits="_Default" %>

<!DOCTYPE html PUBLIC"-//W3C//DTD XHTML 1.0 Transitional//EN" "http://www.
w3.org/TR/xhtml1/DTD/xhtml1-transitional.dtd">

<html xmlns="http://www.w3.org/1999/xhtml">
```

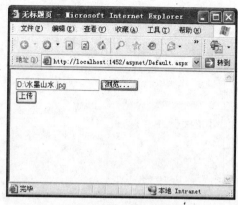

(a) 选择上传文件

(b) 文件上传保存成功

图 5-12 如果上传文件为 JPG 图像格式则显示图像超链接

```
<head runat = "server">
    <title>无标题页</title>
</head>
<body>
    <form id = "form1" runat = "server">
    <div>
        <asp:FileUpload ID = "fupMyFile" runat = "server"/>
        <br/>
        <asp:Button ID = "btnUpload" runat = "server" onclick = "btnUpload_
Click" Text ="上传"/>
        <asp:Label ID = "lblMessage" runat = "server"></asp:Label>
        <asp:HyperLink ID = "hlkFile" runat = "server"
        Visible = "False">[hlkFile]</asp:HyperLink>
    </div>
    </form>
</body>
</html>
```

代码页的完整代码如下:

```
using System;
//......中间省略......
using System.Xml.Linq;

public partial class _Default : System.Web.UI.Page
{
    protected void Page_Load(object sender, EventArgs e)
    {
    }


    protected void btnUpload_Click(object sender, EventArgs e)
    {
```

```
        if(fupMyFile.HasFile)                        //如果存在用户选择的上传文件
        {
            //获得上传文件的大小
            int intFileSize = fupMyFile.PostedFile.ContentLength;
            if(intFileSize > 1024 * 1024)
            {
                lblMessage.Text = "文件大小不能大于 1MB";
                return;
            }
            string strFileName = fupMyFile.FileName;
            //获取上传文件的类型
            string strFileType = fupMyFile.PostedFile.ContentType;
            //获取网站 upload 子目录的物理路径
            string strSavePath = Server.MapPath(" ~ /upload/");
            fupMyFile.PostedFile.SaveAs(strSavePath + strFileName);   //上传
            hlkFile.Visible = true;                       //使超链接控件可见
            hlkFile.NavigateUrl = " ~ /upload/" + strFileName;
            if (strFileType == "image/pjpeg")                //若上传为 JPG 图像文件
            {
                hlkFile.ImageUrl = " ~ /upload/" + strFileName; //则显示图像链接
            }
            else
            {
                hlkFile.Text = strFileName;                   //否则显示文本链接
            }
            lblMessage.Text = "文件保存成功";
        }
        else
        {
            lblMessage.Text = "请指定上传的文件";
        }
    }
}
```

5.2.8　Table 控件

普通的表格(Table)多用于显示静态数据,表格在使用之前就定义好行数和列数,不能根据所要显示的数据动态地调整表格的行数和列数。

Table 控件 却可以根据要显示的数据内容,通过编程的方式动态生成表格的行数和列数。

动态表格的生成除了需要使用 Table 控件外,还需要使用到 TableRow 对象和 TableCell 对象。如果说 Table 控件代表整个表格,那么,TableRow 对象代表表格中的行,TableCell 对象代表行中的单元格。

HyperLink 控件的标签代码默认为:

```
<asp:Table ID = "Table1" runat = "server"></asp:Table>
```

Table 控件拖放到工作区将只显示###,它没有任何表格的特征,需要通过编程方式生成表格。

下面例子在网页载入后,动态生成一个两行两列的表格,4 个单元格分别显示"春"、"夏"、"秋"、"冬",如图 5-13 所示。

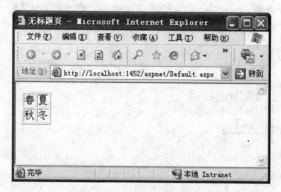

图 5-13 Table 控件实例

在设计视图中拖放一个 Table 控件,先设置其 GridLines 属性值为"Both",该属性的作用是同时显示表格的水平线和垂直线。然后在代码页的页载入事件(Page_Load)下输入如下代码:

```
protected void Page_Load(object sender,EventArgs e)
{
    //创建 4 个单元格,并为每个单元格设置显示内容
    TableCell c1 = new TableCell();
    c1.Text = "春";
    TableCell c2 = new TableCell();
    c2.Text = "夏";
    TableCell c3 = new TableCell();
    c3.Text = "秋";
    TableCell c4 = new TableCell();
    c4.Text = "冬";
    //创建两个表格行
    TableRow r1 = new TableRow();
    TableRow r2 = new TableRow();
    //新创建的行 r1、r2 与单元格 c1、c2、c3、c4 之间是没有任何关联的,
    //所以需要做向表格行添加单元格的工作
    r1.Cells.Add(c1);
    r1.Cells.Add(c2);
    r2.Cells.Add(c3);
    r2.Cells.Add(c4);
    //向 Table 控件添加行 r1、r2。因为它们之前也是没有关联的
    Table1.Rows.Add(r1);
    Table1.Rows.Add(r2);
}
```

运行后即可得到图 5-13 的效果。从程序可以看出，新创建的表格行、单元格、Table 控件三者都是独立的，没有任何联系。所以必需要做这样的工作：向行的单元格集合内添加新单元格，向 Table 控件的行集合内添加新行。

下面的例子比较有意思，也略复杂一些（使用了循环嵌套），可以根据输入的行数和列数动态生成表格，结果如图 5-14 所示。

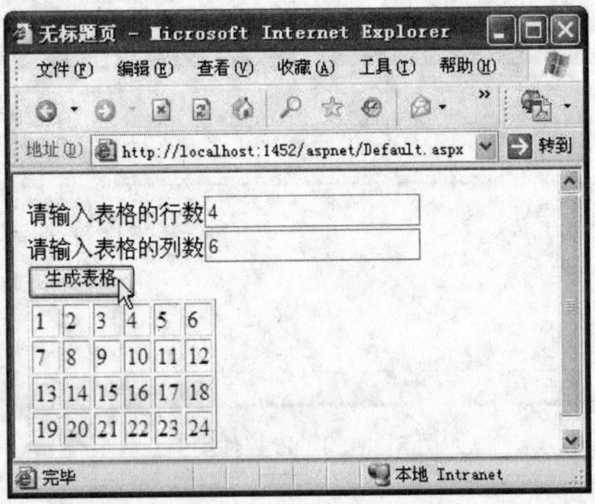

图 5-14　Table 控件实例

其中，两个文本框控件 ID 属性分别为 txtRow 和 txtCell，Table 控件的 ID 属性为 tabDemo，GridLines 属性为"Both"。Button 控件的 ID 属性为 btnBuild。

双击提交按钮后代码如下：

```
protected void btnBuild_Click(object sender,EventArgs e)
{
    //获得表格的行数赋给变量 intRows
    int intRows = int.Parse(txtRow.Text);
    //获得表格的列数赋给变量 intCells
    int intCells = int.Parse(txtCell.Text);
    int intCount = 0;                              //用于单元格的显示文本
    //循环一次创建表格的一行
    for (int i = 0;i < intRows;i + +)
    {
        //创建表格的一行
        TableRow r = new TableRow();
        //循环一次创建表格的一列(单元格)
        for(int j = 0;j < intCells;j + +)
        {
            //创建一个单元格
            TableCell c = new TableCell();
            intCount + +;
            //将 count 的值转换为字符串类型在单元格中显示出来
            c.Text = intCount.ToString();
            //将单元格插入对应的行中
```

```
        r.Cells.Add(c);
    }
    //将行插入表格中
    tabDemo.Rows.Add(r);
  }
}
```

5.2.9　容器控件

ASP. NET 提供两种常用的容器控件：Panel 控件和 PlaceHolder 控件。可以在其内部再创建新的控件。

1. Panel 控件 Panel

Panel 控件可以将放入它区域中的所有控件作为一个整体来操作。比如，可以利用 Panel 控件来隐藏或显示一组 ASP. NET 控件，而不必对其中的控件分别进行操作。

Panel 控件的标签代码默认为：

```
<asp:Panel ID = "Panel1" runat = "server"></asp:Panel>
```

常用的属性是 Visible，可以通过设置该属性控制其本身以及它内部控件的显示或隐藏。

Panel 控件在工作区默认显示为一个矩形空白区域，可以将其他控件拖放到该控件中。

下面的页面内包含一个 RadioButtonList 控件，用于选择自己的出行工具。当选择"其他"选项，就会显示 Panel 控件的内容，如图 5-15 所示。

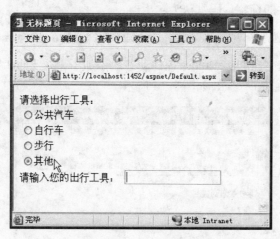

图 5-15　Panel 控件实例

制作步骤如下：

（1）添加各控件到主工作区。包括两个 Label 控件（用于提示信息）；一个 RadioButtonList 控件（用于显示 4 个单选项目）；一个 TextBox 控件；一个 Panel 控件（用于存放单击"其他"后显示的内容），用于提示信息的 Label 控件和 TextBox 控件要放到

Panel 控件内。

（2）设置各控件属性。除更改 ID 属性和提示文本外，还要特别注意的是更改 Panel 控件的 Visible 属性值为 False，即初始为不显示；更改 RadioButtonList 控件的 AutoPostBack 属性为 True，目的是配合该控件的 SelectedIndexChanged 事件自动回发。

（3）双击 RadioButtonList 控件，在自动生成的其 SelectedIndexChanged 事件内输入代码：

```
protected void rblTravelTools_SelectedIndexChanged(object sender,EventArgs e)
{
    if(rblTravelTools.SelectedItem.Value = = "其他")        //若单击了"其他"
    {
        panTravelTools.Visible = true;                      //显示 Panel 控件
    }
    else                                                    //否则不显示
    {
        panTravelTools.Visible = false;
    }
}
```

2. PlaceHolder 控件 ⊠ PlaceHolder

PlaceHolder 控件用于在页面上保留一个位置，以便运行时在该位置动态放置其他的控件。默认显示为 [PlaceHolder "PlaceHolder1"]。PlaceHolder 控件不能通过设计页直接向其中添加子控件，它只是起一个占位符的作用，添加的工作必须在程序中完成。

前面介绍的 Panel 控件不但可静态地添加子控件，也具有动态添加子控件的功能。

PlaceHolder 控件的标签代码默认为：

```
<asp:PlaceHolder ID = "PlaceHolder1"runat = "server" ></asp:PlaceHolder >
```

下面例子使用程序向 PlaceHolder 控件动态地添加了一个 Label 控件和一个 TextBox 控件，并在页面首次加载时显示，如图 5-16 所示。

图 5-16　向 PlaceHolder 控件动态地添加控件

操作步骤是，首先向工作区拖放一个 PlaceHolder 控件，然后双击页面空白处，进入代码页的页载入事件 Page_Load，输入相应代码：

```
protected void Page_Load(object sender,EventArgs e)
{
    Label lblName = new Label();
    lblName.Text = "请输入你的姓名";
    TextBox txtName = new TextBox();
    PlaceHolder1.Controls.Add(lblName);
    PlaceHolder1.Controls.Add(txtName);
}
```

本章小结

作为 ASP. NET 开发中首选使用的 Web 服务器端控件,其相关属性可以通过三种方法进行设置,分别是在属性窗口中设置,通过程序的赋值语句设置,以及在设计页的源视图中手工对标签进行属性的设置。本章仅对常用的一些标准控件进行了介绍,实际上标准控件的属性和使用方法还有很多,但本着够用就好的原则,没有必要熟知每一个属性,实际工作中若有用到,只要通过属性窗口的简单帮助便可很方便地了解各使用方法。

习题

1. 填空题

(1) 容器控件有_____和_____,其中常用于动态添加其他控件的是_____。

(2) 使用 TextBox 控件生成多行的文本框,需要把 TextMode 属性设为_____才可以通过 Rows 属性设置行数。

(3) ID 属性为 btnSubmit 的 Button 控件激发了 Click 事件时,将执行_____事件过程。

(4) 要获取用户在 ID 属性为 txtUsername 的文本框中填写的值,调用方式为_____。

2. 选择题

(1) 使用一组 RadioButton 按钮制作单选按钮组,需要把下列哪个属性的值设为同一值? (　　)

　　A. checked　　　B. AutoPostBack　　　C. GroupName　　　D. Text

(2) 要动态地生成表格,需要使用到如下的哪几种控件? (　　)

　　A. Table　　　　　　　　　　　B. TableRow

　　C. Panel　　　　　　　　　　　D. TableCell

(3) 使用 RadioButtonList 生成单选列表,选中其中的某项时触发 SelectedIndexChanged 事件,则该控件的哪个属性要设置为 true? (　　)

　　A. checked　　　B. AutoPostBack　　　C. selected　　　D. Text

(4) 要使 ListBox 控件的行数为多行,需要将下列哪个属性值设置为 Multiple? (　　)

A. checked   B. AutoPostBack
C. TextMode   D. SelectionMode

3. 判断题

（1）ListBox 控件所显示的列表可以选择多项。   （   ）
（2）判断 CheckBox 控件是否被选中可以通过其 selected 属性的值来判断。（   ）

4. 简答题

（1）简述 ASP. NET 所支持的三种控件？
（2）CheckBoxList 控件与 CheckBox 控件相比有什么优势？
（3）某控件源代码如下，简述代码各部分的意义。

```
<asp:DropDownList ID = "listState" runat = "server" >
</asp:DropDownList >
```

5. 操作题

使用本章所学内容，完成如图 5-17 所示页面，当用户信息输入完成单击【保存】按钮后，显示"添加用户成功！"。

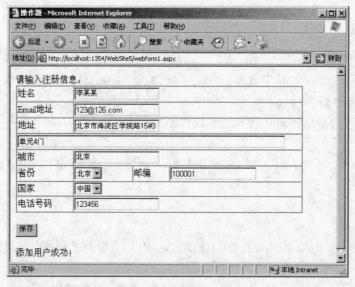

图 5-17　页面完成效果

第6章

验证控件，为网站把好安全关

一般网站中都有一些页面需要用户输入信息，如登录、注册、搜索等。如果用户输入的格式不符合要求，就要给出相应的提示，如百度知道栏目的用户注册页面，当用户出现漏填、错填等错误操作时，都给出了比较详细的提示，如图6-1所示。

图6-1　输入错误提示

在使用 ASP. NET 开发这类网页时，可以使用验证控件完成类似功能。

6.1　客户端验证和服务器端验证

1. 客户端验证

在客户端进行数据验证，也就是说，由用户的浏览器本身进行验证。它是当用户输入完数据后，在没有把数据提交到服务器端的情况下，在本地的客户端执行验证。一般通过编写 JavaScript 或 VBScript 脚本代码实现。

优点：由于不需要将数据传输至服务器端，不但减少了服务器处理的压力，而且可以快速得到反馈结果。

缺点：使用客户端验证不够安全。用户可以很容易查看和修改本地页面的验证脚本代码，从而可以伪造提交的数据来跳过验证，使服务器端得到不正确的信息。

2. 服务器端验证

服务器端的数据验证，就是在用户输入的数据发送到 Web 服务器后，由服务器端的程序代码对数据进行验证。

优点：相对客户端验证要安全，因为验证程序位于服务器端，用户无法读取分析验证程序，从而也不易伪造数据跳过验证，非常安全。

缺点：由于数据的验证在服务器端进行，若用户输入了错误内容，经过提交——服务器判断内容错误——返回错误提示信息，这需要一定的时间，所以用户无法即时得到反馈信息，降低了用户的体验效果。同时，也增加了服务器的负担。

3. 现实中的选择

客户端验证与服务器端验证各有不能容忍的缺点，因此，在实际开发中，往往同时采用客户端验证和服务器端验证。即，在网页内同时编写客户端验证脚本代码和服务器端验证程序。这样就结合了两者的优点而避免了各自的缺点。

当然，这样一来，网页的开发工作量就增加了许多。为此，ASP. NET 中专门提供了验证控件，可以非常方便地为网页添加验证功能。

ASP. NET 中提供了 5 个验证控件和 1 个错误汇总控件，它们位于【工具箱】窗口的【验证】组内。分别是：

- 必需验证控件（RequiredFieldValidator）。
- 范围验证控件（RangeValidator）。
- 比较验证控件（CompareValidator）。
- 正则表达式验证控件（RegularExpressionValidator）。
- 自定义验证控件（CustomValidator）。
- 验证汇总控件（ValidationSummary）。

允许对一个输入控件使用多个验证控件验证。例如，可以指定某个控件必须输入数据，同时输入的数据又必须在指定的范围内。此时就可以将必需验证控件和范围验证控件同时指向该输入控件。

需要注意的是，如果输入控件的值为空，除必需验证控件以外，其他所有的控件都认为合法，这将导致验证不会失败，也不会提示信息，这个时候应同时使用RequiredFieldValidator 控件，使之为必选字段。

验证控件作用效果如图 6-2 所示。

除验证汇总控件外，其他的 5 个验证控件均有如下 4 个属性需要设置。

- ControlToValidate 属性：要验证控件的 ID。对于图 6-2 来说，就是对应前面的文本框，即 TextBox 控件的 ID 名。

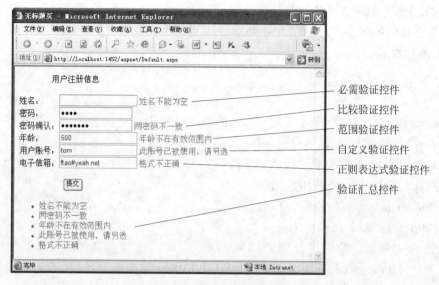

图 6-2　验证控件作用效果

- ErrorMessage 属性：当验证的控件无效时，在自身以及错误汇总控件中显示的信息。
- Text 属性：当验证的控件无效时，自身显示的验证程序文本。本项若省略则显示 ErrorMessage 属性中的错误信息。
- Display 属性：验证程序的显示方式。包括 3 种选择：不显示错误信息（None）；显示在设计时控件所放置的位置（Static）；将错误信息动态显示在页面上（Dynamic）。默认为 Static。

6.2　验证控件的使用

验证控件除了前面介绍的 4 个共有的属性之外，均有自身特有的一些设置，下面分别进行介绍。

6.2.1　必需验证控件 RequiredFieldValidator

RequiredFieldValidator 控件用于对一些必须输入的信息进行检验。如果一些必须输入的数据没有输入时，该控件将提示错误并禁止继续进行数据的提交。

例如，该验证控件监控的输入对象为 TextBox 控件（ID 名为 txtName），若用户未在 TextBox 控件内填写内容，则提示信息"姓名不能为空"，那么 RequiredFieldValidator 控件的标签代码为：

```
<asp:RequiredFieldValidator ID="RequiredFieldValidator1" runat="server"
    ControlToValidate="txtName" ErrorMessage="姓名不能为空">
```

默认情况下，该控件验证的错误条件是空字符串（""）。也可以更改错误条件为其他字符串，这时需要设置 InitialValue 属性的默认值。

例如,在被监控的 TextBox 控件中设置了 Text 默认值"此处填写姓名",为了确保用户更正为其他的姓名字符串,要为 RequiredFieldValidator 控件设置 InitialValue 属性值也为"此处填写姓名"。

6.2.2 范围验证控件 RangeValidator

RangeValidator 控件用于检测用户输入的值是否介于两个值之间。可以对不同类型的值进行比较,比如数字、日期以及字符。

RangeValidator 控件主要的属性如下。

- Type 属性值为要比较的类型。
- MinimumValue 属性值为范围的最小值。
- MaximumValue 属性值为范围的最大值。

例如,要对年龄的范围进行验证(5~200 岁之间),应将默认的 String 类型更改为 Integer 类型,MinimumValue 属性设为 5,MaximumValue 属性设为 200。

对应 RangeValidator 控件的标签代码为:

```
<asp:RangeValidator ID="RangeValidator1" runat="server"
ControlToValidate="txtAge" ErrorMessage="年龄不在有效范围内"
MaximumValue="200" MinimumValue="5" Type="Integer"></asp:RangeValidator>
```

6.2.3 比较验证控件 CompareValidator

CompareValidator 控件用于将由用户输入到输入控件的值与输入到其他输入控件的值或常数值进行比较。几个重要的属性的设置方法如下。

(1) 若要将输入控件与其他输入控件进行比较,将 ControlToCompare 属性设置为要与之相比较的控件 ID 名。若要与某个常数值进行比较时,应将 ValueToCompare 属性设置为与之比较的常数。

(2) 类型(Type)属性用于设置比较数据的类型,只有在同一类型的数据之间才能够进行比较。

(3) 操作符(Operator)属性用来指定比较的方法,如等于(Equal,默认值)、大于(GreaterThan)、小于(LessThan)等。

例如,对注册的两个密码框(两个 TextBox 控件的 ID 分别为 txtPassword 和 txtPassword2)内容进行比较验证,相应 CompareValidator 控件的标签代码为:

```
<asp:CompareValidator ID="CompareValidator1" runat="server"
ControlToCompare="txtPassword" ControlToValidate="txtPassword2"
ErrorMessage="两密码不一致"></asp:CompareValidator>
```

6.2.4 正则表达式验证控件 RegularExpressionValidator

RegularExpressionValidator 控件用来验证输入的格式是否匹配某种特定的模式(用正则表达式来表示),这类验证允许检查一些可以预知的字符序列,比如身份证号码、电子邮件地址、电话号码和邮编中的字符序列等。

除设置前面介绍的几个基本属性外，主要设置的是 ValidationExpression 属性中的正则表达式。

方法是单击该属性右侧的 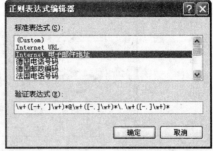 省略号按钮，在弹出的【正则表达式编辑器】对话框中，单击选择【标准表达式】组中的对应验证项目，如"Internet 电子邮件地址"，然后单击【确定】按钮即可。文本框内的字符即验证表达式，是系统根据用户选择的验证项目自动生成的，不必改动，如图 6-3 所示。

图 6-3　【正则表达式编辑器】对话框

对应 CompareValidator 控件的标签代码为：

```
<asp:RegularExpressionValidator ID="RegularExpressionValidator1"
 runat="server" ControlToValidate="txtEmail" ErrorMessage="格式不正确"
 ValidationExpression="\w+([-+.']\w+)*@\w+([-.]\w+)*\.\w+([-.]\w
 +)*">
</asp:RegularExpressionValidator>
```

在实际的开发工作中，有时需要验证的项目系统并未预定，如 QQ 号、手机号码等，这时，就需要自己编写正则表达式了。方法是单击【标准表达式】组中"（Custom）"项目，然后删除下方文本框内原有字符，手工编写新的正则表达式。

正则表达式由普通字符（例如大小写英文字母和数字等）以及特殊字符（称为元字符，如 \ + . * ^ 等）组成。下面简单介绍一些正则表达式的相关知识（为阅读清晰，对正则表达式加字符底纹修饰，如 [\d + −]{5,}）。

回忆一下，在 Windows 或者 DOS 操作系统中，有两个用于文件查找的通配符"＊"和"？"。如果想查找某个目录下的所有的 Word 文档的话，就可以搜索"＊.doc"。在这里，"＊"会被解释成任意的字符串。和通配符类似，正则表达式也是用来进行文本匹配的工具，只不过比起操作系统中的通配符，它更能精确地描述人们的需求，当然，代价就是，格式要复杂一些。

为了帮助人们编写需要的正则表达式，以及理解他人编写的表达式，可以使用专门的正则表达式调试工具，如 RegexBuddy（如图 6-4 所示）、Regex Tester 等。也可以在网站 http://www.regexlab.com 的【Web 版工具】栏目中进行在线调试。

1. 文字符号

最基本的正则表达式由单个文字符号组成。如 a，它将匹配字符串中出现的字符"a"。如对字符串"Jack is a boy"。两个"a"将被匹配。

类似地，cat 会匹配"About cats and dogs"中的"cat"。这等于是告诉正则表达式引擎，找到一个 c，紧跟一个 a，再跟一个 t。

要注意，正则表达式引擎默认是大小写敏感的。除非告诉引擎忽略大小写，否则 cat 不会匹配"CAt"。

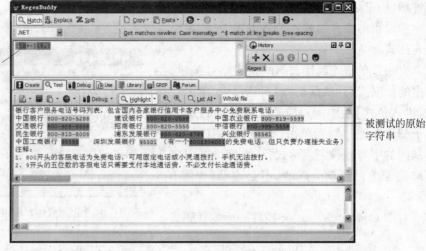

图 6-4　正则表达式调试工具 RegexBuddy

1）特殊字符

有 11 个文字字符被保留作特殊用途。它们是：

[ ] \ ^ $. | ? * + ( )

这些特殊字符也被称做元字符。

如果想在正则表达式中将这些字符用作文本字符，就需要用反斜杠"\"对其进行转义。例如想匹配 1 + 1 = 2，由于 + 为元字符，所以正确的表达式应为 1\ + 1 = 2。

需要注意的是，1 + 1 = 2 也是有效的正则表达式。但它不会匹配"1 + 1 = 2"，而会匹配"123 + 111 = 234"中的"111 = 2"。因为" + "在这里表示特殊含义（重复 1 次到多次）。

2）不可显示字符

可以使用特殊字符序列来代表某些不可显示的字符：

\t 代表 Tab

\r 代表回车符

\n 代表换行符

要注意的是 Windows 中文本文件使用"\r\n"来结束一行。

2. 字符集

字符集是由一对方括号"[ ]"括起来的字符集合。使用字符集，可以告诉正则表达式引擎仅仅匹配多个字符中的一个。如果想匹配一个"a"或一个"e"，就使用 [ae]。再如，可以使用 gr[ae]y 匹配 gray 或 grey。相反，gr[ae]y 将不会匹配 graay 或 graey。字符集中的字符顺序并没有什么关系，结果都是相同的。

可以使用连字符" - "定义一个字符范围作为字符集。[0-9] 匹配 0~9 之间的单个数字。也可以使用不止一个范围。如匹配单个的十六进制数字，并且大小写不敏感，可以使用 [0-9a-fA-F]。也可以结合范围定义与单个字符定义。如 [0-9a-fxA-FX] 匹配一个十六进制数字或字母 x 与 X。再次强调一下，字符和范围定义的先后顺序对结果没有影响。

1）取反字符集

在左方括号"["后面紧跟一个尖括号"^"，将会对字符集取反。结果是字符集将匹配任何不在方括号中的字符。

需要记住的很重要的一点是，取反字符集必须要匹配一个字符。 q[^u] 并不意味着：匹配一个 q，后面没有 u 跟着。它意味着：匹配一个 q，后面跟着一个不是 u 的字符。所以它不会匹配 Iraq 中的 q，而会匹配 Iraq is a country 中的 q 和一个空格符。事实上，空格符是匹配中的一部分，因为它是一个"不是 u 的字符"。

2）字符集中的元字符

需要注意的是，在字符集中只有 4 个字符具有特殊含义。它们是"] \ ^ -"。"]"代表字符集定义的结束；"\"代表转义；"^"代表取反；"-"代表范围定义。其他常见的元字符在字符集定义内部都是正常字符，不需要转义。例如，要搜索星号"*"或加号"+"本身，可以直接用 [+ *] 。

在字符集定义中为了将反斜杠"\"作为一个文字字符而非特殊含义的字符，需要用另一个反斜杠对它进行转义。 [\\x] 将会匹配"\x"。"]^-"都可以用反斜杠进行转义。

3）字符集的简写

因为一些字符集很常用，所以有一些简写方式。

\d 代表 [0-9] 。

\w 代表单词字符。这个是随正则表达式实现的不同而有些差异。绝大多数的正则表达式实现的单词字符集都包含了 [A-Za-z0-9_] 。

\s 代表"白字符"。这个也是和不同的实现有关的。在绝大多数的实现中，都包含了空格符和 Tab 符，以及回车换行符 \r\n 。

字符集的缩写形式可以用在方括号之内或之外。 \s\d 匹配一个白字符后面紧跟一个数字。 [\s\d] 匹配单个白字符或数字。 [\da-fA-F] 将匹配一个十六进制数字。

若将 \S\W\D 的字母大写变为取反字符集的简写：

[\S] = [^ \s]

[\W] = [^ \w]

[\D] = [^ \d]

4）字符集的重复

如果用"? * +"操作符来重复一个字符集，将会重复整个字符集，而不仅是它匹配的那个字符。正则表达式 [0 - 9] + 会匹配 837 以及 222。

3. 使用 ? * 或 + 进行重复

? ：告诉引擎匹配前导字符 0 次或一次；

+ ：告诉引擎匹配前导字符 1 次或多次；

* ：告诉引擎匹配前导字符 0 次或多次。

例如， < [A-Za-z][A-Za-z0-9] * > 匹配没有属性的 HTML 标签，" < "以及" > "是文字符号。第一个字符集匹配一个字母，第二个字符集匹配一个字母或数字。

允许定义对一个字符重复多少次。词法是：$\{min, max\}$。min 和 max 都是非负整数。如果逗号有而 max 被忽略了，如 $\{min,\}$，则 max 没有限制。如果逗号和 max 都被忽略了，则重复 min 次。

因此 $\{0,\}$ 和*一样，$\{1,\}$ 和+的作用一样。

可以用 $\backslash b[1\text{-}9][0\text{-}9]\{3\}\backslash b$ 匹配 1000～9999 之间的数字（"$\backslash b$"表示单词边界）。$\backslash b[1\text{-}9][0\text{-}9]\{2,4\}\backslash b$ 匹配一个在 100～99999 之间的数字。

4. 使用"."匹配几乎任意字符

在正则表达式中，"."是最常用的符号之一。

"."匹配单个的字符而不用关心被匹配的字符是什么。唯一的例外是换行符。因此，"."相当于字符集 $[\char`\^\backslash n\backslash r]$。

5. 字符串开始和结束

"$\char`\^$"匹配一行字符串第一个字符前的位置。$\char`\^a$ 将会匹配字符串"abc"中的 a。$\char`\^b$ 将不会匹配"abc"中的任何字符。

类似地，"$\$$"匹配字符串中最后一个字符后的位置。所以 $c\$$ 匹配"abc"中的 c，而不会匹配"bcd"中的 c。

在编程语言中校验用户输入时，如果你想校验用户的输入全部为整数，用 $\char`\^\backslash d+\$$。

用户输入中，常常会有多余的前导空格或结束空格，可以用 $\char`\^\backslash s*$ 和 $\backslash s*\$$ 来匹配前导空格或结束空格。

6. 选择符

正则表达式中"|"表示选择。可以用选择符匹配多个可能的正则表达式中的一个。

如果你想搜索文字"cat"或"dog"，可以用 $cat|dog$。如果想有更多的选择，只要扩展列表即可，如 $cat|dog|mouse|fish$。

选择符在正则表达式中具有最低的优先级，也就是说，它告诉引擎要么匹配选择符左边的所有表达式，要么匹配右边的所有表达式。

也可以用圆括号来限制选择符的作用范围。如 $mouse(cat|dog)fish$，这样告诉正则引擎把($cat|dog$)当成一个正则表达式单位来处理。

6.2.5　自定义验证控件 ⇩ CustomValidator

开发中，如果以上 4 种验证控件都不是自己所需的验证类型，那么还可以使用 CustomValidator 控件来自定义验证。

使用方法，先将 CustomValidator 控件拖入窗体，并将 ControlToValidate 属性指向被验证的对象，然后在 ErrorMessage 属性中填写出现错误时显示的信息，最后双击该控件，为该验证控件的 ServerValidate 事件提供一个验证程序。

在 ServerValidate 事件处理程序中，可以从 ServerValidateEventArgs 参数的 Value 属性中获取输入到被验证控件中的字符串。验证的结果（true 或 false）要赋值给 ServerValidateEventArgs 参数的 IsValid 属性中。

例如，利用自定义 CustomValidator 控件验证用户账号的输入，只有用户输入的账号不为"tom"时才能验证通过，否则发出错误信息"此账号已被使用，请另选"。事件处理的代码如下：

```
protected void CustomValidator1_ServerValidate(object source,
ServerValidateEventArgs args)
    {
        if(args.Value = = "tom")           //如果用户输入的账号为"tom"
        {
            args.IsValid = false;          //验证不允许通过
        }
        else
        {
            args.IsValid = true;           //验证通过
        }
    }
```

由于上面的代码属于服务器端验证程序，验证的往返过程需要略花些时间，致使用户在输入有误时，不能即时地获得错误信息。所以，如果条件允许，最好同时提供客户端验证程序，以便让浏览器先进行验证以提高效率。

编写方法是在设计页的 XHTML 源视图中编写 JavaScript 脚本验证函数，再将验证函数名写入 CustomValidator 控件的 ClientValidationFunction 属性中（函数名后不加括号）。

例如，配合前面服务器端验证代码的客户端 JavaScript 脚本验证函数的写法如图 6-5 所示。

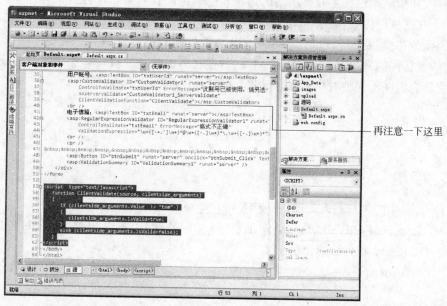

图 6-5　CustomValidator 控件客户端 JavaScript 脚本验证函数的写法

6.2.6 验证汇总控件 ▣ ValidationSummary

ValidationSummary 控件用于在一个位置上集中显示来自 Web 网页上所有验证程序的错误信息。根据 DisplayMode 属性的设置，可以采用列表（List）、项目符号列表（BulletList）或单个段落（SingleParagraph）的形式来显示。通过设置控件的 ShowSummary（默认即这种方式）和 ShowMessageBox（对话框）属性，可以确定显示的形式。

6.3 分组验证

在一个网页中通常会出现几个独立的输入部分，它们的作用不同，验证的时机也不相同，应该分别进行验证。例如，网页中既包括用于查询信息的输入部分，又包括用户登录部分，就属于这种情况。若不进行分组，验证将相互干扰。

分组使用控件的 ValidationGroup 属性。可以将查询信息的输入框控件、验证控件、按钮控件的 ValidationGroup 属性都设置成一个值，如 GroupSearch，而将用户登录部分的输入框控件、验证控件、按钮控件的 ValidationGroup 属性设置另外一个值，如 GroupLogin。

本章小结

在网站中，对输入数据进行校验是经常需要使用的技术。在 ASP.NET 中，各种校验控件虽然验证目的不同，但是使用的方法却有很多共同点，都需要通过属性指向被校验的输入控件，并指定错误发生时提示的语句。其他属性的设置则根据控件的作用不同而有所不同。在这些控件中，除了 RequiredFieldValidator 控件，其他控件都认为空的输入是允许的，因此，有时需要将 RequiredFieldValidator 控件与其他控件结合一起指向输入控件，以避免输入错误的发生。对于同一个网页，若存在多组独立的验证单元时，可使用分组验证，以便让它们在不同的时机完成自己独立的验证工作。

习题

1. 填空题

（1）要对年龄进行输入验证，要使用_____验证控件。

（2）RequiredFieldValidator 控件的_____属性用来记录当验证失败时，在 ValidationSummary 控件中显示的文本。

（3）RegularExpressionValidator 控件的_____属性用来规定验证输入控件的正则表达式。

（4）正则表达式"1(3|5)\d{9}"匹配_____。

2. 选择题

（1）以下哪个属性不是验证控件所共有的？（　　　）

　　A．ControlToValidate　　　　　　　B．ErrorMessage

　　C．Display　　　　　　　　　　　　D．ValueToCompare

（2）在网页中输入出生年月和入团年月，若要验证入团年月的输入必须比出生年月要大，可以用以下哪个验证控件？（　　　）

　　A．RequiredFieldValidator　　　　　B．CompareValidator

　　C．RegularExpressionValidator　　　D．ValidationSummary

（3）可以使用以下哪个控件对所有验证错误进行汇总？（　　　）

　　A．RequiredFieldValidator　　　　　B．CompareValidator

　　C．RegularExpressionValidator　　　D．ValidationSummary

3. 判断题

（1）RequiredFieldValidator 控件只能进行非空的验证。　　　　　　　　（　　　）

（2）CompareValidator 比较验证控件只能比较两个值是否相同。　　　　（　　　）

（3）正则表达式"\d"和"[0-9]"是等价的，都代表一个整数。　　　　　（　　　）

4. 简答题

（1）ASP．NET 中的验证控件有哪几个？有什么作用？

（2）写出能验证本校学生学号的正则表达式。

5. 操作题

制作"用户注册"前台网页。

第7章

热潮中的 XML

除非某个 IT 人在一个与世隔绝的孤岛上度过了最近的几年,否则他一定不会错过围绕 XML 而兴起的这股热潮。遍布世界的 IT 刊物和 Web 站点都将 XML 描绘成许多现存技术问题的解决方案。这种全球范围内的关注将 XML 推到了舞台的中心。

从本教程的知识结构来看,后面的导航控件和网站配置等内容都涉及了 XML 的知识,因此安排在本章对这一技术进行讲解。

7.1 为什么要用 XML

XML 与 XHTML、HTML 语言一样,都是标记语言。它们都是母语言 SGML (Standard Generalized Markup Language,标准通用标记语言)的子集。

XML 仅仅是一种数据存放格式,这种格式是一种文本。它只用来存放数据,除此之外什么也不做,既不负责运行什么程序,也不负责数据的表现形式。

当然,事实上用来存放数据有很多文本格式都可以,例如大家所熟悉的. ini 文件或. cfg 文件。很多人在初学 C 语言或者 Basic 语言的时候,有时也可能需要将源数据或者最终结果存放在一个文本文件里面,存放的格式当然由编写程序的人自己定了,那么在编写这个程序的过程中,编程者就自创了一种自定义的数据格式文件。

XML 格式本身也是一种存放数据的格式,与自定义的数据文件本质上并无多大区别,唯一的(也是最重要的)区别就是: XML 格式是被大家所公认而且广泛支持的,而自己做的那个数据文件就只有编程者编写的那一两个程序支持。

那么,可能又会有人发出疑问: 为什么不使用当今流行的数据库来存放数据呢?

这是因为,相对于数据库,XML 能提供一种平台中立的方法在完全不同的系统之间共享数据,而且更加高效。并且,允许这种交换可以通过防火墙或其他安全相关的机制。再有,XML 为具有不同技术水平的个人提供一种易于使用的格式。而且,它还能在 Web 环境下很好地工作。正是基于这个原因,XML 被推到了众人面前。

7.2　XML 文件结构

下面,看一个用于存放通讯录信息的 XML 文件的例子。

```
<?xml version = "1.0" encoding = "GB2312"?>
<通讯录>
    <联系人信息 联系人编号 = "L00001">
        <姓名>机器猫</姓名>
        <生日>2112 年 9 月 3 日</生日>
        <性格>心肠好,乐于助人,做事很拼命</性格>
    </联系人信息>
    <联系人信息 联系人编号 = "L00002">
        <姓名>麦兜</姓名>
        <生日> 1988 年 7 月</生日>
        <性格>正直善良,单纯乐观,死蠢精神</性格>
    </联系人信息>
    <联系人信息 联系人编号 = "L00003">
        <姓名>柯南</姓名>
        <生日>1998 年 5 月 4 日</生日>
        <性格>自信,谨慎,勇敢,机智,时而可爱,冷静</性格>
    </联系人信息>
    <联系人信息 联系人编号 = "L00004">
        <姓名>喜羊羊</姓名>
        <生日>3506 年 5 月 25 日</生日>
        <性格>机智勇敢,乐观向上,有主见,坚强,帅气,宽容,性急</性格>
    </联系人信息>
</通讯录>
```

可以看到,每一个数据项都很容易识别和理解,因为所有的数据都使用了 XML 标记进行描述。使用这些标记,人和计算机处理数据变得更加容易。正如前面提到的那样,无须对计算机科学有很深的理解就可以使用 XML。

XML 可以使得应用程序根据描述性标记而不是根据位置来访问数据。这就为提高一个应用程序对数据结构改变的适应性提供了很好的机会。

再看一看上面的 XML 代码,会发现,其中并没有使用令人胆怯的字符或者语法。实际上,这个 XML 文件可以被一个没有任何技术经验的个人阅读并理解。并在学习了语法、结构和编程规则之后,也可以创建 XML 文档,不管是在简单的还是在复杂的应用中都没问题。

由于在前面的章节已经学习了 XHTML,那么再学习 XML 就非常容易了,下面对比XHTML 来看一看 XML 有哪些特点。

一个 XML 文件通常包含文档头和文档体两大部分。

7.2.1　文档头部分

XML 文档头由 XML 声明与 DTD 文档类型声明组成。其中,DTD 文档类型声明是可以缺少的。而 XML 声明是必须要有的,以使文档符合 XML 的标准规格。

XML 声明必须出现在 XML 文档的第一行。

```
<?xml version = "1.0" encoding = "GB2312"? >
```

其中:

" <?"代表一条指令的开始,"? >"代表一条指令的结束;

xml 表示这是一个 XML 文件;

version = "1.0" 描述版本信息,代表此文档使用的是 XML1.0 标准;

encoding = " GB2312" 描述文件的编码信息,用于说明该 xml 文件使用的字符编码,默认值为"UTF-8"(UTF-8 编码是一种被广泛应用的编码,这种编码致力于把全球的语言纳入一个统一的编码,目前已经将几种亚洲语言纳入)。如果该文件中要用到中文,应使用 GB2312 编码。

7.2.2　文档体

文档体中包含的是 XML 文件的内容,是 XML 文件的主体部分,主要用来存储数据。前面的"通讯录"示例中,从第二行代码开始至结尾的" <通讯录 >…</通讯录 >"就是文档体部分。文档体由根元素、元素和属性组成。

元素是 XML 文件内容的基本单元。从语法上讲,一个元素包含一个起始标记、一个结束标记,以及标记之间的数据内容。这一点与 XHTML 元素的格式相同,其格式如下:

```
<标记名称 属性名 1 = "属性值 1" 属性名 2 = "属性值 2"… >数据内容 </标记名称 >
```

所有的数据内容都必须在某个标记的开始和结束标记内,而每个标记又必须包含在另一个标记的开始与结束标记内,形成嵌套式的分布,只有最外层的标记不必被其他的标记所包含。这个最外层的元素即是根元素(Root)。因此,每个 XML 文件都包含有唯一的一个根元素,所有其他的元素都包含在根元素内。

在前面的"通讯录"示例中,根元素就是" <通讯录 >"。

属性是依附于元素而存在的,任何一个元素都可以具有或不具有属性,但如果有属性则必须有属性值。元素若包含多个属性,则属性间用空格分隔,同时属性值需要使用单引号或双引号引起来。例如开始标记" <联系人信息 联系人编号 = "L00001" >"中的"联系人编号 = "L00001""就是一个属性,属性名是"联系人编号",属性值是"L00001"。

元素和属性的名称可以随意取,可以取成中文也可以取成英文(建议使用英文),如果是英文则必须以字母或下划线开头,后面字符可以是字母、数字、下划线、短横或句点。

下面学习一下 XML 的基本语法。

1. 显示与描述

XHTML 是一种显示标记语言,是被设计用来为远程用户显示基于文本的信息的。

只有在与一个应用,例如一个浏览器,组合起来时才有用。它有许多预定义的标记和属性,可以用来改变字体形状、调用图片,或者设置一些背景颜色。然而,XHTML 在描述所要显示的数据的用途方面什么都没做。一个包含如下 XHTML 代码的页面没有显示出有关它所包含数据的任何信息:

```
<strong><em>8844.43</em></strong>
```

代码中的 8844.43 代表什么? 是一个薪水数,一个代号,一个重量,或者什么都不是。我们不能通过查看 XHTML 文档来得到这些信息,因为 XHTML 只显示信息,它并不描述信息。

与之相比,XML 没有涉及任何显示数据的处理。它的唯一目的是使用标记、属性和其他的项来描述数据。前面 XHTML 代码段中的数据在 XML 文档中可以用如下的方式编写:

```
<height>8844.43</height>
```

现在很容易得知数据究竟表示什么——高度(height)相关。此数据可以使用其他的标记进一步描述如下:

```
<Everest>
<height>8844.43</height>
</Everest>
```

现在已知,此数据是珠穆朗玛峰(Everest)的高度。

2. 标记

与 XHTML 相同,"<"表示一个标记的开始,">"表示一个标记的结束。XML 也很严谨,所有的 XML 标记都必须有一个匹配的结束标记。例如:

```
<height>8844.43 </height>
```

如果忘记结束一个标记,在文档被解析时将导致接收到一条错误消息。

如果是只具有单独的标记,即空标记,应在标记">"前补一个"/",格式为"<标记名称/>"。例如:

```
<Everest height="8844.43"/>
```

3. 元素嵌套

XML 严格禁止标记的不正确嵌套。必须按照里套里,外套外的格式。如下所示:

```
<Everest><height>8844.43</height></Everest>
```

而不应该为:

```
<Everest><height>8844.43</Everest></height>
```

4. 引用属性

XML 要求所有的属性值都要加引号(单引号和双引号均可,一般常用双引号),不遵循这一规则将导致 XML 解析器生成一个错误。正确的格式如:

```
< Everest height = "8844.43"/ >
```

或者:

```
< street name = "Oak" number = "7864" type = "Avenue"/ >
```

错误的格式如:

```
< Everest height =8844.43/ >
```

或者:

```
< street name =Oak number =7864 type =Avenue/ >
```

5. 大小写敏感

XML 实现严格的大小写敏感。XML 要求起始标记的大小写要与其结束标记的大小写一致。如下面这样写是正确的:

```
< height >8844.43 < /height >
```

而如果写为下面这样则是错误的:

```
< height >8844.43 < /Height >
```

6. 注释

XML 的注释与 XHTML 的注释相同,以" < !--"开始,以"-- >"结束。

7. 处理指令

处理指令是用来给处理 XML 文件的应用程序提供信息的,处理指令的格式如下:

```
<?处理指令名称 处理指令信息? >
```

例如,XML 声明就是一条处理指令。

```
< ? xml version = "1.0"encoding = "GB2312"? >
```

其中,"xml"是处理指令名称,"version = "1.0" encoding = " GB2312" "是处理指令信息。

8. 实体引用

实体引用是指分析文档时会被字符数据取代的元素,实体引用用于 XML 文档中的特殊字符,否则这些字符会被误解释为元素的组成部分。例如,如果要显示" < ",需要使用实体引用"<",否则会被解释为一个标记的起始。

XML 中有 5 个预定义的实体引用,如表 7-1 所示。

表 7-1 XML 预定义的实体引用

实体引用	字符	实体引用	字符
&lt;	<	&apos;	'
&gt;	>	&amp;	&
&quot;	"		

7.3 创建 XML 文件

由于 XML 本身就是文本文件,所以,使用 Windows 附件中的"记事本"工具,就可以创建一个标准的 XML 文件。

以创建本章前面的"通讯录"XML 文件为例,操作步骤如下:

(1) 打开【记事本】工具,将示例中的代码输入;

(2) 将文件另存为以 . xml 为扩展名的文件,如 test. xml;

(3) 为检测该 XML 文件是否规范,可双击该文件,操作系统默认调用 IE 浏览器打开,浏览效果如图 7-1 所示。

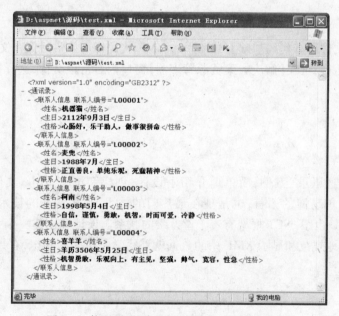

图 7-1 使用 IE 浏览器浏览 XML 文件"通讯录"

(4) 单击标签前面的" – "或" + "可折叠或展开各子元素。

使用 Visual Studio 2008 可对 XML 文件进行更方便的调试。方法如下:

(1) 启动 Visual Studio 2008,创建一个 ASP. NET 网站,右击【解决方案资源管理器】窗口内的开发目录,选择【添加新项】,会打开一个【添加新项】对话框,在对话框的模板中选择【XML 文件】,如图 7-2 所示。

(2) 单击添加按钮,会自动打开新添加的 XML 文件。可以看到,代码窗口已经自动添加了 XML 声明,如图 7-3 所示。

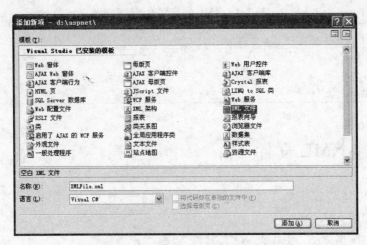

图 7-2 添加一个 XML 文件

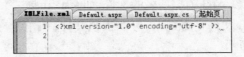

图 7-3 添加的 XML 文件

（3）在该文件原有代码基础上继续添加 XML 代码即可。最后保存文件。

（4）若需运行，可在【解决方案资源管理器】窗口内右击该文件，选择【在浏览器中查看】。

本章小结

本章通过"通讯录"案例，简单地介绍了设计、创建和浏览 XML 文件的整个流程。XML 是一门简单易懂的语言，也是现在最热门的技术，很多最新的技术或多或少都跟 XML 有关，XML 也跟.NET 框架有着千丝万缕的联系。设计和创建一个 XML 文件很简单，但是要更好地规范和显示 XML 中的数据就需要学习更多的知识，有兴趣的读者可以查阅相关的书籍。

习题

1. 填空题

（1）XML 文件的扩展名是_____。

（2）如果要创建的 XML 文件内容中包含多国文字，XML 必要声明中的 encoding 属性值可以设置为_____。

（3）XML 的元素由三个部分组成，包括_____、_____和_____。

2. 选择题

(1) 下列关于 XML 文档中根元素的说法,不正确的是(　　)。

　　A. 每一个结构完整的 XML 文档有且只有一个根元素

　　B. 根元素完全包括了文档中的所有其他元素

　　C. 根元素的起始标注要放在其他所有元素的起始标注之前,而根元素的结束标注要放在其他所有元素的结束标注之后

　　D. 根元素不能包含属性节点

(2) XML 采用以下哪种数据组织结构?(　　)

　　A. 网状结构　　　　　B. 树状结构　　　　　C. 线状结构　　　　　D. 星状结构

3. 判断题

(1) XML 标签跟 HTML 标签一样是固定的。　　　　　　　　　　　　　　(　　)

(2) XML 文件中元素的属性值可有可无。　　　　　　　　　　　　　　　(　　)

(3) Web. config 是一个 XML 文件。　　　　　　　　　　　　　　　　　(　　)

(4) XML 文件既描述数据又可以显示数据。　　　　　　　　　　　　　　(　　)

4. 简答题

(1) XML 的文件结构是怎样的?

(2) . NET 框架提供了与 XML 相关的哪些命名空间和类?

5. 操作题

参考"通讯录"示例创建一个描述电影资料信息的 XML 文件并浏览效果。

第 8 章

网站中的 GPS——导航控件

随着网站规模的扩大,网站栏目和网页数量越来越多,用户浏览起来往往"迷路",解决办法是在合理安排网站结构的基础上,在网页中添加导航提示。

一般有三种导航提示:

- 弹出式菜单
- 站点地图路径
- 树状目录

图 8-1 所示的网站同时使用了"弹出式菜单"和"站点地图路径"两种导航提示。

图 8-1 "弹出式菜单"和"站点地图路径"导航提示

图 8-2 所示的网站(后台管理模块)则使用了"树状目录"导航提示。

本章对 ASP. NET 中的三种导航控件进行讲解。

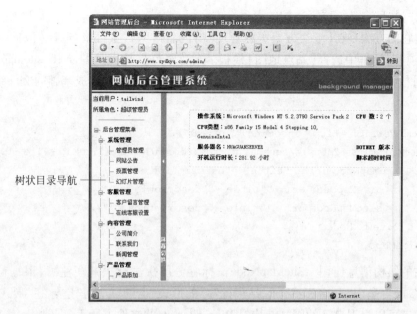

树状目录导航 ————

图 8-2　"树状目录"导航提示

8.1　ASP.NET 中的导航控件

几乎每个网站里,为了方便用户在网站中进行页面导航,都少不了使用页面导航控件。有了页面导航的功能,用户可以很方便地在一个复杂的网站中进行页面或栏目之间的跳转。

在以往的 Web 开发中,要写一个完善的页面导航功能,并非易事,需要花费很多精力,还需要一定的技巧和经验。在 ASP.NET 3.5 中,提供了三个页面导航控件,使页面导航的开发简捷而高效。它们位于【工具箱】中的【导航】组内,分别是:

- 站点地图路径导航控件(SiteMapPath):检索用户当前页面并显示层次结构的控件。这使用户可以导航回到层次结构中的其他页。SiteMapPath 控件要与另外的 SiteMapDataSource 控件一起使用。
- 树状目录导航控件(TreeView):提供纵向用户界面以展开和折叠网页上的选定节点,以及为选定项提供复选框功能。
- 弹出式菜单导航控件(Menu):提供当用户将鼠标指针悬放在某一项时弹出子菜单功能。

这三个导航控件均支持站点地图文件(SiteMap.config)。

8.2　站点地图文件的作用与结构

若要使用 ASP.NET 站点导航,应首先描述站点结构以便让站点导航控件正确显示。描述站点结构要通过编写一个名为 Web.sitemap 的文件,这是一个包含站点层次结构的

XML 文件,并且它必须位于网站的根目录中。

创建它的方法是在【解决方案资源管理器】内右击网站主目录,选择【添加新项】,在【添加新项】对话框中选择【站点地图】模板。名称最好保持默认的 Web. sitemap,然后单击【确定】按钮即可。Microsoft Visual Studio 会自动创建并为它生成基础的文件结构。如下所示。

```
<? xml version = "1.0" encoding = "utf - 8"? >
<siteMap xmlns = "http://schemas.microsoft.com/AspNet/SiteMap - File - 1.0">
    < siteMapNode url = ""title = ""description = "" >
        < siteMapNode url = ""title = ""description = ""/ >
        < siteMapNode url = ""title = ""description = ""/ >
    </siteMapNode >
</siteMap >
```

网站的结构信息使用 < siteMapNode > 标签分层次进行描述。注意,根据位置的不同,该标签既可呈现"开始标签"加"结束标签"的形式,也可呈现为"空标签"形式。

开发者可以根据自己的网站结构对 Web. sitemap 的文件进行手工调整。为了保证合法性,Web. sitemap 文件必须以 < sitemap > 结点开始(只能有一个),后面紧跟一个 < siteMapNode > 元素作为根,它一般设定为网站的首页。然后,在这个根 < siteMapNode > 内根据需要可再嵌入无限多层的 < siteMapNode > 元素。

例如,若有一个新闻类网站,网站结构如图 8-3 所示。

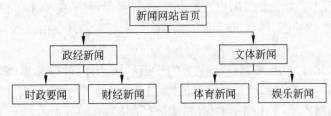

图 8-3　新闻类网站结构

则 Web. sitemap 的代码如下:

```
<? xml version = "1.0" encoding = "utf - 8" ? >
<siteMap xmlns = "http://schemas.microsoft.com/AspNet/SiteMap - File - 1.0">
    <siteMapNode url = "default.aspx" title = "新闻网站首页"description = "首页" >
        <siteMapNode url = "zhengjing.aspx" title = "政经新闻"description = "政经" >
            <siteMapNode url = "shi.aspx" title = "时政要闻"description = "时政"/ >
            <siteMapNode url = "caijing.aspx" title = "财经新闻"description =
"财经"/ >
        </siteMapNode >
        <siteMapNode url = "wenti.aspx" title = "文体新闻"description = "文体" >
            <siteMapNode url = "tiyu.aspx" title = "体育新闻"description = "体育"/ >
            <siteMapNode url = "yule.aspx" title = "娱乐新闻"description = "娱乐"/ >
        </siteMapNode >
```

```
</siteMapNode>
</siteMap>
```

其中：

- 每一个 < siteMapNode > 元素描述的是一个网页的导航信息；
- < siteMapNode > 元素的 url 属性指出对应网页的位置，title 属性是显示的文本描述，description 属性是当鼠标悬放时显示的提示文本。

8.3　树状目录导航控件

TreeView 控件 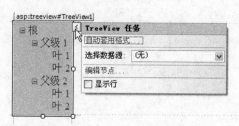 类似 Windows 操作系统中"资源管理器"的文件夹显示方式，可以显示层次数据。

TreeView 控件的标签代码默认为：

```
< asp:TreeView ID = "TreeView1" runat = "server" ></asp:TreeView >
```

TreeView 控件刚添加到在设计视图下会自动弹出【TreeView 任务】快捷菜单，如图 8-4 所示。

图 8-4　TreeView 控件刚添加到在设计视图下的显示效果

可以有三种操作方法显示出最终的导航效果：

（1）借助配套的 SiteMapDataSource 控件，调用事先编辑好的 Web. sitemap 站点地图文件，从而自动显示导航效果。

（2）不使用外部的站点地图文件，而是自身通过"编辑节点"的方式添加各层次节点的信息。

（3）通过深入的编程，利用其他数据源（如数据库）实现导航。由于相对使用较少，这里不做介绍。

8.3.1　调用站点地图文件实现导航

SiteMapDataSource 控件的作用就像中间的桥梁，支撑 TreeView 控件从站点地图文件 Web. sitemap 中获取导航信息。

操作步骤如下：

（1）为网站添加并根据需要编辑站点地图文件 Web. sitemap。这里就使用前面例子里的站点地图文件。

（2）在页面上添加一个 TreeView 控件和一个 SiteMapDataSource 控件（位于【工具箱】的【数据】组内）。

（3）在 TreeView 控件弹出的【TreeView 任务】快捷菜单中,将【选择数据源】设为 SiteMapDataSource 控件的 ID,TreeView 控件会即时显示结果,如图 8-5 所示。

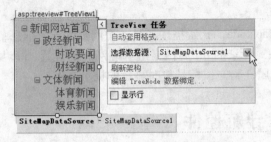

图 8-5　设置 TreeView 控件的数据源

（4）若希望美化显示效果,可选择【TreeView 任务】快捷菜单中的【自动套用格式】,选择合适的格式,如图 8-6 所示。

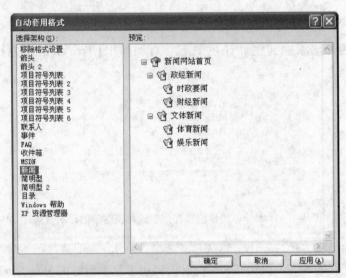

图 8-6　【自动套用格式】对话框

8.3.2　通过"编辑节点"实现导航

也可以通过"编辑节点"的方式设置 TreeView 控件的导航显示。由于 TreeView 控件的显示是由节点组成的,这里先简单介绍一下"节点":树中的每个项都称为一个节点,若用程序处理则使用 TreeNode 对象表示。节点类型的定义如下:

- 包含其他节点的节点称为"父节点";
- 被其他节点包含的节点称为"子节点";
- 没有子节点的节点称为"叶节点";
- 不被其他任何节点包含同时是所有其他节点的上级的节点是"根节点"。

手工编辑 TreeView 控件导航内容的方法是,在 TreeView 控件弹出的【TreeView 任务】快捷菜单中,单击【编辑节点】(应先确保【选择数据源】下拉列表选项为"无")。

在弹出的【TreeView 节点编辑器】对话框内,根据需要添加相应节点,并设置每个节点的属性,如图 8-7 所示。

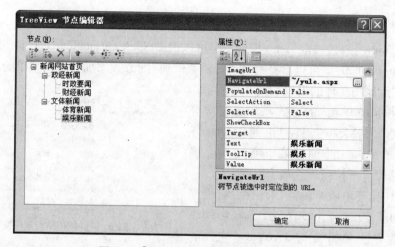

图 8-7 【TreeView 节点编辑器】对话框

常用的节点属性包括:

- NavigateUrl:获取或设置单击节点时导航到的 URL;
- Target:获取或设置用来显示与节点关联的网页内容的目标窗口或框架;
- Text:获取或设置为 TreeView 控件中的节点显示的文本;
- Value:获取或设置用于存储有关节点的任何其他数据(如用于处理回发事件的数据)的非显示值;
- ToolTip:鼠标悬放在节点时显示的提示信息。

8.4 弹出式菜单导航控件

Menu 控件 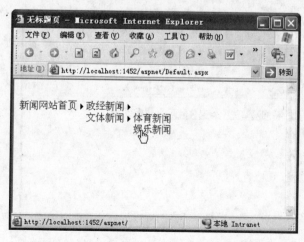 用于为网页显示弹出式菜单。默认的显示效果如图 8-8 所示。

图 8-8 Menu 控件默认的弹出式菜单的显示效果

Menu 控件的标签代码默认为：

```
<asp:Menu ID = "Menu1" runat = "server" ></asp:Menu >
```

同 TreeView 控件一样，Menu 控件不但可以借助 SiteMapDataSource 控件调用站点地图文件 Web. sitemap，也可以自身通过"编辑菜单项"的方式添加各层次菜单的信息。

调用站点地图文件的设置如图 8-9 所示。

通过"编辑菜单项"的方式添加各层次菜单的方法是：在 Menu 控件弹出的【Menu 任务】快捷菜单中，单击【编辑菜单项】（应先确保【选择数据源】下拉列表选项为"无"）。

图 8-9　Menu 控件调用站点地图文件的设置

在弹出的【菜单项编辑器】对话框内，根据需要添加相应菜单项，并设置每个菜单项的属性。添加的方法和属性与 TreeView 控件的【TreeView 节点编辑器】非常类似。这里只对 Menu 控件特有的几个属性进行说明：

- Orientation 属性：指定是水平（Horizontal）还是垂直（Vertical）呈现 Menu 控件。默认是以垂直的样式显示，即前面图 8-8 的样式，国内的网站更常用的可能会是水平样式。
- StaticDisplayLevels 属性：设置固定显示的菜单项的层数，其下级层的菜单项只有在鼠标悬放时才会显示，鼠标移出后自动隐藏。默认情况下，固定显示的只有根一级的菜单项。

8.5　站点地图路径导航控件

SiteMapPath 控件 ⚏ SiteMapPath 提供导航路径，显示用户当前位置并允许用户使用链接回到更高的层次。图 8-10 显示了用户位于 yule. aspx（娱乐新闻网页）时，带有 SiteMapPath 控件的示例。

图 8-10　用户位于 yule. aspx（娱乐新闻网页）时 SiteMapPath 控件的显示效果

SiteMapPath 控件的标签代码默认为：

```
< asp:SiteMapPath ID = "SiteMapPath2" runat = "server" ></asp:SiteMapPath >
```

通过 SiteMapPath 控件,用户可以回到文体新闻页(wenti. aspx)或新闻网站首页(Default. aspx)。

SiteMapPath 控件的使用最为简单。与前面两个导航控件相比,SiteMapPath 控件也需要站点地图文件的数据支持,但它既不需要 SiteMapDataSource 控件,也不需要做特别的设置。只要将 SiteMapPath 控件拖入网页,并且确保本网页的名字已经被记载在站点地图文件中,就会自动显示出正确的路径层次。

SiteMapPath 控件在告知用户当前位置,以及提供用户在层次结构间向上跳转方面很有用。不过,开发时应注意要与其他导航控件配合使用,才能让用户在站点地图层次中可以向下跳转。

SiteMapPath 控件的常用属性如下:

- PathSeparator 属性：表示用在路径里两个层次之间的字符。默认值是" > "。
- PathDirection 属性：有两个选择,即 RootToCurrent(默认值)和 CurrentToRoot(在路径里把层级的次序反向)。
- ParentLevelsDisplayed 属性：设置每次显示的最大父层级的个数。默认值是 −1,表示显示所有的层级。

有时,希望路径里的两个层次之间采用图片分隔,如：

这就需要编辑模板。方法如下:

(1) 单击 SiteMapPath 控件右上角的 ▶ 按钮,在弹出的【SiteMapPath 任务】快捷菜单中,选择【编辑模板】。

(2) 选择【显示】下拉列表中的 PathSeparatorTemplate 选项。

(3) 在左侧的 PathSeparatorTemplate 窗口内,拖入一个 Image 控件,并为它设置用于分隔的图片的 ImageUrl,如图 8-11 所示。

图 8-11 设置 SiteMapPath 控件 PathSeparatorTemplate 模板

(4) 选择【SiteMapPath 任务】快捷菜单中的【结束模板编辑】,从而返回初始界面。

本章小结

ASP. NET 中提供的页面导航控件有三个,分别是站点地图路径导航控件(SiteMapPath)、树状目录导航控件(TreeView),以及弹出式菜单导航控件(Menu)。它们不但功能强大,使用也十分灵活、方便。应用页面导航控件前,一般应先建立站点地图文件Web. sitemap，Web. sitemap 文件以 XML 的形式提供整个网站的页面结构层次。

习题

1. 填空题

（1）如果一个节点不包含子节点，就称为_____。

（2）站点地图文件中的_____属性用于提供链接的文本描述。

（3）Menu 控件显示两种类型的菜单：_____和动态菜单。其中_____始终显示在 Menu 控件中。

（4）SiteMapPath 控件的_____属性用于获取或设置一个字符串，该字符串在呈现的导航路径中分隔 SiteMapPath 节点。

2. 选择题

（1）如果需要让 Menu 控件固定显示三级菜单，应该设置下列哪个属性?（　　　）

    A. NavigateUrl   B. StaticDisplayLevels

    C. Target   D. Text

（2）以下哪个导航控件使用站点地图文件 Web. sitemap 进行导航而不需要用到 SiteMapDataSource 控件?（　　　）

    A. TreeView 控件   B. Menu 控件

    C. SiteMapPath 控件   D. TextBox 控件

3. 判断题

（1）SiteMapPath 控件显示一个树状结构或菜单，让用户可以遍历访问站点中的不同页面。（　　　）

（2）TreeView 结构视图中的根节点只能有一个。（　　　）

（3）站点地图文件 Web. sitemap 中的 < siteMapNode >元素可以有多个，但顶级 < siteMapNode >元素只能有一个。（　　　）

4. 简答题

（1）利用 TreeView 控件进行导航可以有哪些方法?

（2）如何对现实中的网站进行导航? 选择自己觉得最合适的方法。

第 9 章

配置应用程序, 做好网站宏观调控

当对网站有以下几方面的要求时, 就需要对网站进行配置了:

- 身份验证。只允许通过验证的用户访问某些目录下的资源(比如网站的后台管理)。
- 管理网站与数据库的连接信息。如果数据库有变动(如 SQL Server 数据库所在的服务器或者登录账号变更等), 只需要改变一下配置, 而不必再重新预编译整个网站。
- 出错网页重定向。当用户访问网站中某个网页出错时(比如访问一个不存在的网页), 可以自动转向到预先准备好的另一个具有友好提示信息的网页。
- 配置整个网站的文件、请求、返回所使用的字符编码。如大陆简体 GB2312, 国际通用字符集 UTF-8 等。
- 控制用户上传文件的大小。
- 存储一段用户字符串数据, 无论哪一个网页需要时, 都可以很方便地读取出来。这种简单的存储大可不必使用数据库, 数据库太"重量级"了。
- 对运行中的 Web 服务进行配置的修改, 不需要重启服务就应该立即生效。

当然, 需要类似配置的地方还有很多, 以上列出的只是常用的几项。

在 ASP. NET 中, 是使用文件 Web. config 对网站进行全局配置的。

9.1 网站配置文件 Web. config

9.1.1 认识 Web. config 文件

Web. config 是一个 XML 格式的文本文件, 用来储存网站的配置信息。

当用户通过 Visual Studio 2008 新创建一个网站后, 默认情况下会在站点的主目录自动创建一个 Web. config 文件, 并已经设置好了最基本的配置, 如图 9-1 所示。

站点内所有的子目录都继承它的配置设置。如果希望某个子目录有不同的配置设置, 可以在该子目录下再另建一个 Web. config 文件。通过在该子目录新建的Web. config 文件, 不但可以重写或修改原继承过来的配置设置, 还可以在继承的配置信

图 9-1　Web. config 文件的基本配置

息基础上再添加新的配置信息。

Web. config 文件可以出现在网站内的任何一个目录中。但有一点需要注意,Web . config 中的某些配置是针对主目录设置的。因此,若某个 Web. config 文件内包含了这类配置,那么它就只能存放在网站根目录下。例如,若将根目录默认生成的 Web. config 文件备份在网站的子目录下,运行时就会报错。

在 ASP. NET 中提供了一个名为 System. Configuration 的命名空间。该命名空间提供了相应的类和接口,用于以编程方式访问 Web. config 的配置设置。

9.1.2　Web. config 文件的结构

在 Visual Studio 2008 中可以很方便地对 Web. config 文件进行编辑,单击行首的 ⊟ 和 ⊞ 可以对一组标签进行折叠和展开,如图 9-2 所示。通过对图中的二级元素进行折叠,可以很方便地查看 Web. config 文件的整个结构(<!--与-- >之间的内容是原文的注释)。

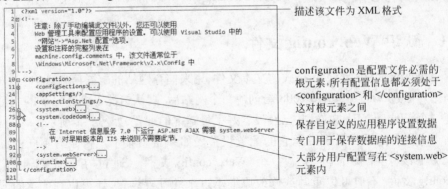

图 9-2　对 Web. config 的二级元素进行折叠后的效果

一个 Web. config 文件至少需要具有 < configuration > 元素及 < system. web > 元素。最简单的 xml 文件如下所示：

```
<?xml version = "1.0"? >
<configuration >
  <system.web >
  </system.web >
</configuration >
```

实际开发中，要根据情况对图 9-2 中的默认配置进行添加或修改，下面将对常用的几个配置进行介绍。

书写规则：通常情况下，各元素名字均为小写（如 configuration、runtime），如果元素名字是由多个单词合并描述的，那么，从第 2 个单词开始，首字母大写（如 appSettings、connectionStrings）。

属性值的每个单词（包括第 1 个单词）首字母都要大写（如 MachineToApplication），只有 true 和 false 是例外，它们始终是小写。

9.1.3　Web. config 的常用配置

以下的配置，除第 1 和第 2 个设置在 < system. web > 元素之外，余下的均在 < system . web > 元素内设置。

1. 配置 SQL Server 数据库连接 < connectionStrings >

动态网站大都会与数据库进行连接，以便各网页从中读取数据。而为了与数据库连接，需要指出若干连接信息，包括数据库服务器地址、数据库名称、连接用户名与密码等。

这些信息如果硬编码（即以语句的形式直接书写到程序代码内）到每个网页中，当连接信息有变时（这很有可能，尤其是在调试阶段和选择不同的虚拟主机时），就需要修改每一处相关网页的源代码，最后再对整个网站重新预编译，这样非常不方便。

推荐的方法是将这些信息存放到 Web. config 文件的 < connectionStrings > 元素内。

可能读者会担心安全性的问题，事实上，浏览者是没有权限查看 Web. config 文件内容的。另外，还可以利用. NET 框架自带的工具 aspnet_regiis 对 Web. config 进行加密。该工具默认位于"C：\WINDOWS\Microsoft. Net\Framework\v2. 0. 50727\"目录下。

< connectionStrings > 元素位于图 9-2 中第 25 行的位置（此元素在 < system. web > 元素之外，如果没有该标记，可自行添加），默认是"空标签" < connectionStrings/ > 。

方法如下：

（1）首先将 < connectionStrings/ > 改为带结束标签的形式，即：

```
<connectionStrings >
</connectionStrings >
```

（2）在其中输入相关参数，格式为：

```
< add name = "自定义的连接标识名" ConnectionString = "数据库的连接信息串"
providerName = ="ADO.NET 提供程序的名称(可理解为连接对应数据库所需的驱动程序)" / >
```

例如连接 SQL Server 数据库,可以写为:

```
<connectionStrings>
  <add name="myConn"
  connectionString="Data Source=192.168.0.1;
                    Initial Catalog=pubs;
                    Persist Security Info=True;
                    User ID=sa;
                    Password=abcd1234"
  providerName="System.Data.SqlClient"/>
</connectionStrings>
```

下面介绍一下 connectionString 连接字符串中各参数的含义,见表 9-1。

表 9-1　connectionString 连接字符串中各参数的含义

属　　性	说　　明
Data Source	数据库服务器所在地址。如为本机,也可写为 127.0.0.1、localhost 或点"."
Initial Catalog	要连接的数据库名
Persist Security Info	是否保存安全信息。可以理解为"在数据库连接成功后是否保存密码信息"。此项一般也可以省略
User ID	登录数据库服务器的用户名
Password	登录数据库服务器的密码

如果 SQL Server 采用的是 Windows 集成登录(使用当前的 Windows 账户凭据进行身份验证,而不使用用户 ID 和密码验证),则 connectionString 连接字符串的写法为:

```
connectionString="Data Source=192.168.0.1;
                  Initial Catalog= pubs;
                  Integrated Security=SSPI"
```

(3) 可以创建多个数据库连接字符串,以便网站可以以多种方式连接数据库。前提是它们必须具有不同的连接标识名。

(4) 对应在网页的代码页程序中读取 Web.config 的数据库连接字符串数据,可使用下列语句:

```
string c=ConfigurationManager.ConnectionStrings["myConn"].ConnectionString;
```

2. 保存自定义的应用程序设置数据 <appSettings>

可以在 Web.config 文件的一个叫做 <appSettings> 的特殊元素里加入自定义设置信息(默认位于图 9-2 中第 24 行的位置)。加入的自定义设置写为简单的字符串变量形式。内容可以为一些文件路径、外部 Web 网址、版权信息、网站名称、数据查询字符串等,这类信息可能会经常变动,因此也适合保存在 Web.config 中,以便可以随时修改。

自定义设置通过 < add > 元素加入，它指定独有的变量名称(key)以及变量的内容(value)。下面的示例添加了两个自定义的配置设置(一个是站点名称，另一个是照片保存路径)。

```
< appSettings >
    < add key = "websiteName" value = "顺风云涛"/>
    < add key = "photoPath" value = " ~ /photo/"/>
</ appSettings >
```

在这里加入信息后，. NET 使得我们在网页代码里读取它们变得非常简单。如某个网页需要读取站点名称，可以在程序中使用如下语句。

```
string strSiteName = ConfigurationSettings.AppSettings["websiteName"];
```

程序运行后，变量 strSiteName 的值即为"顺风云涛"。

3. 配置 Session 对象的生命周期 < sessionState >

在电子信箱、网络论坛或者电子商务网站中，通常需要用户登录后才能收发信件、发表评论或购买商品。用户的登录成功信息保存在 Session 对象中，每次读取各页面时通过检查 Session 对象确认用户的合法性。Session 对象是有生存期限的(默认为 20 分钟)，若用户登录成功后很长时间(超过 Session 对象的生存期限)对网站没有切换页面或提交信息，他就必须重新登录才能继续操作。

为了增强网站友好性，可对 Session 对象适当延长生存期限。比较方便的方法就是在 Web. config 文件的 < sessionState > 元素中进行配置。

例如，下面的代码设置了 Session 对象的生命周期为 35 分钟。

```
< sessionState timeout = "35"/ >
```

4. 限制上传文件的大小 < httpRuntime >

有些网站提供了文件上传功能，用户可以通过客户端的浏览器，将文件上传到 Web 服务器内。出于某些原因，如，为了节省服务器的磁盘空间和提高文件传输的速度等，应限制一下用户上传文件的大小。

可以通过 < httpRuntime > 元素限制上传文件的大小。

例如，若需限制上传文件的最大字节数为 500KB(即 512 000 字节)，传输有效时间为 90 秒，可写成如下代码：

```
< httpRuntime maxRequestLength = "512000" executionTimeout = "90"/ >
```

若未设置此项，则默认上传文件的最大字节数为 4MB。

5. 配置身份验证方式及登录转向 < authentication >

为了控制用户访问网站的权限，通常采用的方式是在 Web. config 文件中，对身份验证方式进行配置。常用的身份验证方式见表 9-2。

表 9-2   常用的身份验证方式

身份验证方式	说　　明
Windows	使用 Windows 身份验证（默认方式）
Forms	使用 ASP. NET 基于窗体的身份验证（这是网站中最常采用的方式）
PassPort	使用 Microsoft 的护照身份验证
None	不指定任何身份验证

如果匿名访问受限的网页，则自动转向到子标记 < forms > 所指定的登录网页。

下面例子设置 ASP. NET 中使用的基于窗体的验证，当匿名用户访问时，自动转向到登录网页 Login. aspx。

```
< authentication mode = "Forms" >
    < forms loginUrl = "Login.aspx"/ >
</authentication >
```

该元素必须与下面要介绍的 < authorization > 元素配合使用。

6. 配置客户端访问权限 < authorization >

< authorization > 元素用于控制客户端对 URL 资源的访问。子标记 allow 表示允许对资源的访问，deny 表示禁止对资源的访问。语法如下：

```
< authorization >
    < allow users = "用户 1,用户 2…"
        roles = "角色 1,角色 2…"/ >
    < deny users = "用户 a,用户 b…"
        roles = "角色 a,角色 b…"/ >
</authorization >
```

也可以使用通配符 *（代表所有的用户）和 ?（代表所有匿名用户）来代替用户或角色值。例如，若需设置只允许用户"小强"、"小丽"和角色"宣传员"访问当前目录，而禁止其他所有的用户。则对应的配置为：

```
< authorization >
    < allow users = "小强,小丽"
        roles = "宣传员"/ >
    < deny users = "*"/ >
</authorization >
```

在 < authorization > 中配置的顺序非常重要，系统总是按照从前向后逐条匹配的原则扫描，并且执行最先的匹配者。例如将上面例子的顺序颠倒如下：

```
< authorization >
    < deny users = "*"/ >
    < allow users = "小强,小丽"
        roles = "宣传员" >
</authorization >
```

则所有的用户（包括"小强"、"小丽"和角色"宣传员"）都不允许访问该目录下的文件。

另外，从程序安全性考虑，应该首先明确地允许特定的用户或者角色，然后再禁止其他所有的用户（而不应禁止特定的用户）。

实际开发中，可在网站内创建多个子目录，将相同访问权限的网页放在同一个子目录内。然后，通过在子目录内再创建一个 Web.config 配置文件来管理该目录内的网页的访问权限。子目录内的 Web.config 可以设置得非常简单。例如，该子目录禁止匿名访问，可配置如下。

```
<?xml version = "1.0"?>
<configuration>
    <system.web>
        <authorization>
            <deny users = "?"/>
        </authorization>
    </system.web>
</configuration>
```

7. 重定向到自定义错误页面 <customErrors>

一个网站通常包含诸多的网页，因此很难保证每个页面在运行时都不会发生错误。默认显示的错误信息对于一个普通访问者来说晦涩难懂。因此，最好事先创建一个界面友好的错误提示信息网页，通过 Web.config 文件的设置，当用户访问网站发生错误时，自动重定向到这个友好网页。

配置连接错误页面是在 <customErrors></customErrors> 元素中完成的，主要的两个属性见表 9-3。

表 9-3　重定向到错误页面使用的属性

属　　性	说　　明
mode	指定是否启用或禁用自定义错误，包括 On（启用自定义错误）、Off（禁用自定义错误）、RemoteOnly（服务器端调试时显示 ASP.NET 给出的详细错误信息，而外界客户端显示自定义的错误页面）
defaultRedirect	指定页面发生错误时重定向到的默认页面地址

例如，下面的代码演示了页面发生错误时，将程序重定向到 myError.aspx：

```
<customErrors mode = "RemoteOnly" defaultRedirect = "myError.aspx">
</customErrors>
```

前面是对所有的错误转向同一个提示网页，如果希望针对不同的错误结果能转向到各自对应的提示网页，就需要在 <customErrors> 节点下再设置子节点 <error> 来一一指明。

例如，下面的代码显示了在发生 401 错误（访问未授权网页）和 404 错误（网页未找到）时，分别将重定向到自定义的错误页面 Unauthorized.aspx 和 FileNotFound.aspx，其他错误则转向到 myError. aspx 网页：

```
< customErrors mode = "RemoteOnly" defaultRedirect = "myError.aspx" >
    < error statusCode = "401" redirect = "Unauthorized.aspx"/ >
    < error statusCode = "404" redirect = "FileNotFound.aspx "/ >
</customErrors >
```

statusCode 属性用于指定发生的错误 HTTP 状态代码；redirect 属性指定发生对应错误时重定向到的网页地址。

8. 配置字符编码 < globalization >

< globalization >元素用于设置应用程序的全球化配置，例如可以设置请求和响应的字符编码方式、日期时间格式和默认的文件编码等。默认编码格式是 UTF-8，它是一种全球统一编码，并已经成为主流，但是中文网站更流行的是 GB2312 编码。

比较常用的配置字符编码格式如下例所示：

```
< globalization fileEncoding ="GB2312"
              requestEncoding ="GB2312"
              responseEncoding = "GB2312"/ >
```

上述设置保证文件、请求及返回字符均以 GB2312 格式（中文简体）进行编码，确保浏览器正确显示页面信息。

一般情况下要将 Responseencoding 属性和 Requestencoding 属性设置成相同的值。编码有冲突将导致乱码。

9. 编辑状态设置 < compilation >

一般在网站开发调试阶段，Visual Studio 首次运行网站时，会自动提示并修改该元素的 debug(调试)属性为"true"，待正式发布时，应将其修改回"false"，以提示执行效率，如图 9-3 所示。

图 9-3　修改 < compilation >元素以启用调试

该操作实际是针对 Web. config 文件中的 < compilation >元素的。其格式如下所示：

```
< compilation debug = "false" >
</compilation >
```

9.1.4 一个完整的 Web.config 配置例子

下面的 Web.config 文件对前面介绍的常用配置例子进行了汇总。

```xml
<?xml version = "1.0"? >

<configuration >
    <appSettings >
        <add key = "websiteName" value = "顺风云涛"/ >
        <add key = "photoPath" value = " ~ /photo/"/ >
    </appSettings >
    <connectionStrings >
        <add name = "myConn"
        connectionString = "Data Source = 192.168.0.1;
                    Initial Catalog = pubs;
                    Persist Security Info = True;
                    User ID = userName;
                    Password = password"
        providerName = "System.Data.SqlClient"/ >
    </connectionStrings >


    <system.web >
        <sessionState timeout = "35"/ >
        <compilation debug = "true" >
        </compilation >
        <authentication mode = "Forms" >
            <forms loginUrl = "Login.aspx"/ >
        </authentication >
        <authorization >
            <allow users = "小强,小丽"
                roles = "宣传员"/ >
            <deny users = " * "/ >
        </authorization >
        <httpRuntime maxRequestLength = "512000" executionTimeout = "90"/ >
        <globalization fileEncoding = "GB2312"
                    requestEncoding = "GB2312"
                    responseEncoding = "GB2312"/ >
        <customErrors mode = "RemoteOnly" defaultRedirect = "myError.aspx" >
            <error statusCode = "401" redirect = "Unauthorized.aspx"/ >
            <error statusCode = "404" redirect = "FileNotFound.aspx "/ >
        </customErrors >
    </system.web >


</configuration >
```

如果用上面这个文件替换原有主目录内的 Web.config，运行后会提示"无法找到资源"，如图9-4所示。

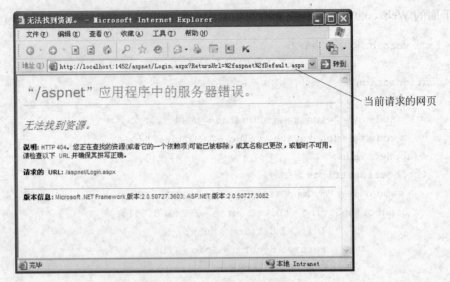

图9-4　提示"无法找到资源"错误

这是为什么呢？

原因在于配置了客户端访问权限，并设置了登录转向页。分析一下它的执行过程是这样的：

（1）网站的默认首页 default.aspx 准备被启动；

（2）检查配置文件 Web.config，获得当前目录（网站主目录）只能被用户"小强"、"小丽"和角色"宣传员"访问，其他任何用户均应被阻止；

（3）当前浏览用户未登录，是匿名用户，所以应阻止访问；

（4）系统自动转向到 Web.config 文件中指定的登录页 Login.aspx；

（5）访问登录页 Login.aspx 并未创建，提示"无法找到资源"。

为什么没有转向到自定义的错误提示页呢？这是因为当前是在本地启动调试的，而非远程访问（RemoteOnly），所以＜customErrors＞的转向设置不会生效。

默认生成的 Web.config 文件中包含的配置信息要比前面学习到的更多一些。实际开发中，建议只在原有基础上做必要的修改，其他不涉及的部分最好不去改动。

9.2　全局应用程序类 Global.asax

有时，希望能对用户访问网站的行为进行监听，当用户刚一访问网站（无论浏览哪一个网页），或者离开网站时，系统都能捕获到，并且立即启动相关的事件进行处理。这就需要用到网站的全局应用程序类 Global.asax。

Global.asax 文件不是 ASP.NET 网站必需的，但如果创建，它就必须位于网站的根目录下。

Global.asax 文件与前面的 Web.config 一样，被配置为任何（通过 URL 的）直接

HTTP 请求都被自动拒绝，所以用户不能下载或查看其内容。ASP. NET 页面框架能够自动识别出对 Global. asax 文件所做的任何更改。在 Global. asax 被更改后 ASP. NET 页面框架会重新启动网站应用程序，包括关闭所有的浏览器会话，去除所有状态信息，并重新启动应用程序域。

默认文件结构如图9-5 所示。

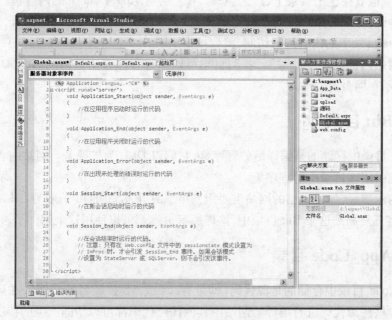

图 9-5　Global. asax 文件结构

该文件列出了相关事件的代码框架，具体的程序代码开发者可以根据需要编写。

添加 Global. asax 文件的方法是，右击网站主目录，选择【添加新项】|【全局应用程序类】。不要修改为别的名称。

Global. asax 提供多种事件，最常用的是其中的 4 个事件，分别是：

- Application_Start：该事件在应用程序开始执行时发生。
- Application_End：该事件在应用程序结束时发生。
- Session_Start：每当一个新用户访问应用程序 Web 站点时，该事件就被触发。
- Session_End：每当一个用户的会话超时、结束或他们离开应用程序 Web 站点时，该事件被触发。

论坛、聊天室类网站中，一般都有显示当前在线人数的功能，这个功能的开发往往需要与全局应用程序类 Global. asax 配合。

9.3　系统目录

ASP. NET 内设了一些具有特殊用途的目录，以便对某些文件进行识别并进行特殊处理。添加的方式是，右击网站主目录，在【添加 ASP. NET 文件夹】中进行选择。

下面介绍常用的 4 个系统目录。

9.3.1　App_Data 目录

App_Data 目录是在创建网站时已经被默认生成的,它是 ASP.NET 应用程序为存储数据而设立的目录,如 SQL 数据库的 MDF 文件,Access 数据库的 mdb 文件、XML 文件等,它们都应该放在这个目录下,因为 ASP.NET 会对 App_Data 下的内容进行周密的保护。也就是说,外部的用户可通过浏览器浏览 ASP.NET 网站中的其他网页,但是,若要对 App_Data 目录下的内容进行访问,就会被拒绝。

对于网站内部则不受此限制,各网页均可以通过程序自由地访问 App_Data 下的数据,将之展示在网页上。

9.3.2　Bin 目录

在 Bin 目录中存储的是编译后的程序集,它们以 DLL 为扩展名。网站内各程序都可以很方便地引用该目录中的程序集。

典型的示例是,如果自己的网站需要用到第三方开发的组件(一般为 . DLL 扩展名形式),只要将其复制到这个 Bin 目录中,这样所有页就都可以使用这个组件了。

9.3.3　App_Code 目录

App_Code 目录中存储的是源代码(即带有 . cs 或 . vb 扩展名的文件),在运行时系统将会自动对这些源代码进行编译。网站中其他任何代码都可以访问产生的程序集。

App_Code 目录的工作方式与 Bin 目录很类似,不同之处是 App_Code 目录存储的是未编译的类的源文件;Bin 文件夹里存储的是类库的 . DLL 文件,是已经编译过的类库。

9.3.4　App_Themes(主题)目录

该目录包含了用于定义 ASP.NET 网页控件外观文件的集合。在第 10 章中会详细介绍。

本章小结

Web. config 文件和 Global. asax 文件是应用程序中两个非常重要的文件,Web. config 文件主要包含整个网站应用程序的配置,而 Global. asax 文件提供了应用程序和会话的开始及清除各事件代码以及设置应用程序整体的参数。

习题

1. 填空题

(1) 一个 Web. config 文件至少需要有两个元素,分别是_____和_____,网站大部分的配置设置在其中_____元素内。

（2）Web. config 配置文件是标准的_____文档，该文件可以采用 ANSI、UTF-8 或 Unicode 格式进行编码，所有配置信息都位于_____和_____根标记之间。

（3）App_Code 文件夹一般位于 Web 应用程序的_____。

（4）在 ASP. NET 中支持_____、_____、_____、None 四种身份验证。

2. 简答题

（1）简要叙述 Web. config 文件的功能。

（2）简要叙述 Global. asax 文件的功能及结构。

（3）请指出 Web. config 文件的结构及其特点。

（4）简要叙述真实目录与虚拟目录之间的联系和区别。

3. 操作题

（1）请创建一个虚拟目录，虚拟目录名字为 wwwapp。

（2）根据 Web. config 文件结构，配置数据库连接功能。

第 10 章

统一网站风格

在 Internet 上很少看到风格凌乱的专业网站。同一个网站，即使由再多的网页组成，所有的网页也都应该具有一致的风格。统一的风格通常体现在以下方面：

- 一个公共标题和整个站点的菜单系统。
- 页面左边的导航条，提供一些页面导航选项。
- 提供版权信息的页脚和一个用于联系网管的二级菜单。
- 相似的色彩、字体。

这些元素将显示在所有页面上，它们不仅提供了最基本的功能，而且这些元素的统一风格也使用户意识到他们仍处于同一个站点内。

例如，中国移动通信公司网站中的三个网页就给人一种风格一致的感觉，如图 10-1 所示。

(a) 首页　　　　　　　　　(b) 网页 1　　　　　　　　　(c) 网页 2

图 10-1　中国移动通信公司网站

随着网站功能的增强，网站也逐渐变得庞大起来。现在一个网站包括几十、上百个网页已是常事。这种情况下，如何简化对众多网页的设计和维护，特别是如何解决好对一批具有同一风格网页界面的设计和维护，就成了比较普遍的难题。而 ASP. NET 中的母版

页、用户控件和主题技术,从统一控件的外貌、局部到全局风格的一致、开发的便捷等方面
都提供了最佳的解决方案。

10.1 主题

主题(Theme)可以为一批服务器控件统一定义外貌。例如,可以一次定义一批
TextBox 或者 Button 服务器控件的底色、前景色等,而不必分别对每个控件进行重复的
设置。

系统为创建主题制定了一些规则。这些规则是:对控件显示属性的定义必须放在
以.skin 为扩展名的皮肤文件(也称为外观文件)中,而皮肤文件必须放在由开发者命名
的各个"主题"目录下,所有主题目录必须放在 ASP.NET 的系统目录 App_Themes 的
下面。

App_Themes 目录下可以放多个"主题"目录;每个"主题"目录下面也可以放多个皮
肤文件。其结构如图 10-2 所示。

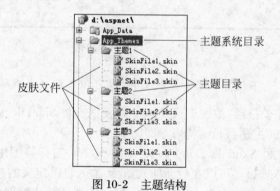

图 10-2 主题结构

10.1.1 使用主题前要注意的几个事项

(1) 不是所有的控件都支持使用主题和皮肤定义外貌。有的控件(如 LoginView、
User Control 等)不能用 skin 文件定义。

(2) 能够定义的控件也只能定义它们的外貌属性,其他属性(如 AutoPostBack、Text、
Enabled 等)不能在这里定义。

(3) 在同一个主题目录下,不管定义了多少个皮肤文件,系统都会自动将它们汇总在
一起生效。而定义多个皮肤文件的好处是便于设置的归纳整理。

(4) 皮肤文件应用的外貌效果,只有当程序运行时,在浏览器中才能够看到。在设计
阶段不会显示。

10.1.2 主题的使用方法

1. 定义主题

(1) 创建系统主题目录。右击网站主目录,选择【添加 ASP.NET 文件夹】|【主题】。

将创建主题系统目录 App_Themes,并默认生成一个"主题1"子目录(为便于讲解,这里权且使用默认的名字,但为改善兼容性,建议实际开发时使用英文标识命名)。

(2) 创建皮肤文件。右击子目录"主题1",选择【添加新项】。在弹出的【添加新项】对话框中选择外观文件(这里使用默认的名称 SkinFile.skin),然后单击【添加】按钮,如图10-3 所示。

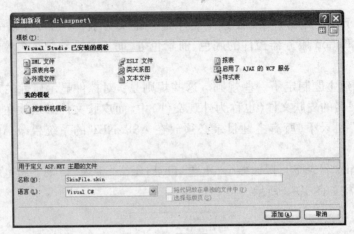

图 10-3 为主题添加新项

各主题目录下,不仅可以添加皮肤文件,也可以添加样式表等其他的描述文件。

(3) 系统将会在子目录"主题1"下创建一个皮肤文件 SkinFile.skin,并自动在主工作区打开进入编辑状态(主题目录结构可参阅图10-2)。

(4) 编辑皮肤文件 SkinFile.skin。<%--和--%>一对标签围住的部分是注释(建议看看,了解一下相关知识)。可以在后面加入新行,输入自己定义的控件外观设置语句。

各种控件的外观要分别定义,如 TextBox 控件外观、Label 控件外观等。控件外观的设置语句与具体控件的源标签格式极其相似,区别有三:

- 控件外观的设置语句只含有外观属性;
- 控件外观的设置语句不再含有 ID 属性;
- 控件外观的设置语句可选择是否添加 SkinId 属性,若添加,则只对部分控件的外观生效。

下面即定义了 Label 和 TextBox 控件的外观设置(15～22 行),如图10-4 所示。

第一条(第15,16 行)的外观设置对页面上所有的 Label 控件的背景色、边框宽度和前景色产生作用。

第二条(第18,19 行)的外观设置对页面上所有的 TextBox 控件的背景色和前景色产生作用。

第三条(第21,22 行)的外观设置虽然也针对 TextBox 控件,但是由于添加了 SkinId 属性,所以,只对页面中 SkinId 属性设置为"userName"的 TextBox 控件生效。

皮肤文件的编辑窗口中没有智能提示和所见即所得的调试环境,如果手工书写外观设置代码效率不高。最好的方法是,临时新建一个标准的网页,从【工具箱】拖入对应控件,在设计视图的属性窗口中进行设置,完成后,切换到源视图,把自动产生的标签代码

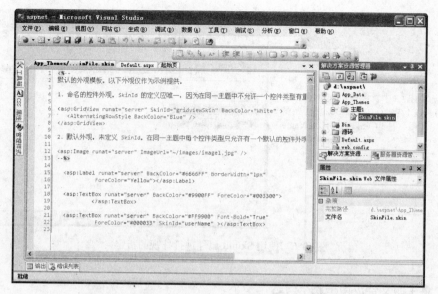

图 10-4 定义了 Label 和 TextBox 控件的外观设置

复制到皮肤文件中,再进行修改。

2. 主题的应用

如果某个网页需要应用主题,可在设计视图的【属性】窗口内,首先选择顶端的
DOCUMENT 元素,然后单击 Theme 属性值的下拉框☑,之
前早已经创建好的主题目录名"主题 1"将会列出来,选择
"主题 1"即可,如图 10-5 所示。

这时启动该网页进行预览,可以看到,网页内所有的
Label 控件和 TextBox 控件都已经有了主题所定义的外
观了。

如果希望网页中某个控件有着不同的外观,则需要为该
控件设置 SkinId 属性来区分,属性值要与页主题(这里是主
题 1)皮肤文件中对应类型的控件的 SkinId 属性值对应。

例如,图 10-4 中皮肤文件的第三条(TextBox 控件外观
设置)中设置了 SkinId 属性为 userName。那么,如果应用了

图 10-5 在网页上应用主题

该主题的网页中希望某个 TextBox 控件按此外观显示,则这个 TextBox 控件也要设置
SkinId 属性值为 userName,如图 10-6 所示。

图 10-6 对应网页的标签代码如下:

```
<asp:Label ID="Label1" runat="server" Text="这是 Label 控件"></asp:Label>
<br/>
<asp:TextBox ID="TextBox1" runat="server">这是 TextBox 控件</asp:TextBox>
<br/>
<asp:TextBox ID="TextBox2" runat="server" SkinID="userName">这也是
TextBox 控件</asp:TextBox>
```

图 10-6　使用 SkinId 属性进行外观的指定

3. 将主题文件应用于整个网站

如果整个网站各网页都要应用主题,使用上述办法设置每个网页的 DOCUMENT 元素就太烦琐了。为此,可以在根目录下的 Web. config 中进行定义。

配置的方法是,在 Web. config 文件中找到 <pages> 标签,为其添加属性 Theme = " 主题目录名" 即可。

```
77        </customErrors>
78        -->
79      <pages theme="主题1">
80        <controls>
81          <add tagPrefix="asp" name
82          <add tagPrefix="asp" name
83        </controls>
84      </pages>
85      <httpHandlers>
```

图 10-7　在 Web. config 文件中设置 Theme 属性

例如,要将主题目录"主题 1"应用于网站所有页面,在 Web. config 文件中的定义如图 10-7 所示。

10.2　用户控件

当网站多个网页中包括有相同部分的用户界面时,就可以将这些相同的部分提取出来,做成用户控件(User Control),以方便功能的重用。这一点与 Dreamweaver 中"库"的概念一样。

与 Visual Studio 的【工具箱】中各基本控件(如 TextBox 控件、Label 控件等)相比,用户控件则是一种自定义的组合控件,通常由基本控件组合而成。设计用户控件的方法与制作一个普通的 ASP. NET 网页非常类似。在用户控件中,不仅可以为其定义显示界面,还可以编写事件处理代码。使用的时候,只需要将已制作完的用户控件直接拖放到网页中的相应位置即可。

通过使用用户控件不仅可以减少编写代码的重复劳动,还可以使得多个网页的显示风格一致。还有令开发者满意的是,在网页维护时,只需要修改用户控件文件本身,则所有网页中的用户控件都会自动跟随更新变化。

虽然用户控件本身就相当于一个小型的网页,然而与网页相比还是存在着一些区别,这些区别包括：

- 用户控件文件的扩展名为 ascx 而不是 aspx。
- 在用户控件中不能再包含 < HTML >、< BODY > 和 < FORM > 等定义整体页面属性的 HTML 标签。这是因为用户控件最终需要插入到网页中合并成一个整体网页，而上述标签是不能在一个网页内重复出现的。
- 用户控件可以单独编译，但不能单独运行。只有将用户控件嵌入到 .aspx 文件中时，才能随 ASP. NET 网页一起运行。

10.2.1　创建和添加用户控件的方法

创建用户控件的方法是，右击【解决方案资源管理器】内网站目录，选择【添加新项】，在【添加新项】对话框内选择【Web 用户控件】，再单击【添加】按钮。系统自动打开新生成的"Web 用户控件"以供编辑，编辑方法与普通的网页一样。

添加用户控件的方法是，从【解决方案资源管理器】内直接拖曳用户控件文件，放到主工作区网页的编辑窗口内即可。

下面通过一个"网站版权"案例介绍一下。

10.2.2　"网站版权"案例

1. 案例说明

本案例由一个首页(原内容只有一句话"我是首页中的内容")和一个用户控件组成，用户控件内容是"版权所有 2010～2012，建议使用 800×600 分辨率观看本站(换行)技术支持：微软学生中心"，单击链接可转到相应网站。首页经调用用户控件，最终显示的效果如图 10-8 所示。

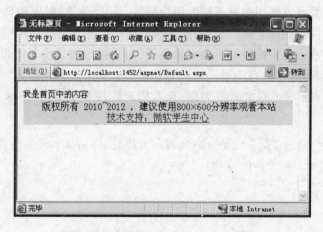

图 10-8　首页调用用户控件的显示效果

2. 操作步骤

(1) 创建一个 ASP. NET 网站。

(2) 右击【解决方案资源管理器】中网站主目录，选择【添加新项】，在【添加新项】对话框内选择【Web 用户控件】，将默认名称 WebUserControl. ascx 修改为 Copyright. ascx，再单击【添加】按钮。系统将自动创建用户控件 Copyright. ascx，并在主工作区打开。

（3）切换到用户控件 Copyright. ascxr 的设计视图，单击菜单中的【表】|【插入表】，创建一个一行一列、背景色为淡绿色的表格。单元格居中。

从【工具箱】拖入一个 Label 控件和一个 HyperLink 控件。通过【属性】窗口设置 Label 控件的 Text 属性为"版权所有 2010～2012，建议使用 800×600 分辨率观看本站"；设置 HyperLink 控件的 ID 值为 hlkSupport。设计效果如图 10-9 所示。

版权所有 2010~2012，建议使用800×600分辨率观看本站
HyperLink

图 10-9　用户控件 Copyright. ascx 设计效果

（4）双击该页面空白处，在代码页载入事件 protected void Page_Load（object sender，EventArgs e）一对大括号{}之间输入下面的程序代码：

```
hlkSupport.Text = "技术支持：微软学生中心";
hlkSupport.NavigateUrl = "http://www.msuniversity.edu.cn/";
```

（5）双击打开【解决方案资源管理器】中的 Default. aspx 网页，切换到设计视图，输入文字"我是首页中的内容"，再从【解决方案资源管理器】中将用户控件文件 Copyright. ascx 拖过来放到下一行的位置。

（6）启动 Default. aspx 页，即得到如图 10-8 所示效果。

3．相关知识点

1）用户控件的使用

用户控件能在同一网站应用程序中共享。就是说，多个网页中可以使用相同的用户控件，而每一个网页可以使用多种不同的用户控件。一个建议就是，如果一个网页中需要使用多个用户控件时，最好先进行布局，然后再将用户控件分别拖到相应的位置。

在设计阶段，有的用户控件并不会充分展开，而是被压缩成小长方形，此时它只起占位的作用。程序运行时才会自动展开。

用户控件与标准 aspx 网页非常类似，查看用户控件 Copyright. ascx 的【源】视图，代码如下：

```
<%@ Control Language = "C#" AutoEventWireup = "true" CodeFile = "Copyright.
ascx.cs" Inherits = "copyright1" %>
<style type = "text/css">
    .style1
    {
        width: 100%;
    }
</style>
<table align = "center" bgcolor = "#99FF66" class = "style1">
    <tr>
        <td align = "center">
```

```
        < asp:Label ID = "Label1" runat = "server" Text = "版权所有 2010 ~
2012,建议使用 800 * 600 分辨率观看本站" > </asp:Label >
            < br/ >
            < asp:HyperLink ID = "hlkSupport" runat = "server" > HyperLink
    </asp:HyperLink >
        </td >
    </tr >
</table >
```

可以看到,代码中没有标准 aspx 网页那么多的结构标签,如 < html >、< head >、< body >、< form >等,需要显示的具体内容直接放在 < % @ Control Language = " C#" AutoEventWireup = " true" CodeFile = " copyright. ascx. cs" Inherits = " copyright" % >之后就可以了。

另外,用户控件也支持各种事件程序的编写。

2) 代码分析

调用用户控件的网页是什么样子呢? 打开 Default. aspx 网页的【源】视图,可以看见用户控件的相关代码如下:

```
<%@Page Language = "C#" AutoEventWireup = "true" CodeFile = "Default.aspx.cs"
Inherits = "_Default"
    % >


<%@Register src = "Copyright.ascx" tagname = "Copyright" tagprefix = "uc1"% >


<!DOCTYPE html PUBLIC " - //W3C//DTD XHTML 1.0 Transitional//EN" "http://www.
w3.org/TR/xhtml1/DTD/xhtml1 - transitional.dtd" >
<html xmlns = "http://www.w3.org/1999/xhtml" >
<head runat = "server" >
    <title >无标题页 </title >
</head >
<body >
    < form id = "form1" runat = "server" >
    < div >
        我是首页中的内容 < br/ >
        < uc1:Copyright ID = "Copyright1" runat = "server"/ >
    </div >
    </form >
</body >
</html >
```

代码中粗体为用户控件的相关部分。其中语句:

```
<%@Register src = "Copyright.ascx" tagname = "Copyright" tagprefix = "uc1" % >
```

代表在. aspx 中注册用户控件。语句中各个标记的含义如下:

● **TagPrefix**:代表用户控件的命名空间(这里是 uc1),它是用户控件名称的前缀。

如果在一个 . aspx 网页中使用了多个用户控件,而且在不同的用户控件中出现了控件重名的现象时,命名空间是用来区别它们的标志。

- TagName: 是用户控件的名称,它与命名空间一起来唯一标识用户控件,如代码中的 Copyright。
- Src: 用来指明用户控件的路径。

语句:

```
<uc1:Copyright ID = "Copyright1" runat = "server"/>
```

即是用户控件本身的标签。

　　3) 将普通 ASP. NET 网页转换为用户控件

　　在实际开发工作中,可能会遇到希望将已经制作好的普通网页转换成为可重用的控件的情况,这时,就可以将其转换为用户控件来实现。由于两者原本采用的技术就非常相似,所以只需要做一些较小的改动即能将普通的 ASP. NET 网页改变为用户控件。

　　由于用户控件必须嵌套于网页中运行,因此在用户控件中就不能包括 < html >、< body > 和 < form > 等结构标签,否则将会产生代码重复的错误。转换中必须移除窗体页中的这些标记。除此以外,还必须在 Web 窗体页中将 ASP. NET 指令类型从 @ Page 更改为 @ Control。

　　具体转换的步骤如下:

　　(1) 在 . cs 代码文件中,将类的基类从 Page 更改为 UserControl 类。这表明用户控件类是从 UserControl 类继承的。

　　例如,在网页中,若有类 welcome 是从 Page 类继承的,它的语句如下:

```
public partial class welcome: System.Web.UI.Page
```

　　现在要改为从 UserControl 类继承,语句如下:

```
public partial class welcome: System.Web.UI.UserControl
```

　　(2) 在 ASPX 文件中删除所有 < html >、< head >、< body > 和 < form > 等标记。

　　(3) 将 ASP. NET 网页源视图中的指令类型从 @ Page 更改为 @ Control。

　　(4) 更改 CodeFile 属性来引用控件的代码文件(ascx. cs)。

　　(5) 将 . aspx 文件扩展名更改为 . ascx。

　　可以通过创建同名的 ASP. NET 网页和用户控件(如 test. aspx 和 test. ascx),对比分析学习。

10.3　母版页

　　也可以通过母版页 + 内容页的方式创建网页。母版页(Master Page)的作用类似于 Dreamweaver 中的“模板”。它可以为网站中的各网页创建一个通用的框架和外观。在母版页中也可以放入标准控件并编写相应的代码,同时还给各内容页留出一处或多处的“自由空间”。

举个例子来说,就像婚纱影楼中的婚纱模板,同一个婚纱模板可以给不同的新人用,只要把新人的照片贴在已有的婚纱模板中就可以形成一张漂亮的婚纱照片,这样可以大大简化婚纱艺术照的设计复杂度,提高生产效率。这里的母版页就像婚纱模板,而内容页就像新人的照片。

母版页和内容页的制作方法与普通网页大致是一样的,但是利用这种方式可以高效创建一大批风格相同的网页。当然,也可以为一个网站设置多个母版页,以满足各栏目不同显示风格的需要。

母版页文件以 . master 作为扩展名。

内容页与普通 ASP. NET 网页一样,也是以 . aspx 作为扩展名。

用户只能访问内容页(此时,系统自动将内容页与母版页组合在一起),而不能访问母版页。正如前面的例子,新人只能领取自己的婚纱照片,不能将婚纱模板带走。

10.3.1　母版页的创建与结构

应该先创建母版页,后创建内容页。

选择【添加新项】窗口中的【母版页】即可创建一个扩展名为 . master 的母版页。它的使用跟普通的页面一样,既可以在设计视图中进行可视化的设计,也可以在代码页中编写程序代码。

与普通网页不一样的是:

(1) 它 可 以 包 含 ContentPlaceHolder 控 件 (默 认 系 统 就 已 经 放 置 了 一 个),ContentPlaceHolder 控件就是可以显示内容页面的区域。

ContentPlaceHolder 控件的源标签代码为:

```
<asp:ContentPlaceHolder id = "ContentPlaceHolder1" runat = "server" >
</asp:ContentPlaceHolder >
```

若是需要多于一个的内容页面区域,可以从【工具箱】向母版页内继续添加ContentPlaceHolder 控件。

如图 10-10 所示,就是一个设计好了的母版页(内含一个 ContentPlaceHolder 控件)。

(2) 母版页页首的声明指示符是“ < % @ Master…% >”,而非“ < % @ Page…% >”。如下所示:

```
<% @Master Language = "C#" AutoEventWireup = "true" CodeFile = "MasterPage.
master.cs" Inherits ="MasterPage" % >
```

10.3.2　内容页的创建与结构

创建内容页与创建普通 ASP. NET 网页大体一样,只是在【添加新项】对话框内选择建立【Web 窗体】的时候,一定要选中【选择母版页】复选框,如图 10-11 所示。这样建立的网页才是内容页。

单击【添加】按钮后,在随后弹出的【选择母版页】对话框内选择对应的母版页即可。

图 10-10　一个设计好的母版页

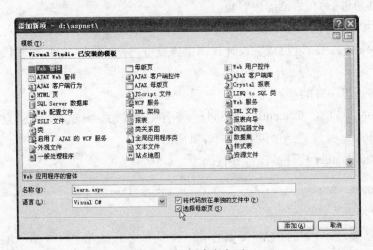

图 10-11　创建内容页

还有另一种添加内容页的方法,就是在编辑母版页时,右击 ContentPlaceHolder 控件,在弹出的快捷菜单中选择【添加内容页】。

内容页在编辑时,会与母版页一同显示,但是母版页的部分会以水印淡化的形式显示出来,并不可编辑。

图 10-12 所示即是编辑内容页的效果。

在编辑内容页时,输入的内容信息实际是保存在内容页的 Content 控件标签内的。

```
<%@ Page Language = "C#" MasterPageFile = " ~ /MasterPage.master"
AutoEventWireup = "true" CodeFile = "learn.aspx.cs" Inherits = "learn" Title =
"无标题页" % >
    <asp:Content ID = "Content1" ContentPlaceHolderID = "head" Runat = "Server" >
    </asp:Content >
```

图 10-12　编辑内容页的效果

```
< asp:Content ID = "Content2" ContentPlaceHolderID = "ContentPlaceHolder1"
Runat = "Server" >
    <p> #1..NET 设计模式系列文章(232241) </p>
//......中间省略......
    <p> #6.Enterprise Library 系列文章回顾与总结(85532) </p>
</asp:Content>
```

上面代码中几处加粗的部分请注意：

（1）这里的声明指示符中多了一项 MasterPageFile = " ~/MasterPage. master"，这一项是在创建内容页时根据【选择母版页】复选框的选中情况生成的。它指明了该页是内容页，同时指出它对应的母版页是哪个页面。

（2）" < asp:Content… > "中的内容就是要显示的内容。

（3）内容页 < asp:Content… > 标签中的 ContentPlaceHolderID 属性值要与母版页中 ContentPlaceHolder 控件的 ID 属性值相对应。这样，系统才知道将此内容区显示到母版页的何处（因为母版页中可以添加多个 ContentPlaceHolder 控件）。

（4）母版页中包含多少个 ContentPlaceHolder 控件，那么内容页中就必须要设置多少个 Content 控件。

10.3.3　母版页的工作机制

母版页定义了所有基于该页面的网页使用的风格。它是页面风格的最高控制，指定了每个页面上的标题应该多大、导航功能应该放置在什么位置，以及在每个页面的页脚中应该显示什么内容（类似将各页面按功能进行形状切割）。母版页面包含了一些可用于站点中所有网页的内容，如所有可以在这里定义标准的版权页脚，站点顶部的主要图标等。一旦定义好母版页的标准特性之后，接下来将添加一些内容占位符（ContentPlaceHolder），这些内容占位符将包含不同的页面。

每个内容页都以母版页为基础,开发人员将在内容页中为每个网页添加具体的内容。内容页可以包含文本、标签和服务器控件。当某个内容页被浏览器请求时,该内容页将和它的母版页组合成一个虚拟的完整的网页(在母版页中特定的占位符中包含进内容页的内容),然后将完整的网页发送到浏览器,工作机制如图 10-13 所示。

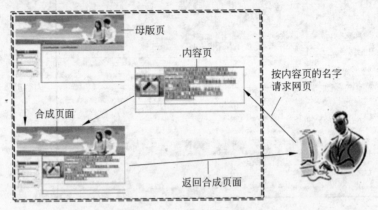

图 10-13　母版页工作机制

母版页不能被浏览器单独调用查看。只能在浏览内容页时被合并调用。

如果要编辑母版页,除可以在【解决方案资源管理器】窗口中双击打开它进行编辑外,还可以在内容页中,以右击鼠标选择【编辑主表】的方式打开对应的母版页进行编辑。

10.3.4　将已建成的网页放入母版页中

如果以前已经做好了一些网页,现在要将它们改为内容页,可以通过手工方法增加或更改某些代码的方式实现。

为了将已经建成的普通 ASP. NET 网页嵌入母版页中,需要:

(1)打开已建成的网页,进入它的【源】视图,在页面指示语句中增加与母版页的联系。为此,需增加以下属性,其中"MasterPageFile =" ~/MasterPage. master" "代表母版页名。例如:

```
<%@Page Language ="C#" MasterPageFile =" ~/MasterPage.master"AutoEventWireup =
"true"% >
```

(2)由于在母版页中已经包含有 html、head、body 和 form 等标记,因此在网页中要删除所有这些标记,以避免重复。

(3)在剩下内容的前后两端加上 Content 标记,并增加 Contentr 的 ID 属性、Runat 属性及 ContentPlaceHolderId 属性。ContentPlaceHolderId 属性的值(这里是 ContentPlaceHolde1)应该与母版页中的 ContentPlaceHolder 控件 ID 值相同。修改后的语句结构如下:

```
< asp:Content ID = "Content1" ContentPlaceHolderID = "ContentPlaceHolder1"
Runat = "Server" >
...
</asp:Content >
```

就是说修改后的代码中除页面指示语句以外,所有语句都应放置在 < asp : Content… > 与 </asp : Content > 之间。

10.3.5 "学习资源网页"案例

本案例制作的网页是由两个网页合成的,一个是共用的母版页(名为 MasterPage . master,包含上方的草原图片和左侧登录框),另一个是具体的内容页(名为 article. aspx, 包含中间的工具图片和超链接文字),浏览时输入的是内容页的网址(article. aspx),显示 则为合成页的效果(MasterPage. master + article. aspx),如图 10-14 所示。

图 10-14 调用内容页实际显示效果

具体操作步骤如下。

1)创建母版页

(1)创建 ASP. NET 网站。

(2)右击【解决方案资源管理器】中网站目录,在弹出的快捷菜单中选择【添加新项】,在弹出的对话框中选择【母版页】,并使用默认名称"MasterPage. master"(可改名,但扩展名不能改),然后单击【添加】按钮,系统创建该页 ▢ MasterPage.master,并在工作区自动打开。

(3)切换到设计视图,可以看到在界面中出现一个 ContentPlaceHolder-ContentPlaceHolder1 方形窗口,这个方形窗口是配置网页的地方。应先对网页进行布局,然后再将这个窗口移动到合适的地方。

选择菜单【布局】|【插入表】,在【插入表】对话框中选择【模板】,然后在下拉列表中选择【页眉和边】样式,然后单击【确定】按钮生成布局表格。

(4)单击表格右下角的空间,在【属性】窗口中将它的 VAlign 属性设置为 Top,再将 ContentPlaceHolder 拖入到右下角的窗口中。

(5)分别选择左下角的空间和上边的空间,输入相应图片和控件等,并调整好位置。

（6）由此形成的母版页如图 10-15 所示。

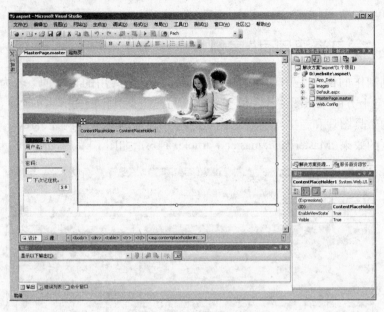

图 10-15　母版页示例

2）创建内容页

（1）右击母版页 ContentPlaceHolder 窗口，选择【添加内容页】，系统自动生成一个新的内容页（本例中名为 Default2. aspx），并自动打开。

（2）在【解决方案资源管理器】中修改内容页名称为"article. aspx"。

（3）切换到内容页的设计视图，在 ContentPlaceHolder 窗口的内容区中输入信息，如图 10-16 所示。

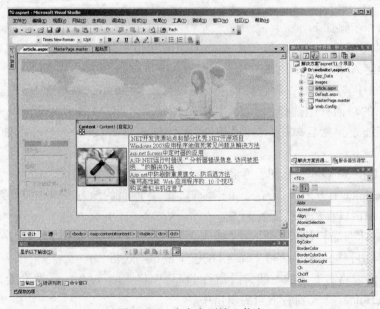

图 10-16　为内容页输入信息

（4）在【解决方案资源管理器】中右击内容页 article. aspx，选择【设为起始页】，然后单击启动按钮 ▶ ，即显示预期效果。

10.4　母版页与内容页在程序中对相互控件的调用

（1）在母版页中编写后台代码，访问母版页中的控件：与普通的 aspx 页面一样，双击按钮即可编写母版页中的代码。

（2）在内容页中编写后台代码，访问内容页中的控件：与普通的 aspx 页面一样，双击按钮即可编写内容页中的代码。

（3）在内容页中编写代码访问母版页中的控件：在内容页中有个 Master 对象，它是 MasterPage 类型，它代表当前内容页的母版页。通过这个对象的 FindControl 方法，可以找到母版页中的控件，这样就可以在内容页中操作母版页中的控件了。

```
TextBox txt = (TextBox)((MasterPage)Master).FindControl("txtMaster");
txt.Text = this.txtContent1.Text;
```

（4）在母版页中访问内容页的控件：在母版页中可以通过在 ContentPlaceHolder 控件中调用 FindControl 方法来取得控件，然后对控件进行操作。

```
((TextBox)this.ContentPlaceHolder1.FindControl("txtContent1")).Text =
this.txtMaster.Text;
```

本章小结

为了使得网站中一批网页的显示风格保持一致，ASP. NET 提供了主题、用户控件和母版页技术。主题、用户控件和母版页虽然都是对控件显示的定义，但是它们定义的层次和影响的范围不同。

主题是利用皮肤文件对一批单个控件显示的定义，皮肤文件必须放在主题目录之下，而主题目录又必须放在专用目录 App_Themes 之下。用户控件与母版页都是由设计者自行创建的组合控件，用户控件只能作用于网页的局部，而母版页是对整体布局的定义。

恰当地将三者结合，就可以使网站的多个网页之间，从单个控件到局部，再到整体布局方面在显示风格上取得一致。

习题

1. 填空题

（1）皮肤文件是以. skin 为扩展名的文件，用来定义＿＿＿＿＿的样式。

（2）下面是一段皮肤文件中的定义：

```
< asp:TextBox BackColor = "Orange" ForeColor = "DarkGreen" Runat = "server"/ >
```

代码将_____服务器控件的底色定义为_____色,将控件中的字符定义为_____色。

下面是 ASPX 网页中的一段代码:

```
<%@Register TagPrefix="uc1" TagName="WebUserControl1" Src="WebUserControl1.
ascx"%>
```

其中 uc1 字符串代表_____。

2. 选择题

(1) 当一种控件有多种定义时:用( )属性来区别它们的定义。

    A. ID   B. Color   C. BackColor   D. SkinID

(2) 用户控件是扩展名为( )的文件。

    A. master   B. asax   C. aspx   D. ascx

(3) 母版页是扩展名为( )的文件。

    A. master   B. asax   C. aspx   D. ascx

下面是 ASPX 网页中的一段代码:

```
<%@Page Language="C#" MasterPageFile="~/MasterPage.master"
AutoEventWireup="..." >
```

其中 MasterPage.master 代表( )。

    A. 母版页的路径   B. 用户控件的路径

    C. 用户控件的名字   D. 母版页的名字

3. 判断题

(1) 利用主题可以为一批服务器控件定义样式。　　　　　　　　　　( )

(2) 主题目录必须放在专用目录 App_Themes 的下面。而皮肤文件必须放在主题目录下面。　　　　　　　　　　　　　　　　　　　　　　　　　　　( )

(3) 用户控件是一种自定义的组合控件。　　　　　　　　　　　　( )

(4) 用户控件不能在同一应用程序的不同网页间重用。　　　　　　( )

(5) 使用母版页是为了多个网页在全局的样式上保持一致。　　　　( )

4. 简答题

(1) 为了保持多个网页显示风格一致,ASP.NET 中使用了哪些技术?每种技术是如何发挥作用的?

(2) 简述将 ASPX 网页转换成用户控件的方法。

(3) 简述将已经创建的 ASPX 网页放进母版页的方法。

5. 操作题

将主题、用户控件及母版页技术相结合创建风格一致的多个网页。

第 11 章

为了身份验证——登录控件

网站中的内容并非全部大家共享,部分网页服务是针对特定用户使用的。那么,大家都是通过浏览器上网,又怎么区别这些浏览者中哪位是特定用户呢? 解决的办法就是身份验证。例如网易的邮箱用户,如果要进入自己的信箱(非大家共享的内容),需要进行输入用户名和密码进行登录的操作,正确了才允许进入,如图 11-1 所示。

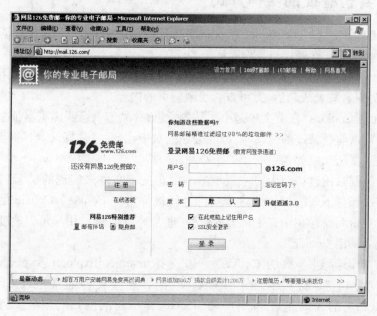

图 11-1 网易信箱用户登录进行身份验证

这就是一个典型的身份验证。与登录功能配套的还有注册、恢复密码、修改密码、退出登录等功能。

11.1 概述

因特网(Internet)虽然是一个面向全球的开放型网络系统,然而其中有些网页并不是对所有用户都无条件开放的,例如:

（1）一些用于网站后台管理的网页只能允许网站管理员进入；

（2）有些网站设立的收费项目，只对那些进行了注册并交纳了费用的用户开放；

（3）有些商业网站实行"会员制"，只有经过注册的会员，才有权参加某些商业活动；

（4）一些远程教育网站允许学生查阅自己的成绩但不允许修改成绩。

类似的情况还可以列出很多，这些情况给网站的设计提出了新的要求，即为了网站的合法权益和安全，必须对某些特定的网页实施保护；当用户进入网站时要进行身份验证，并在验证的基础上授权。这里涉及的三个词语也可这样理解：

身份——我是谁；

身份验证——这就是我；

授权——这是我能做的。

作为一个动态网站，这种身份验证功能已经成为设计中必不可少的部分。

11.2　身份验证也有别

11.2.1　身份验证的四种方式

ASP.NET 中支持 None、Form、Windows、Passport 四种方式进行身份验证，含义如下：

（1）None：不进行授权与身份验证。

（2）Form：基于 Cookie 的身份认证机制，可以自动将未经身份验证的用户重定向到"登录网页"，只有登录成功后，方可查看受限网页的内容。

Cookie（或 Cookies）在英文中是小甜品的意思，食品怎么会跟浏览器扯上关系呢？在用户××浏览以前登录过的网站时，可能会在网页中出现："你好××！"感觉很亲切（因为网站记住了自己），就好像是吃了一个小甜品一样。

这其实是网站通过访问用户主机里的一个小文本文件来实现的（当然，这个文件是由网站上一次保存下来的），因此这个文件也就被称为了 Cookie。Cookie 是某些网站为了辨别用户身份而储存在用户主机上的数据（通常经过加密），用户可以改变浏览器的设置来开启或者禁用 Cookie。

若要查看保存到本机的 Cookie，可以选择 Internet Explorer 浏览器的【工具】|【Internet 选项】|【常规】|【设置】|【查看文件】。这些文件通常是以 Cookie：User @ Domain 格式命名的，user 是本机用户名，domain 是所访问网站的域名。例如：Cookie：tailwind@open.taobao.com 。

（3）Windows：基于 Windows 的身份验证，适合于在企业内部 Intranet 站点中使用。要使用这种验证方式，必须在 IIS（Microsoft Internet 信息服务）中先禁用匿名访问，才能由 IIS 本身来执行身份验证工作。

（4）Passport：通过 Microsoft 的集中身份验证服务执行。这种认证方式适合跨站应用，即用户只需一个用户名及密码就可以访问任何成员站点。使用 Passport 验证需要安装 Passport 软件开发工具包进行二次开发。

具体让一个 ASP.NET 网站使用哪一种验证方式，是通过配置 Web.config 文件内 authentication 属性来完成的，默认情况下使用的是 Windows 身份验证。验证方式的配置可以手动修改，也可以使用系统提供的"ASP. NET 网站管理工具"自动修改。

Form、Windows、Passport 三种身份验证方式中，最常用的也是本章所讲解的是 Form 验证，即通过"登录网页"来检测用户输入的用户名和密码，对该用户进行身份验证，并指派可访问的资源，如图 11-2 所示。

图 11-2 Form 验证方式的"登录网页"

11.2.2 Form 身份验证的工作流程

用户要发出登录请求，需要在"登录网页"上填写一个表单（一般填写用户名和密码两项，如图 11-1 所示）并将该表单提交到服务器。服务器在接受该请求并验证成功之后，将向用户的本地计算机写入一个记载身份验证信息的 Cookie。在后续的浏览网页中，浏览器每次向服务器发送请求时都会携带该 Cookie，这样用户就可以保持住身份验证状态。

下面的情景描述了某用户（假设是"小明"）通过浏览器访问一个使用 Form 验证方式的网站的流程模型。其中，Web 服务器端含有 4 个网页，分别是：

- 公开的首页 H；
- 登录网页 L；
- 受限的 A 网页；
- 受限的 B 网页。

（1）小明希望查看 A 网页，但匿名用户不可以访问这个页面，因此当小明试图访问 A 网页时，浏览器取而代之显示一个登录页面 L，如图 11-3 所示。

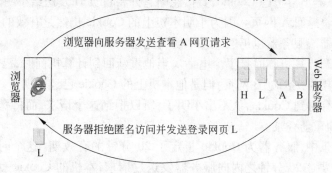

图 11-3 查看 A 网页显示登录网页 L

（2）小明现在面对着登录网页 L。由于小明以前已经在该站点上注册过，因此他使用自己的用户名和口令组合登录这个网站，服务器验证确实为小明后，才将网页 A 返回给小明的浏览器，同时，将 Cookie 也发了过去。小明的浏览器和服务器之间的交互过程如图 11-4 所示（Cookie 用☺表示）。

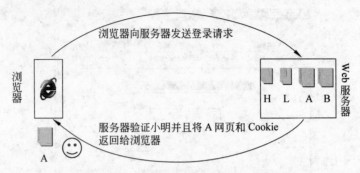

图 11-4　登录网页后，查看到了 A 网页

（3）小明现在可以正常浏览 A 网页了。现在小明希望通过 A 网页上的一个链接查看 B 网页。在发送该请求时，小明的浏览器同时将 Cookie 的一个副本发送到服务器，让服务器知道是小明想要查看这个 B 网页。服务器通过 Cookie 知道了小明的身份，所以按照请求将 B 网页发送给小明，如图 11-5 所示。

图 11-5　查看到 B 网页

（4）如果小明现在请求站点的首页 H，浏览器仍会将 Cookie 和对首页 H 的请求一起发送到服务器，因此即使网页不是受限的，Cookie 仍会被传递回服务器。由于首页 H 没有受到限制，服务器不会考虑 Cookie，直接忽略它并将首页 H 发送给小明。

（5）小明接着返回 A 网页。因为小明本机上的 Cookie 仍然是有效的，所以该 Cookie 仍会被送回服务器。服务器也仍然允许小明浏览这个 A 网页。

（6）小明离开计算机临时接了个电话。当他重新回到计算机前时，已经超过了 20 分钟。小明现在希望再次浏览 B 网页，但是他本机上的 Cookie 已经过期了。服务器在接收 B 网页请求时没有得到 Cookie，认不出小明了，所以拒绝这个请求，而将登录网页 L 发回浏览器，小明必须重新登录。

在上面的情景中，服务器为 Cookie 指定了 20 分钟的有效期（这个时间是可以修改的），这意味着只要在 20 分钟之内向服务器发送过请求，本机的 Cookie 就将一直保持活动状态。然而，如果超过了 20 分钟没有向站点发出请求，用户将必须重新登录才能查看受限的内容。

11.3　用户授权与角色

从 11.2 节可以看出,网站的用户分为两大种:一种是匿名用户,即非登录用户,只能查看网站中的公共网页。另一种是登录用户,不但可以查看公共网页,还可以访问受限的网页,如图 11-6 所示。

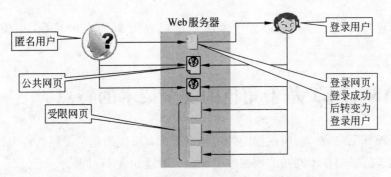

图 11-6　匿名用户与登录用户访问网站中各网页示意图

这种将用户只分为匿名用户与登录用户的分配方式比较简单,常应用于一些小型的网站,往往登录用户就是网站管理员自己,登录后可以使用后台的管理网页发布或维护网站公共信息。

实际工作中,更常见的情况是,登录用户也有好多种,登录后大家的权限不一样。最好的解决方法就是定义若干用户组,先为各组设置拥有不同权限,然后再将用户账户分配到恰当的组中,则此用户就拥有了该组所定义的权限。这样就不必为每个用户重复设置权限工作了,而且也非常容易管理,如图 11-7 所示。

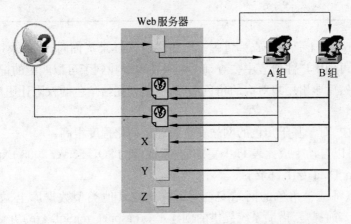

图 11-7　所属不同组的登录用户访问网站中各网页示意图

图 11-7 中,匿名用户只能访问登录网页和两个公共网页;登录后,如果所属为 A 组用户,可以访问两个公共网页和受限网页 X;如果所属为 B 组用户,可以访问两个公共网页和受限网页 Y、Z。也就是说,所有用户都可看公共网页和登录网页,受限网页则根据登

录用户的所属组预先设置好的权限决定是否允许访问。这一点与 Windows 用户管理模式的道理是一致的。

ASP. NET 中,对具有相同权限的一类用户或者用户组,称为"角色"。所以,在图 11-7 中共有两个角色: A 组是一个角色,B 组是另一个角色。

一个用户,被划分为哪个角色,则具有了该角色的权限。一旦用户成为某个角色的成员之后,就可以基于角色为用户授权。当然,用户所属的角色是可以更改的,随之拥有的权限也会更改。正如一个科技公司,一个职员可以从开发部门转到销售部门,他的工作职能也随之改变了。

一个角色可以包含多个用户,一个用户也可以所属为多个角色,很像生活中的"兼职"。

11.4　ASP. NET 基于角色的安全技术的特点

为了管理好用户,首先,应根据网站功能定义所有可能的角色,然后,再为每个用户分配角色。这些信息均存于网站的数据库中保存。原理如表 11-1 所示。

表 11-1　用户注册表

编　号	姓　　名	密　　码	角色	安全设置(此项一般存于 web. config 文件中)
1	张宏伟	asdf'123	教师	
2	梁丰硕	sdfg890 −	教师	"网站管理员"角色可以查看所有网页;
3	赵瑞来	dfgh = 234	学生	"教师"角色可以查看教师网页和学生
4	李晓凤	zxcv'123	学生	网页;
5	马识途	mst666#66	网站管理员	"学生"角色只可以查看学生网页
6	燕南归	yngl999. 9	学生	

用户的验证实质上是一个查询过程。当用户进入登录页面时,先要求用户输入自己的姓名和密码,再到用户注册表中去查询。如果在表中找到了可以匹配的记录时,说明该用户可以登录,然后取出用户对应的角色字段,根据分配给角色的权限让用户转入相应的网页。

ASP. NET 中,对于基于角色的网站安全管理自动化程度很高:

(1) 系统可以自动生成比表 11-1 更加完善、规范的 SQL Server 2005 Express 数据库,保存在网站 App_Data 专用目录下。

(2) 也可以将基于角色的网站安全管理建立在其他类型数据库上,如 SQL Server 2000、Access 等。前提是,借助系统提供的创建工具(aspnet_regSql. exe)并修改一下网站配置文件(Web. config)。

(3) 可以利用 Visual Studio 中的"ASP. NET 网站管理工具"对用户和角色进行图形界面管理。

(4) 提供了"登录"相关的 7 个控件,可以方便构建一整套用户认证系统,例如"登录"、"注册"、"恢复密码"等。

11.5 登录控件

ASP. NET 提供了一组用户管理控件,利用这些控件可以非常方便地完成用户管理和基于角色的安全策略的设计工作。这些控件都在【工具箱】的【登录】组内,包括:

- 用户登录控件 Login
- 创建新用户控件 CreateUserWizard
- 登录视图控件 LoginView
- 登录用户名控件 LoginName
- 登录状态控件 LoginStatus
- 改变密码控件 ChangePassword
- 恢复密码控件 PasswordRecovery

这些控件不仅定义了初步外观(可以进一步修改),还定义了标准行为。例如,有的控件可以用来创建用户的注册、登录和密码恢复界面的外形并实现其功能。也有一些控件主要用来向用户显示不同的信息。例如,利用 LoginView 控件可以定义不同的视图模板,随用户角色的不同而显示不同的提示信息。下面简单介绍这几个控件。

11.5.1 Login 控件

Login 控件是基于角色的安全技术的核心控件。该控件的作用是进行用户认证,确定新到的用户是否已经登录。该控件的界面如图 11-8 所示。

该控件对应的源标签代码是:

```
<asp:Login ID="Login1" runat="server">
```

开始生成的界面不一定符合你的需要,需要改变时,单击控件右上角的快捷任务按钮,选择【自动套用格式】选项,为控件选择其他界面。

图 11-8 Login 控件

Login 控件不仅生成了显示界面,还内置了相应的行为,因此只要将 Login 控件拖入窗体中,不需要编写任何代码就可以使用。

有以下几个属性比较常用:

(1) 如果希望在登录成功后,隐藏 Login 控件的显示,可以设置 VisibleWhenLoggedIn 属性为"False"。

(2) 可以为 Login 控件的 DestinationPageUrl 属性设置登录成功时跳转的页面地址。

(3) 用户注册页的链接可以用 CreateUserText 和 CreateUserUrl 两个属性设置。

(4) 找回密码页的链接可以用 PasswordRecoveryText 和 PasswordRecoveryUrl 属性设置。

11.5.2　CreateUserWizard 控件

利用 CreateUserWizard 控件可以在登录表中增添新用户，并为新用户登记相应的参数。该控件界面如图 11-9 所示。

控件相应的源标签代码如下：

```
<asp:CreateUserWizard ID = "CreateUserWizard1"
 runat = "server" >
    <WizardSteps >
        <asp:CreateUserWizardStep runat = "server" >
        </asp:CreateUserWizardStep >
        <asp:CompleteWizardStep runat = "server" >
        </asp:CompleteWizardStep >
    </WizardSteps >
</asp:CreateUserWizard >
```

图 11-9　CreateUserWizard 控件

界面中的用户名（User Name）、密码（Password）是新用户的主要标志。安全提示问题（Security Question）以及安全答案（Security Answer）是为了防止用户忘记自己密码时的提示。

在 ASP.NET 对密码的设置有比较严格的要求。为保证密码不容易被人猜中，默认情况下密码的设置要符合"强密码"（Strong Password）的要求。强密码必须是：

- 至少由 7 个字符组成；
- 字符中至少包括一个大写或小写的字母；
- 字符中至少包括一个非数字亦非字母的特殊符号，如"！"、"＠"、"＃"、"～"、"＿"等。

该控件同时还支持用户创建后自动向其注册的电子信箱发送邮件的功能。相关的设置会在后面介绍。

常用属性 ContinueDestinationPageUrl 用来设置注册完成后，单击【继续】按钮进入后面的网页。

11.5.3　LoginName 控件与 LoginStatus 控件

一般当用户成功登录后，会显示对该用户的相关提示，比如提示"欢迎您 小明"，同时也会有显示"注销"或"退出"之类的提示，如图 11-10 所示。

以上效果可以利用 LoginName 控件（登录名）和 LoginStatus 控件（登录状态）来实现。

LoginName 控件能自动显示登录用户的账号名。如果用户未登录，该控件就不显示。

LoginStatus 控件则会根据当前用户是否登录，而提供"登录"或"注销"的功能链接。即若用户尚未经过登录的身份验证，显示"登录"超链接，单击可跳转到登录页面（需另建），如果用户已经通过登录的身份验证，则显示"注销"超链接，单击即可完成退出功能。这两个提示文字可以通过该控件的 LoginText 和 LogoutText 属性修改。

在 LoginStatus 控件中为了能够正确退出，还可以对下面两个属性进行设置：

图 11-10 当用户成功登录后显示的相关提示(右上角位置)

- LogoutAction 属性:设成 Redirect(转向),默认是 Refresh(本页刷新);
- LogoutPageUrl 属性:指定退出的网页链接,通常是首页。

两个控件对应的源标签代码分别如下:

```
<asp:LoginName ID="LoginName1" runat="server"/>
<asp:LoginStatus ID="LoginStatus1" runat="server"/>
```

11.5.4 LoginView 控件

LoginView 控件(登录视图)能够根据当前登录用户的角色而显示不同的自定义信息。默认情况下,该控件包括两个视图模板:AnonymousTemplate(匿名,即未登录)视图和 LoggedInTemplate(已登录)视图。使用方法很简单,在【视图】下拉菜单中选择了某一视图模板后,向控件内填写对应的提示信息或拖入相关控件即可,如图 11-11 所示。

图 11-11 选择 AnonymousTemplate 视图模板并填写对应提示信息

以上只能设置匿名和已登录两大类提示,有些太笼统。如果当网站中设置了多种角色时,希望在用户登录后,LoginView 控件再能根据该用户所属的不同角色而显示对应的提示,应该怎么做呢?

这时,可以先单击视图上方的【编辑 RoleGroups】链接,打开角色组编辑窗口,将已经设置的角色(如学生、教师、管理员)增加到窗口中。再查看 LoginView 控件的视图模板,将看见除原来的两个视图以外,又新增了三个刚增加角色的模板,如图 11-12 所示。

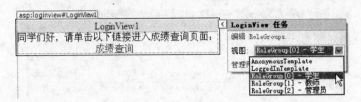

图 11-12　多角色视图

11.5.5　PasswordRecovery 控件和 ChangePassword 控件

PasswordRecovery 控件(密码恢复)能够通过电子邮件帮助恢复忘记的密码。外观如图 11-13 所示。

只要用户填写好自己的用户名,提交后,再填写自己以前注册时设置的密码回答问题,它就会自动把密码发送到当初注册时设的电子邮箱内。相关发送电子邮件的设置后面马上会讲到。

ChangePassword 控件(修改密码)用于修改用户的密码,如图 11-14 所示。

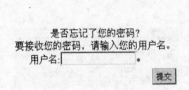

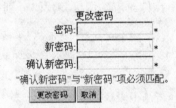

图 11-13　PasswordRecovery 控件界面　　　图 11-14　ChangePassword 控件界面

修改新密码需要正确地输入旧密码。

ChangePassword 控件也可以发送电子邮件给用户的电子信箱。

11.5.6　自动发送邮件通知

前面介绍的 CreateUserWizard 控件、PasswordRecovery 控件和 ChangePassword 控件都可以向用户注册的电子信箱发送邮件通知。下面介绍一下相关的设置方法。

发送邮件功能需要配置上述控件的 MailDefinition 属性,方法是:

(1) 先创建一个扩展名为 .txt 的文本文件用于添写邮件正文内容,文件内容除普通文字外,还可以包含一些特殊的符号如 <% username%> 和 <% password%> 等,用来代替实际的用户名和用户密码,例如:

```
欢迎您登录本网站
您的名字是: <%username%>
您的密码是: <%password%>
```

(2) 将上述文件名称赋给 MailDefinition 属性的 BodyFileName 子属性(通过单击 MailDefinition 属性前的⊞按钮展开查看)。

(3) 配置 SMTP 服务。如果作为 Web 服务器的本机,已安装并激活了一个本地

SMTP 服务,就可以马上使用了。如果条件不允许(比如在使用虚拟主机时,一般就不能提供给网站 SMTP 服务了),这时,就必须使用外部的 SMTP 服务,比如使用海南电子邮局的免费 SMTP 服务(事先需要先注册一个信箱用户,如 smtpserver@hainan.net)。

设置方法是单击 Visual Studio 菜单中的【网站】|【ASP.NET 配置】,启动【ASP.net 网站管理工具】,如图 11-15 所示。

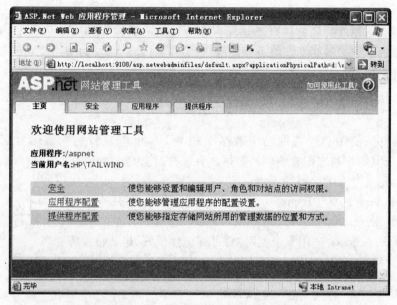

图 11-15 ASP.NET 网站管理工具

单击【应用程序】|【配置 SMTP 设置】,然后添写 SMTP 相应设置,如图 11-16 所示。

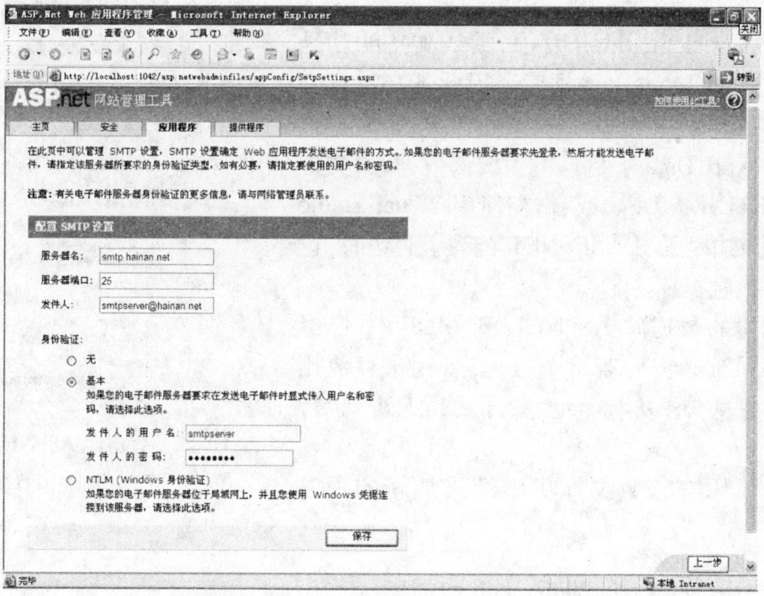

图 11-16 配置 SMTP 电子邮件设置

以上 SMTP 设置最终保存在网站配置文件 web.config 文件的 ＜ system.net ＞ 节内。

并不是所有的信箱都提供免费 SMTP 服务。需要多多寻觅,测试后才能确定。

11.6 使用登录控件前的准备工作

登录控件所处理的各类信息都是保存在网站内的数据库和 web.config 内。所以要保证数据库内部结构按照一定规范创建的,这是其一。其二,要为网站规划一个合理的目录结构,以便于网站安全的管理。

11.6.1 数据库和 web.config 的配置

登录控件的使用必须与网站中数据库和 web.config 文件的配置结合起来。现在 ASP.NET 开发中常与之配合使用的数据库有三种,均为 Microsoft 公司的产品,具体选用哪一个主要是看开发的网站的规模:

- SQL Server 2005 Express:适用于小、中型网站,使用 Visual Studio 开发最方便。
- SQL Server 2000/2005/2008 Server 版:适用于中、大型网站,功能最强。
- Office Access:适用于小型网站,可移植性最好,也非常经济。

下面介绍这三种数据库以及对应 web.config 的配置方法。

1. SQL Server 2005 Express 数据库

如果安装 Visual Studio 2008 时选择了默认安装方式,也就已经安装了 SQL Server 2005 Express 数据库。SQL Server 2005 Express 数据库是文件型数据库,数据库文件的扩展名为 MDF。

在使用 Visual Studio 开发中,默认支持的就是 SQL Server 2005 Express 数据库。因此不必特意去创建它,如果在网页中应用了登录控件,系统就会自动在网站的 App_Data 子目录下生成该数据库,文件名为 ASPNETDB.MDF。或者,在使用 Visual Studio 2008【网站】菜单下的【ASP.NET 配置】工具时,也会自动创建该数据库。

自动创建的数据库 ASPNETDB.MDF 中,已经自动构建好系统必需的若干个数据表,用来存放用户、角色等信息,均以"aspnet_"开头,如图 11-17 所示。

用户也可以在该数据库中继续添加新的网站用表。

图 11-17 数据库 ASPNETDB.MDF 中的系统用数据表

2. SQL Server 2000/2005/2008 数据库

ASP.NET 中基于角色的安全技术默认使用的是 SQL Server 2005 Express 数据库。

如果要使用 SQL Server 2000/2005/2008 作为默认数据库,需分别进行"生成 SQL Server 数据库的系统数据表"和"更改网站配置文件 web.config"的操作。

1) 生成 SQL Server 数据库的系统用数据表

与登录相关的用户、角色等信息都需要存储在各系统数据表内。为了在网站已有数据库内创建这些 ASP.NET 系统用数据表,可以使用.NET 自带的工具。执行 C:\WINDOWS\Microsoft.NET\Framework\v2.0.50727\aspnet_regsql.exe,启动【ASP.NET SQL Server 安装向导】,它将安装和配置所有支持应用程序服务的数据库架构和存储过程,如图 11-18 所示。

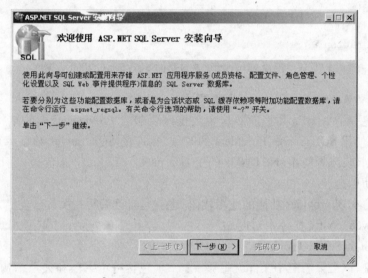

图 11-18 【ASP.NET SQL Server 安装向导】启动界面

基本上都是单击【下一步】按钮继续,注意在【选择服务器和数据库】界面中,填好 SQL Server 服务器地址和登录用户、密码等信息,【数据库】一项可以选择"默认",则生成数据库名称为 ASPNETDB,之后一直到【完成】按钮。

2) 更改网站配置文件 web.config

ASP.NET 内置连接默认数据库的字符串名为 LocalSqlServer,为使用其他数据库,需要用新的、同名的 LocalSqlServer 数据库配置覆盖掉该字符串值。

LocalSqlServer 数据库配置要写在 < connectionStrings > 节内。原始节是如 <connectionStrings/> 的空标签形式,需要将它拆分为首尾标签的形式,然后在内部添加子元素。具体代码如图 11-19 所示(加字符底纹效果部分)。

3) Office Access 数据库

ASP.NET 提供了强大的基于角色的安全管理,登录系列控件的使用能大大提高开发效率。美中不足的是,它只唯一内置了 SQL Server 提供程序(SQL Server Providers)。这就是说,如果想使用 ASP.NET 提供的强大功能,必须且只能安装使用 SQL Server 系列数据库。但就国内目前而言,大多数中、小型网站和个人网站使用的是 Access 数据库,这是因为,Access 移植和调试很方便,而且购买 SQL Server 数据库空间的费用比较昂贵。

当然,.NET 也提供自定义 provider 的功能用以开发使用非 SQL Server 数据库。例

```
<configuration>
...
<connectionStrings>
    <remove name="LocalSqlServer"/>
    <add name="LocalSqlServer" connectionString="Data Source=127.0.0.1;
Initial Catalog=aspnetdb;UID=sa;PWD=abcd66" providerName="System.Data.
SqlClient" />
</connectionStrings>
<system.web>
    ...
</system.web>
</configuration>
```

删除默认连接字符串

添加同名连接字符串，内容指向新 SQL Server

SQL Server地址

网站 SQL Server数据库名

图 11-19 配置 web. config 文件指向 SQL Server 2000 数据库

如,若要自定义 Access Providers,至少要经过三个步骤:

（1）创建一个 Access 数据库。这个数据库要包含 Provider 必需的结构（如系统表等）。之前当使用 SQL Server Providers 的时候,相应的 SQL Server 数据库可以在. NET 运行时自动创建,或者使用. NET 提供的工具 aspnet_regsql. exe 来创建。而 Access 数据库则需要手动创建。

（2）编写实现 provider 功能的逻辑代码,也就是自己编写相关程序类。

（3）在 web. config 文件中对网站进行配置,告诉. NET 运行时使用 Access providers 代替默认的 SQL Server Providers。

也就是说,以上只需三个文件就足够了:一个包含特定字段和关系结构的 Access 数据库,一个实现具体功能的程序集,一个包含特定配置的 web. config 文件。然而,创建上述三个文件的工作对初学者而言是有一定难度的。

幸运的是,微软公布了一个名为 Sample Access Providers 的参考实例,提供免费下载,前面所说的三个文件都可以从中得到。地址是:

http://download.microsoft.com/download/5/5/b/55bc291f-4316-4fd7-9269-dbf
9edbaada8/sampleaccessproviders.vsi

从参考实例中得到所需三个文件的方法是:

（1）执行下载到本地的 sampleaccessproviders. vsi,弹出【Visual Studio 内容安装程序】对话框。

（2）不要单击【下一步】按钮,而是单击【查看 Windows 资源管理器中的文件】,看到两个文件,其中一个名为 ASP. NET Access Providers. zip,把它解压后,可以找到 ASPNetDB. mdb 和 web. config 这两个文件。

（3）所得文件中还有一个名为 Samples 的目录,在它的子目录 AccessProviders 里有 7 个 C#源代码文件,需要使用 C#编译器把它们编译成一个 SampleAccessProviders. dll 文件。

也可以从本书的支持网站下载已经整理后的三个文件,地址是 http://qacn. net/soft/SampleAccessProviders. rar,见表 11-2。

表 11-2   使用 Access providers 所需的三个文件

文　　件	作　　用
ASPNetDB. mdb	模板数据库,包含必要的字段和关系
SampleAccessProviders. dll	包含必要的运算逻辑
web. config	配置文件,指定 SampleAccessProviders 作为网站的 provider

三个文件的部署方法如下:

(1) 使用新的 web. config 文件替换掉网站主目录原有的 web. config 文件。

(2) 把 ASPNetDB. mdb 添加到网站的 App_Data 文件夹里。

(3) 在【解决方案资源管理器】对话框内,右击网站主目录名,选择【添加 ASP. NET 文件夹】|Bin,然后将 SampleAccessProviders. dll 文件添加到 Bin 文件夹内。

11.6.2   规划好网站的目录结构

由于网站中网页繁多,且权限安全等级多样,所以,为便于管理,最好先建立若干个子目录,将安全等级相同的网页放在同一个子目录下。而登录、注册、密码找回等网页则放在网站主目录下。

例如,开发一个教育类网站,该网站有三类用户,分别为教师角色、学生角色以及管理员角色。这时就可以建立 teacher 子目录、student 子目录和 admin 子目录,然后将教师角色所属的各网页放入 teacher 子目录下,将学生角色所属的网页放入 student 子目录,管理类网页放入 admin 子目录。最后只要对三个目录做一下访问限制即可,不但安全,而且管理还很方便。结构如图 11-20 所示。

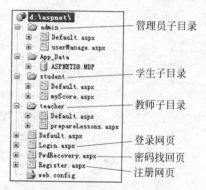

图 11-20   教育网站的目录结构

11.7   配置网站访问安全

11.6 节的准备工作完成后,就可以进行基于角色的网站安全管理了。可以使用 Visual Studio 提供的【ASP. NET 网站管理工具】以图形化方式完成这些工作,内容包括:

- 创建相应的角色和用户。
- 将用户添加到对应角色中。
- 配置安全策略。即设定访问规则,网站的各个目录都允许哪个角色或用户访问。

最终配置的结果数据保存在网站的数据库和 web. config 文件内。

(1) 启动【ASP. NET 网站管理工具】(单击菜单栏的【网站】|【ASP. NET 配置】)。

(2) 选择【安全】选项卡,选择【使用安全设置向导按部就班地配置安全性】,进入【安全设置向导】。很多初学者在这一步骤常常出现问题,往往是因为数据库没有准备好,或者是 web. config 文件配置得不正确。这时一定要认真阅读理解它给出的错误提示,找出错误点并改正。

（3）在【步骤2：选择访问方法】中选择【通过 Internet】。这实际是配置身份验证为 Form 方式。

（4）在【步骤4：定义角色】中选中【为此网站启用角色】。

（5）在【创建新角色】窗口，根据网站安全需要添加相应角色。例如"管理员"、"教师"、"学生"3个角色。

（6）在【步骤5：添加新用户】中，创建网站各用户。例如这里创建了表 11-1 中前 5 个用户（要连续创建用户要单击【继续】按钮，而非【下一步】按钮）。

（7）在【步骤6：添加新访问规则】中，首先单击【为此规则选择一个目录】下的➕以展开网站主目录，然后分别选择各子目录，为其设置相应访问权限。例如对 teacher 子目录设置了只允许"管理员"、"教师"角色访问，再拒绝其他所有用户的访问权限（admin 和 student 目录的访问规则设置操作与此类似），如图 11-21 所示。

图 11-21　teacher 子目录只允许"管理员"、"教师"角色访问

要先添加允许的角色或用户，最后再添加拒绝所有用户访问。

【安全设置向导】设置完成后，将返回到【安全】选项卡界面。剩下的工作是设置用户所属的角色。通过【管理用户】或【创建或管理角色】两个链接功能都可以达到目的，仅仅是管理的视觉角度不同而已。

这里就选择【创建或管理角色】链接，已经存在的角色将会列在下方位置。单击要管理的角色名，如"学生"，则进入该角色的用户管理界面。单击【全部】链接，选中对应名字后面的复选框，即可将该用户添加到当前角色，如图 11-22 所示。

（8）完成上述设置后，最终的配置数据保存在网站的数据库和若干个 web.config 文件中，如图 11-23 所示。

如果在【步骤6：添加新访问规则】中，也分别为 admin 和 student 子目录设置了访问规则，那么在这两个目录下，也都会自动新增了一个 web.config 文件，以保护这两个子目录不被非法访问。

经过前面的配置网站访问安全性工作后，就可以根据网站的具体功能，将各登录控件

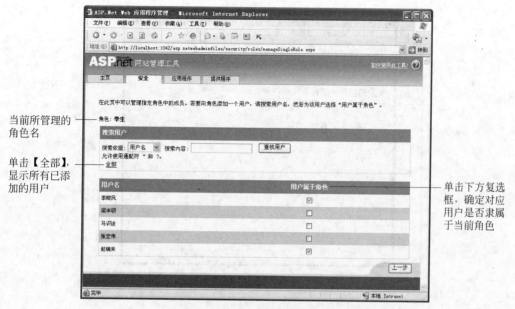

图 11-22 为学生角色添加用户

数据库内存放用户和角色名等数据，以及各用户所属哪个角色信息

子目录内新生成的 web.config 保护着当前目录不被非法用户进入

主目录内的web.config 配置了使用"角色"进行安全认证以及采用 Form 登录方式

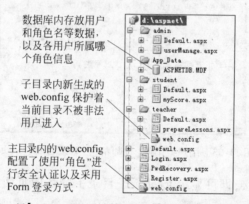

图 11-23 经【ASP. NET 网站管理工具】配置后的网站目录结构

拖放到相应的网页内并进行设计了。

下面通过一个"用户管理系统"案例综合运用前面学习到的内容。

11.8 "教学管理系统"案例

本案例将制作一个基于角色为用户授权的动态网站，用户与角色依照表 11-1 分配。数据库采用默认的 SQL Server 2005 Express。首页显示效果如图 11-24 所示。

若用户忘记登录密码，可单击"忘记密码"超链接，根据页面提示输入相应信息后，网站会自动向该用户的信箱发送密码信息。

当用户成功登录后，就会出现相应的欢迎信息和登录链接。例如用户梁丰硕（教师角色）登录后，显示页面如图 11-25 所示。

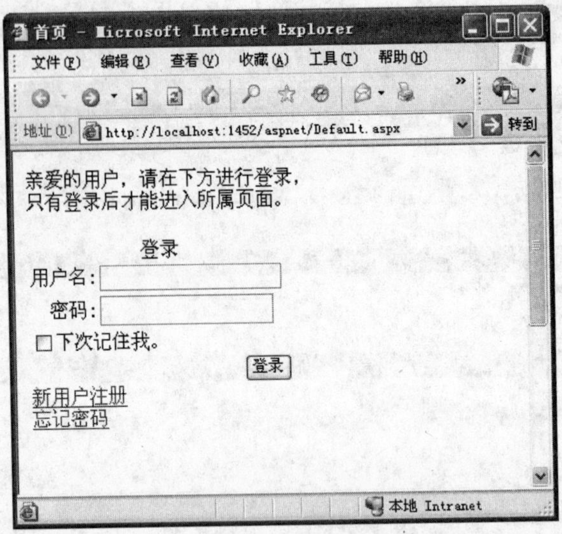

图 11-24　"用户管理系统"案例首页显示效果

图 11-25　用户梁丰硕(教师角色)登录后的显示页面

单击"备课"超链接,即可显示 teacher 子目录下的备课页面(prepareLessons. aspx),如图 11-26 所示。

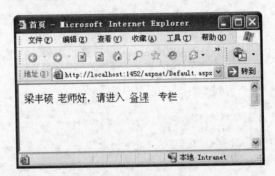

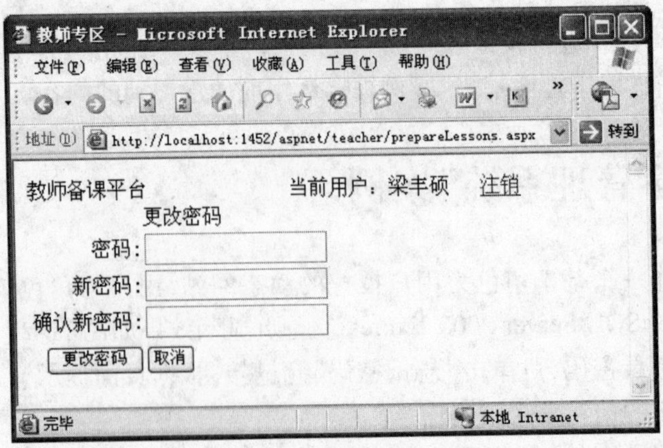

图 11-26　备课页面效果

单击"注销"超链接即可退出登录,返回首页。

如果某个用户在首页未经登录,而直接在浏览器的地址栏输入教师备课网页的 URL,即 http://localhost:1452/aspnet/teacher/prepareLessons.aspx 进行浏览,结果会怎么样呢?

由于已经对网站的各子目录进行了访问安全配置,所以,系统会拒绝,并自动转向到网站主目录下的 Login.aspx 网页让该用户登录,若该用户的登录信息输入正确,系统才自动转向他所要访问的教师备课网页。

操作步骤如下:

首先在 Visual Studio 中新创建一个网站。然后依据下面步骤,分阶段进行操作。

1. 规划网站目录结构

首先要创建各子目录和文件。案例网站的目录结构如图 11-27 所示。

图 11-27　案例网站的目录结构

其中各子目录内的 web.config 文件,以及 ASPNETDB.MDF 数据库文件不需用户建立,待经过后面的配置网站访问安全之后,会自动生成。

2. 配置网站访问安全

(1) 运行【ASP.NET 网站管理工具】,单击【安全】|【使用安全设置向导按部就班地配置安全性】。

(2) 在相应步骤中选择【通过 Internet】、【为此网站启用角色】,并添加"管理员"、"教师"、"学生"三个角色。

(3)【步骤 5:添加新用户】中,创建了表 11-1 中前 5 个用户。

(4) 在【步骤 6:添加新访问规则】中,对 admin 子目录设置允许"管理员"角色访问,拒绝所有用户访问;对 teacher 子目录设置允许"管理员"、"教师"角色访问,拒绝所有用户访问;对 student 子目录设置允许"管理员"、"教师"、"学生"角色访问,拒绝所有用户访问。

(5) 返回到【安全】选项卡界面。选择【管理用户】,依照表 11-1 对 5 个用户进行所属角色的分配。

3. 配置发送邮件服务

上一步的【ASP. NET 网站管理工具】窗口不用关，单击【应用程序】|【配置 SMTP 电子邮件设置】。然后填写 SMTP 相应设置。

此处可参考 11.5.6 小节的内容。

4. 构建各功能网页

1）网页首页 Default. aspx

该页的设计视图效果如图 11-28 所示。

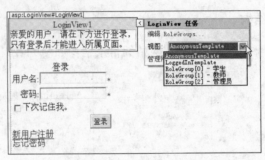

图 11-28　首页 Default. aspx 的设计视图效果

拖入 LoginView 控件，先通过【编辑 RoleGroups】添加学生、教师、管理员三个角色。再为视图中的 5 种角色模板分别设置相应显示内容：

* 为 AnonymousTemplate 视图输入"亲爱的用户，请在下方进行登录，只有登录后才能进入所属页面。"
* 为 LoggedInTemplate 视图先拖入一个 LoginName 控件，再在后面输入"您好，您的权限不足！"
* 为 RoleGroup[0]-学生视图先拖入一个 LoginName 控件，紧跟着在后面输入"同学你好，请单击以下链接进入成绩查询页面："，然后再下方拖入一个 HyperLink 控件（Text 属性设为"成绩查询"，NavigateUrl 属性指向 student 子目录下的 myScore. aspx 网页）。
* 为 RoleGroup[1]-教师视图先拖入一个 LoginName 控件，紧跟着在后面输入"老师好，请进入[备课]专栏"。其中的[备课]是拖入的 HyperLink 控件（Text 属性设为"备课"，NavigateUrl 属性指向 teacher 子目录下的 prepareLessons. aspx 网页）。
* 为 RoleGroup[2]-管理员视图输入"国不可一日无君，网不可一日无[用户名]！请进入[用户管理]"。其中的[用户名]为拖入的 LoginName 控件，[用户管理]为拖入的 HyperLink 控件（Text 属性设为"用户管理"，NavigateUrl 属性指向 admin 子目录下的 userManage. aspx 网页）。

拖入一个 Login 控件，并设置以下属性：

* VisibleWhenLoggedIn 属性为 False；
* CreateUserText 属性为"新用户注册"；

- CreateUserUrl 属性指向主目录下的 Register. aspx 网页；
- PasswordRecoveryText 属性为"忘记密码"；
- PasswordRecoveryUrl 属性指向主目录下的 PwdRecovery. aspx 网页。

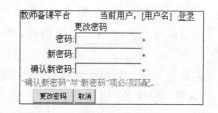

图 11-29　教师备课页 prepareLessons. aspx 的设计视图效果

2）教师备课页 prepareLessons. aspx

该页的设计视图效果如图 11-29 所示。

首先输入内容"教师备课平台　　　　当前用户：［用户名］　登录"。其中的［用户名］为拖入的 LoginName 控件，登录为拖入的 LoginStatus 控件。

然后在下一行拖入 ChangePassword 控件。

3）管理员用户管理页 userManage. aspx 和学生成绩查询页 myScore. aspx

这两个网页的设计效果和方法与前面的教师备课页 prepareLessons. aspx 很相似，只是提示内容略有不同。这里不再赘述。

4）网站登录页 Login. aspx

拖入一个 Login 控件即可。

5）用户注册页 Register. aspx

拖入一个 CreateUserWizard 控件。设置 ContinueDestinationPageUrl 属性指向网站主目录下的 Default. aspx 网页。

6）邮件内容文本 emailContent. txt

输入文本"用户 <% username%>您好，您的密码是 <% password%>"。

7）用户密码找回页 PwdRecovery. aspx

拖入一个 PasswordRecovery 控件。设置 MailDefinition 属性下的 BodyFileName 子属性指向网站主目录下的 emailContent. txt 文本文件。

11.9　直接调用 API 进行高级控制

前面对于用户和角色的管理，如添加、删除、修改、用户所属角色的调整等，基本上是利用本机的 Visual Studio 中的"ASP. NET 网站管理工具"设置的。而使用登录控件所能提供的功能更是有限。

如果希望利用自己编写的网页就能对成员及角色进行更高级别的控制，可以通过在代码页中编写程序直接调用 ASP. NET 提供的相关 API（应用程序接口）中的方法来达到。

💡事实上，"ASP. NET 网站管理工具"中，对用户和角色的管理也是使用这些 API 方法实现的。

也就是说，有两种方法对注册用户和角色进行管理，一种是利用"ASP. NET 网站管理工具"，只是这种方式适合在用户和角色固定的情况下的静态的管理。另一种是通过程序调用 ASP. NET 中的相关 API（应用程序接口），动态完成管理。

例如在前面实例中,如果一个匿名用户选择了注册新账户功能获得了一个账号,但是由于该新账号还未隶属于任何角色,所以他登录后还是无法进入任何一个角色的子目录中。

怎样将其添加到某个角色中呢？解决的方法是编写一个 ASP. NET 网页,通过程序调用 ASP. NET 的相关 API（主要是使用 MemberShip、MembershipUser、Roles 和 FormsAuthentication 4 个类）,以实现对成员资格与角色的动态即时管理。

这 4 个类均位于 System. Web. Security 命名空间中,如表 11-3 所示。

表 11-3　对用户和角色管理的 4 个类

类　　名	作　　用
Membership 类	可以完成创建和删除用户、检索用户信息、生成随机密码、登录验证等工作
MembershipUser 类	描述在成员数据存储中特定的注册用户信息,它包含了众多的属性来获取和设置用户信息。一般通过诸如 CreateUser、GetUser 方法获得该对象
Roles 类	可对角色进行创建、删除、读取,以及为用户进行角色的分配
FormsAuthentication 类	在需对用户进行身份验证的应用程序中使用它们。主要包括两个方法：RedirectToLoginPage 方法将浏览器重定向到已配置的 LoginUrl,以便用户可以登录到应用程序；RedirectFromLoginPage 方法将通过身份验证的用户重定向回最初请求的受保护 URL

类中的方法和属性使用都很简单,很多从名字就可以判断出来作用。下面通过一系列小例子来说明用户和角色管理 API 中几个常用的方法和属性。

使用这些 API 之前要确保已经在代码页内导入了 System. Web. Security 命名空间,即

```
using System.Web.Security;
```

11.9.1　用户的管理

用户的管理需要使用 Membership 类和 MembershipUser 类,前者从宏观处理用户,如添加、删除用户等。后者从微观角度对某一个用户进行具体的管理,如修改密码、查看上次的登录时间等。下面列出几个常用的方法。

（1）创建一个新用户。用户信息如下：

- 用户名："燕南归"。
- 初始密码："yngl999.9"。
- 电子邮箱："yng@163. com"。
- 密码提示："我喜欢的运动是?"。
- 密码提示回答："乒乓球"。
- 是否允许用户登录：是。

则创建该用户的程序代码如下：

```
MembershipCreateStatus mcs;                    //声明状态枚举值 mcs
//创建新用户,并将该用户创建是否成功的状态值存入状态枚举值 mcs 中
Membership.CreateUser("燕南归3", "yngl999.9", "yng@ sohu.com", "我喜欢的运动
是?", "乒乓球", true, out mcs);
if(mcs = =MembershipCreateStatus.Success)
{
    Response.Write("用户创建成功");
}
else
{
    Response.Write("用户创建失败");
}
```

(2) 验证用户名与密码是否有效,有效返回为 true,无效则返回为 false。

```
if(Membership.ValidateUser("燕南归","yngl999.9"))
{
    Response.Write("用户验证成功");
}
```

(3) 查找用户“燕南归”。首先要获取该用户所有信息的一个集合(返回为一个
MembershipUser 类),然后再对该用户进行一系列具体的处理。

```
//获取"燕南归"的所有信息集合,赋值给 MembershipUser 类的 mu
MembershipUser mu =Membership.GetUser("燕南归");
//修改"燕南归"的密码,由旧密码"yngl999.9"改为"I'myng1999"
mu.ChangePassword("yngl999.9", "I'myng1999");
Membership.UpdateUser(mu);                      //更新数据
//设置用户"燕南归"的电子邮件地址为"yng@ 126.com"
mu.Email = "yng@ 126.com";
Membership.UpdateUser(mu);
//获取用户"燕南归"当前是否在线,返回为 true 表示在线,返回 false 为不在线
if (mu.IsOnline)
{
    Response.Write("该用户还在线");
}
else
{
    Response.Write("这个用户已经离开本站了");
}
//获取用户"燕南归"上次登录本网站的日期和时间
Response.Write("还记得上次遇见你是在" +mu.LastLoginDate.ToString());
```

(4) 删除用户“燕南归”,并删除相关的数据。

```
Membership.DeleteUser("燕南归",true);
```

11.9.2 角色的管理

对角色的管理主要使用 Roles 类,常用的方法有以下几种。

(1) 判断是否已存在"新闻发布员"角色,否则就新建"新闻发布员"角色。

```
if (Roles.RoleExists("新闻发布员"))
{
    Response.Write("该角色已经存在,不能重复创建!");
}
else
{
    Roles.CreateRole("新闻发布员");
}
```

(2) 删除现有角色"新闻发布员"。

```
Roles.DeleteRole("新闻发布员");
```

(3) 列出网站所有角色。由于 Roles. GetAllRoles( )返回的是一个字符串数组集合,所以可以用循环分别列出。

```
foreach (string strRoleName in Roles.GetAllRoles())
{
    Response.Write(strRoleName + "<br/>");
}
```

(4) 将用户"燕南归"添加到"学生"角色。

```
Roles.AddUserToRole("燕南归","学生");
```

(5) 列出隶属于"学生"角色的用户。

```
foreach (string strName in Roles.GetUsersInRole("学生"))
{
    Response.Write(strName + "<br/>");
}
```

(6) 判断用户"燕南归"是否属于"学生"角色。

```
if(Roles.IsUserInRole("燕南归","学生"))
{
    Response.Write("燕南归是学生");
}
else
{
    Response.Write("燕南归已经不再是学生啦!");
}
```

（7）将用户"燕南归"从"学生"角色中移去。

```
Roles.RemoveUserFromRole("燕南归","学生");
```

11.9.3　常用验证用户的一个例子

可以使用 Membership. ValidateUser（ ）方法和 FormsAuthentication. RedirectFrom-LoginPage（ ）方法很方便地自制一个登录验证程序。关键代码如下所示，其中 txtUsername 和 txtPassword 均为文本框控件，用于接受用户名和密码；labMessage 为标签控件，用于显示提示信息。

```
if (Membership.ValidateUser(txtUsername.Text, txtPassword.Text))
{
    FormsAuthentication.RedirectFromLoginPage(txtUsername.Text,true);
}
else
{
    labMessage.Text = "登录失败,请检查输入的用户名和密码是否正确!";
}
```

11.10　存储注册用户的个性化信息 Profile

利用前面讲述的 CreateUserWizard 控件可以很方便地注册新用户，但该控件默认只存储"用户名"、"密码"、"电子邮件"、"安全提示问题"和"安全答案"5 个信息，如果希望 CreateUserWizard 控件也能支持填写"QQ"、"班级"这样比较有个性化的注册信息，就要使用到 Profile 对象。最终使用效果如图 11-30 所示。

需要做的工作有 3 项：

（1）首先要在网站配置文件 web. config 中声明个性化信息名称（这里是 QQ 号码和班级）；

（2）设置 CreateUserWizard 控件为【自定义创建用户步骤】；

（3）在创建用户事件中使用 API 读取并保存到网站数据库中。

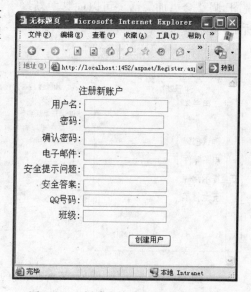

图 11-30　创建个性化的用户注册信息

11.10.1　声明个性化信息

对个性化信息进行声明需要通过在 web. config 文件中添加 < profile > 节点完成。< profile > 节点要放在 < system. web > 之内。例如，要添加 QQ 号码和班级两个个性化信

息,配置代码如下:

```
<system.web>
...
    <anonymousIdentification enabled="true"/>
        <profile>
            <properties>
                <add name="QQ" type="int" allowAnonymous="true"/>
                <add name="Classroom" type="string"
allowAnonymous="true"/>
            </properties>
        </profile>
...
</system.web>
```

其中,<anonymousIdentification enabled="true"/>用于设置允许匿名登录验证。<add>元素中的 type 用于设置信息字段存放的类型,allowAnonymous 用于设置是否允许匿名用户注册该字段,均不能省略。

11.10.2 设置 CreateUserWizard 控件

在 Visual Studio 的设计视图,展开 CreateUserWizard 控件的【快捷任务】菜单,选择【自定义创建用户步骤】,如图 11-31 所示。

这时,CreateUserWizard 控件内的各注册字段就可以编辑了。如果切换到【源】标签视图,调整会更加灵活。可以向其中新增个性化注册字段,如 QQ 号码、班级,如图 11-32 所示。

图 11-31　选择 CreateUserWizard 控件的
【自定义创建用户步骤】

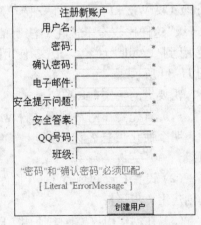

图 11-32　为 CreateUserWizard 控件
新增个性化注册字段

11.10.3　使用 API 对个性化注册信息进行读取

直接双击 CreateUserWizard 控件,会生成 CreateUserWizard1_CreatedUser 事件,然后

此事件中先获取个性化信息内容,再调用 Profile 的相关 API 将其保存到网站数据库中。

要处理新增的个性化注册字段控件,需要使用 FindControl( )方法从 CreateUserWizard 控件的 CreateUserStep. ContentTemplateContainer 容器内搜寻。请注意,搜寻出的类型是 Control,所以要进行类型的转换。

对于 CreateUserWizard 控件内置的注册字段,可以直接读取值,如用户名(UserName)字段、电子邮件字段(E-mail)等。

保存个性化注册字段,要先进行数据的关联。之后,才可以使用 Profile. Save( )方法进行实际的保存。具体代码如下所示。

```
protected void CreateUserWizard1_CreatedUser(object sender, EventArgs e)
{
    //搜寻新增的个性化注册字段中 ID 名为 txtQQ 的 TextBox 控件
    TextBox txtMyQQ = (TextBox)CreateUserWizard1.CreateUserStep.
ContentTemplateContainer.FindControl("txtQQ");
    //搜寻新增的个性化注册字段中 ID 名为 txtClassroom 的 TextBox 控件
    TextBox txtMyClassroom = (TextBox)CreateUserWizard1.CreateUserStep.
ContentTemplateContainer.FindControl("txtClassroom");
    Profile.QQ = int.Parse( txtMyQQ.Text );
    Profile.Classroom = txtMyClassroom.Text;
    string strUserName = CreateUserWizard1.UserName;
    //通过指定用户名,进行个性化数据的关联
    Profile.Initialize(strUserName, false);
    Profile.Save();                        //保存用户注册数据
}
```

注册数据保存后,对应着,也可以再将某个用户的注册信息读取出来。如果是内置的字段(如用户名、电子邮件等),使用 MembershipUser 类;如果是个性化信息的字段(如 QQ 号、班级等),要使用 ProfileCommon 类获取。例如,获取用户 Tailwind 的注册信息并输出,程序如下所示:

```
string strUsername = "Tailwind";
MembershipUser mu = Membership.GetUser(strUsername);
ProfileCommon pc = Profile.GetProfile(strUsername);
Response.Write("用户名: " + mu.UserName);
Response.Write("电子邮件: " + mu.Email );
Response.Write("QQ 号码: " + pc.QQ.ToString() );
Response.Write("所在班级: " + pc.Classroom );
```

本章小结

基于角色的安全技术目前已经成为网站的普遍需要,构建这类应用的模式都相对稳定,因此 ASP. NET 提供了智能工具和组合控件,将用户管理和网页安全方法的大部分复杂工作,包括数据表的生成、连接、添入数据和查询等都隐藏在内部自动进行,大大简化了

设计过程。

使用系统提供的基于角色的安全管理,主要是将网页进行合理的分类,并放置于不同的目录下,然后用 web.config 保护目录下的文件。可以通过手动直接在 web.config 文件中撰写保护策略,也可以利用 Visual Studio 的网站管理工具,更高级的办法是调用 Membership 等 API 方法进行管理。

系统提供的 7 个控件一旦生成,就具备基本的显示界面和比较完善的功能。设计者只需根据情况进行设置和修改,以符合应用程序的实际需要。

习题

1. 填空题

(1) LoginStatus 控件用来显示用户的_____,以便可以随时退出登录状态。

(2) LoginName 控件用来自动显示登录的_____。

(3) 当利用 CreateUserWizard 控件创建新用户时,密码不能随便设置,必须符合以下 3 项条件: _____;_____;_____。

(4) 帮助用户恢复密码可以利用_____控件进行设计。

(5) 帮助用户修改密码可以利用_____控件进行设计。

2. 选择题

(1) ASP.NET 中基于角色的安全技术默认使用的是( )数据库。

　　A. SQL Server 2000　　　　　　　　　　B. SQL Server 2005 Express

　　C. Access　　　　　　　　　　　　　　　D. 以上都支持

(2) 在一个子目录的 web.config 文件中有如下一段代码:

```
<authorization>
  <allow roles="admin"/>
  <allow roles="manager"/>
  <deny users="*"/>
  <allow roles="sales"/>
</authorization>
```

允许访问此子目录下的网页的角色有( )。

　　A. admin　　　　　　　　　　　　　　　B. manager

　　C. admin 和 manager　　　　　　　　　　D. admin, manager 和 sales

(3) 用户登录控件(Login)中的 DestinationPageUrl 属性代表( )。

　　A. 登录成功的提示　　　　　　　　　　B. 登录成功时转向的网页

　　C. 登录失败时转向的网页　　　　　　　D. 登录失败时的提示

3. 判断题

(1) 所谓角色(role)是若干具有相同访问权限用户的集合。　　　　　　　　(　　)

（2）只能给每个用户分配一个角色。 （ ）

（3）登录视图控件（LoginView）只能有两种模板,因而只能载入两种视图。 （ ）

4. 简答题

（1）简述 ASP. NET 对基于角色的安全技术的支持。

（2）简述利用 ASP. NET 网站管理工具定义角色、创建用户和指定访问规则的步骤。

5. 操作题

（1）在系统中设置三种角色并分配给多个用户,他们的权限各不相同;在登录视图控件（LoginView）中为这三种角色设置不同的网站视图。以实现不同角色访问网站时的不同结果。

（2）在网页中设置控件,编写代码利用 Membership API 来创建新用户。

第 12 章

ASP.NET 中的五大对象

对象是一个封装的实体,其中包括数据和程序代码。一般不需要了解对象内部是如何运作的,只须知道对象主要功能即可。每个对象都有其方法、属性和集合,用来完成特定的功能,方法决定对象做什么,属性用于返回或设置对象的状态,集合则可以存储多个状态信息。

ASP. NET 内置提供了许多对象,但最常使用的有 5 个,分别是:

- Response 对象与 Request 对象。前者用于向客户端输出信息,即控制将数据从服务器发送到浏览器。后者用于获取客户端信息,即接收从浏览器向服务器所发送的请求信息。两者方向相反。
- Server 对象。可以让用户以程序的方式掌控 Web 服务器的执行状态。
- Application 对象与 Session 对象。前者为公开的性质,全体浏览用户均可共享的读写存储在该对象内的信息。后者为私有性质,每个用户都只能读写自己的会话信息。

12.1　发送对象 Response

Response 对象用于控制将数据从服务器发送到浏览器。常用的有 3 个方法:

- 写方法 Write( )
- 结束输出方法 End( )
- 网页重定向方法 Redirect( )

12.1.1　写方法 Write( )

Write( )方法用于向客户端浏览器输出提示文本,前面的章节中已经多次用到。格式为:

```
Response.Write(提示内容表达式);
```

例如要输出"小华,你好! 现在的时间是××"。可写为:

```
Response.Write("小华,你好!现在的时间是" + DateTime.Now.ToString());
```

由于 ASP. NET 中有专门用于输出信息的控件,如 Label 控件、Literal 控件等,因此 Write()方法实际开发时运用得并不是很多,更多的是应用在调试中,或者在错误捕捉程序段中输出提示信息。

12.1.2　结束输出方法 End()

End()方法用于停止向客户端的浏览器输出。格式为:

```
Response.End();
```

例如有以下语句:

```
Response.Write("我爱你祖国");
Response.End();
Response.Write("也爱塞北的雪");
```

运行后浏览器输出的结果只显示为“我爱你祖国”。而后面的“也爱塞北的雪”不会被显示,因为系统执行完 Response. End();语句后就停止输出了。该语句常与 if 语句配合使用。有时,也用于调试环境下。

12.1.3　网页重定向方法 Redirect()

Response. Redirect()用于将浏览器重定向到另一个网页或网址。格式为:

```
Response.Redirect(URL);
```

其中,URL 为重定向的网页地址或网址。

例如下面的程序,接收用户输入到 TextBox 控件(txtInput)中的文本值,如果是“关于本站”,就转到站点主目录下的 about. aspx 页,如果是“百度”,就转到百度的网站 www. baidu. com,如果输入其他值,就在 Label 控件(labMessage)中提示“请输入正确的名称”。

```
string strInput = txtInput.Text;
switch(strInput)
{
    case "关于本站":
        Response.Redirect("~/about.aspx");
        break;
    case "百度":
        Response.Redirect("http://www.baidu.com");
        break;
    default:
        labMessage.Text = "请输入正确的名称";
        break;
}
```

请注意路径的问题。如果是互联网地址,而不是本站点内的网页,要确保书写了“http:// ”。如“http://www. baidu. com”,不能写成“www. baidu. com”。

12.2 接收对象 Request

Request 对象用于获取客户端的信息。

用户的浏览器在向 Web 服务器发送页面请求时,除了将请求页面的 URL 地址发送给服务器外,也将客户端浏览器属性以及其他一些信息也同时发送给服务器。使用 Request 对象可以获得这些信息。

Request 对象常在以下两种情况下:

- 获取调用网页传过来的参数值;
- 获取浏览者的 IP 地址。

12.2.1 获取调用网页传过来的参数值

人们在浏览网站时经常发现,很多 URL 中紧随在网页名称后面会有一个问号"?",这个问号后面的部分即是传送的参数。

例如:

```
http://www.bing.com/worldwide.aspx? scope = web&q = microsoft + com
http://www.sun.com/storage/disk_systems/unified_storage/resources.jsp?
intcmp = 2992
```

也有一些 URL 中,尽管问号前面的不是网页名称格式,但后面的部分同样也是参数:

```
http://www.sun.com/webinars/? intcmp = 3523
http://www.bing.com/search? q = microsoft + com&setmkt = en - US&setlang = SET_
NULL&uid = BC113A30&FORM = W5WA
```

参数由参数名和参数值组成,格式为"参数名 = 参数值"。例如 intcmp = 3523。参数名往往是固定的,变化的总是参数值。

多组参数之间使用"&"符号连接,例如 scope = web & q = microsoft + com。

如果调用一个网页的格式是:

```
http://localhost/test.aspx? id = 8848
```

那么在这个网页(test. aspx)中,如何获得参数 id 的值 8848 呢? 可以使用格式 "Request[参数名]"的方式来获取。即

```
string strId = Request["id"];
```

Request["id"]获得名为 id 的参数值 8848,并赋值给变量 strId,strId 的值就是 8848。

这样接收处理有什么用处呢? 先看一看如图 12-1 所示的情况。

当鼠标悬放到"元旦贺词——鼓足干劲 更上台阶"链接时,浏览器状态栏会显示出对应的目标链接 URL"http://news. tongji. edu. cn/**show. aspx**? id = 26484 &cid = 6"。

再看一看如图 12-2 所示的情况。

图 12-1　鼠标悬放到第一个链接时显示出的目标链接的 URL

图 12-2　鼠标悬放到下一个链接时显示出的目标链接的 URL

当鼠标悬放到"法国南特管理学院院长来访经管学院"链接时,浏览器状态栏会显示出对应的目标链接 URL"http://news. tongji. edu. cn/**show. aspx**? id = 26480 & cid = 9"。

下面的几个链接大体相似。除了参数值有变化,其他完全一样。

很明显,无论单击哪个链接,调用的都将是同一个网页 show. aspx,而控制显示文章内容由参数值来决定。

为什么同一个网页能根据送去的不同参数值而会显示不同的文章内容呢?

实际上所有的文章内容事先都是保存在网站数据库内的,并以数据记录的形式在保存相应表中,每条记录就存放着一篇文章。表结构如表 12-1 所示。

表 12-1　存放着文章的表结构

文章编号	文 章 标 题	文 章 内 容
26484	元旦贺词——鼓足干劲 更上台阶	值此辞旧迎新之际,我们谨代表学校党委和行政,向辛勤工作、无私奉献的……
26483	冯纪忠教授追思会举行 冯纪忠奖励基金成立(图)	怀着无限崇敬与感恩之情,深切缅怀一代建筑大师为同济建筑学科、为中国现代建筑事业做出的卓越贡献……
26480	法国南特管理学院院长来访经管学院	12 月 28 日,法国南特管理学院院长 Jean-Pierre HELFER 教授来访我校……
⋮	⋮	⋮

网页 show. aspx 做的工作分 3 步:

(1) 首先接收送过来的 id 值,得到 26484 这样的数字(很容易,使用 Request 对象就可以);

(2) 到数据表里检索对应的这条数据记录,得到对应编号的文章标题和文章内容(数据库相关章节负责介绍);

(3) 将文章标题和文章内容显示到网页相应的位置上(利用 Label 控件显示,向其 Text 属性赋值即可)。

12.2.2　获取浏览者的 IP 地址

有时,需要在网页中获取浏览者所在 IP 地址,如图 12-3 所示。

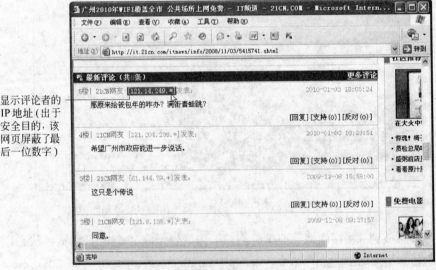

显示评论者的 IP 地址(出于安全目的,该网页屏蔽了最后一位数字)

图 12-3　在网页中获取浏览者的 IP 地址

获取浏览本网页者的 IP 地址非常方便,使用 Request. UserHostAddress 即可。

下面的例子可以显示访问者的姓名和 IP 地址(将代码写入 Page_Load 事件中即可)。

```
if (Request["userName"] = = null)                //若参数为空,则提示并结束运行
```

```
{
    Response.Write("请补充参数");
    Response.End();
}
else
{
    Response.Write("欢迎" + Request["userName"] + "的访问<br/>");
    Response.Write("访问时间：  " + DateTime.Now + "<br/>");
    Response.Write("您的 IP 地址：" + Request.UserHostAddress);
}
```

代码说明：

- 为防备获取参数丢失，应该对参数是否为空进行判断；
- XHTML 换行标签"
"在程序代码中应作为字符串处理；
- 获取访问时间可以使用内置结构 DateTime 的 Now 属性。

运行结果如图 12-4 所示。

图 12-4　显示访问者的姓名和 IP 地址

网页运行后，首先显示提示文字"请补充参数"，这是因为它还没有获取到参数。可以在链接地址后面补充填写上"? userName = Tailwind"参数，然后按回车键或单击【转到】按钮，即出现上述效果。

也可以在另外一个网页中添加一个 HyperLink 控件，在链接地址 NavigateUrl 属性中直接写为"~/Default. aspx? userName = Tailwind"。然后通过该网页的链接调用本网页。

12.3　服务器对象 Server

Server 对象可以使用服务器上的一些高级功能。这里只介绍它的常用的几组方法。

12.3.1　HtmlEncode 方法和 HtmlDecode 方法

有些时候需要在页面中显示 HTML 标记，如果在页面中直接输出标记，浏览器会把

标记解释成 HTML 语言的效果进行输出。例如下面的代码:

```
Response.Write("下面我们学习<strong>标签,以及<u>标签");
```

运行后输出的结果如图 12-5 所示的效果。

图 12-5　浏览器将标记解释成 XHTML 语言的效果进行输出

这当然不是设计者的本意。解决的办法就是对输出的内容进行编码。将代码改写为:

```
Response.Write(Server.HtmlEncode("下面我们学习<strong>标签,以及<u>标签"));
```

修改后再运行就正常了。Server 对象的 HtmlEncode( )方法的作用就是对输出给客户端浏览器的内容进行 HTML 编码。

通过浏览器的查看源文件功能,可以发现服务器输出过来的内容已经被编码为:

下面我们学习 <strong>标签,以及 <u>标签

即,HTML 标签的符号"<"被编码为"<";符号">"被编码为">"。这样浏览器在显示内容的时候就不会搞错了,它会将编码还原为对应的符号并显示出来。

HtmlDecode 方法与 HtmlEncode 方法是一对相反的过程,是将编码后的标记解码。如:

```
Response.Write(Server.HtmlDecode("就是这个 &lt;strong&gt;加粗
&lt;/strong&gt;的效果 &lt;strong&gt;"));
```

运行后的显示效果为"就是这个**加粗**的效果"。

12.3.2　UrlEncode 方法和 UrlDecode 方法

通过地址栏在两个网页之间进行参数传递时,参数值中是不能出现一些特殊字符的,比如空格、#、@和 & 等,也不能出现汉字,否则会影响接收的正确性。如果确实需要传送这些信息,就需要使用到 UrlEncode 方法进行 URL 的编码。

例如,a. aspx 网页中的重定向语句写为:

```
Response.Redirect("~/b.aspx?content=6+8");
```

由于调用了 b. aspx 网页,并携带了参数,所以在 b. aspx 网页中可以使用"Request["content"]"方式接收参数值并显示出来,如图 12-6 所示。

请注意,本应是"6+8",实际却显示成为了"6 8"。中间的加号"+"哪里去了呢?

图 12-6 b.aspx 网页中使用"Request["content"]"方式接收参数值并显示出来

作为地址栏中查询字符串的参数值,加号"+"属于不应出现的特殊字符。所以被系统转义没有了。

解决办法就是对要在地址栏中传输的查询字符串进行 URL 编码,即改为:

```
Response.Redirect("~/b.aspx?content=" + Server.UrlEncode("6+8"));
```

运行后的效果如图 12-7 所示。

图 12-7 对在地址栏中传输的查询字符串进行 URL 编码后的显示效果

特别需要注意的一点是,只可以将参数值进行编码,绝不能将问号后整个查询参数串都编码。下面的语句是错误的:

```
Response.Redirect("~/b.aspx?" + Server.UrlEncode("content=6+8"));
```

因为这样会将参数名与参数值之间的等号"="表达式也被编码掉。

UrlDecode 方法是 UrlEncode 方法的一个相反的过程,就是将编码还原。例如 Server.UrlDecode("6%2b8")的返回结果是"6+8"。

12.3.3 MapPath 方法

由于制作好的网站最终还是要发布到互联网的 Web 服务器上,所以网站内部的链接都应该使用相对路径(也称虚拟路径)。但是,还是有个别的情况,比如在连接数据库文件或上传文件的时候,系统均需要指出物理路径(也称绝对路径)。

一般情况下,人们并不知道上传到 Web 服务器上的网站最终被存放在哪个磁盘的哪个子目录下。但是,却可以使用 Server 对象的 MapPath 方法将相对路径转换为对应的物理路径。

例如,当前网页是主目录下的 Default. aspx,要调用 App_Data 系统子目录下的 ASPNETDB. MDF, Default. aspx 代码页中调用的链接相对路径为"~/App_Data/ ASPNETDB. MDF"。可以使用如下语句获取其对应的物理路径:

```
string strPath = Server.MapPath(" ~ /App_Data/ASPNETDB.MDF");
```

赋给 strPath 变量的值为"d:\aspnet\App_Data\ASPNETDB. MDF"。

12.4 公共对象 Application

Application 对象是公共对象,主要用于在所有用户间共享信息,所有用户都可以访问该对象中的信息并对信息进行修改。该对象多用于创建网站计数器和聊天室等。

可以把 Application 对象看成是一种特殊的变量,以进行读写。格式为:

```
Application["对象名称"]
```

使用方法如下:

```
Application["hello"] = "你好吗?";
Application["count"] = 1024;
Response.Write(Application["hello"]);
Response.Write(Application["count"]);
```

同所有的变量一样,该对象也有自己的生命周期,通常在网站开始运行时生命期开始,网站停止运行时生命期结束。换句话说,就是 Application 对象建立后,只要网站没有关闭或重新启动,对象存储的值就不会消失。

下面通过一个例子看一下 Application 对象在作用域和公共性方面的区别。

```
if (Application["count"] == null)
{
    Application["count"] = 1;
}
else
{
    Application["count"] = Convert.ToInt32(Application["count"]) + 1;
}
Response.Write("当前访问量为" + Application["count"]);
```

这是一个计数器样子的例子,首次启动时将显示"当前访问量为 1"。这时,再打开几个新的浏览器,将 URL 地址(如 http://localhost:1452/aspnet/a. aspx)复制过去浏览,会发现显示的数量每次递增。这说明 Application 对象不会由于页的执行完毕而消失,而且可以被多个浏览器(即多个用户)所读取共享,如图 12-8 所示。

图 12-8   Application 对象可以被多个浏览器读取共享

12.5   私有对象 Session

Session 对象用来存储具体每一位用户的会话过程中的信息。与 Application 对象相比，Session 对象也可以看成是一种特殊的变量进行读写，最大的不同是 Session 是私有的对象，只能由用户本人进行读取，由 Application 对象却可以全部用户共同读取。

例如同样一个计数器类程序，改用 Session 存储计数信息。代码如下：

```
if (Session["count"] = =null)
{
    Session["count"] =1;
}
else
{
    Session["count"] =Convert.ToInt32(Session["count"]) +1;
}
Response.Write("当前访问量为" +Session["count"]);
```

运行后，同样多开几个浏览器，复制 URL 访问，然后每个都不断刷新，可以发现，各浏览器都是分别计数的，彼此互不影响，如图 12-9 所示。

Session 对象的生命周期没有 Application 对象那么长，默认只有 20 分钟。例如，前面的例子中，如果用户超过 20 分钟后再刷新，所有窗口中的计数积累的值都将丢失，并重新累计，显示的结果全部是"当前访问量为 1"。

图 12-9　Session 对象使多个浏览器分别计数

　　这一点,在开发网站时要有所留意。比如发表文章的网页,如果用户的文章很长,很长时间没有对网页进行访问,超过了 20 分钟,再提交文章就会产生错误。

　　可以通过设置 Session 对象的 TimeOut 属性来自定义生命期,如设置超时时长为 60 分钟,可以写为:

```
Session.Timeout =60;
```

下例是一个可以防止刷新的计数器代码,写在 Page_Load 事件内即可。

```
//如果计数器首次启动,赋初值为1
if (Application["count"] ==null)
{
    Application["count"] =1;
}
else
{
    //如果当前用户没有被设置已访问标记(对象为空),则计数累加
    if (Session["visited"] ==null)
    {
        //计数累加
    Application.Lock();                  //加锁,防止多用户同时访问本页时计数错误
    Application["count"] =Convert.ToInt32(Application["count"]) +1;
    Application.UnLock();                //解锁
    Session["visited"] =true;            //设置当前用户的访问标记为 true
    }
```

```
    }
Response.Write("当前访问量为" + Application["count"]);
```

当然,上面的计数器离实际使用还有一些差距,最主要的问题是,它的计数值是保存在 Application 对象内,我们已经知道,Application 对象当 Web 服务器停止或重启时,内容会消失,所以上面的代码会产生危险。解决的办法是,在网站停止或重启之前,将计数值保存到数据库里,而网站启动后,自动从数据库里取出保存的计数值来初始化 Application 对象。

12.6　视图状态

视图状态(ViewState)是对前面介绍的 ASP.NET 五大对象的一个很好的补充,它常用于保存单个页面的状态信息。

ViewState 的功能类似于全局变量,但全局变量在页面被控件的提交过程中(页面可能会刷新)会被清空,而 ViewState 对象却可以保持住大量的数据。

使用 ViewState 对象保存信息的代码如下。

```
ViewState["myName"] = "明明";                            //存放信息
string strName = ViewState["myName "].ToString();        //读取信息
```

ViewState 应谨慎使用,过多的使用会影响应用程序的性能。另外,由于 ViewState 是借助 XHTML 里的隐藏框(即 < input type = " hidden" name = "test"/ >)保存数据的,故而只能应用在安全性要求不高的场合。

本章小结

本章主要介绍了 ASP.NET 的五大内置对象的常用方法、属性和集合的使用。Response 对象主要体现在向浏览器发送相关信息;Request 对象主要用于接受浏览器提交的信息;Application 对象体现在公共方面;Session 对象则体现在私有方面;Server 对象是 Web 服务器相关的对象。

习题

1. 填空题

(1) ASP.NET 五大内置对象有_____、_____、_____、_____、_____。
(2) 可以为所有用户共享的对象是_____,可以在一次会话过程中共享的对象是_____。

2. 选择题

(1) 计数器如果需要防止重复刷新计数和同一 IP 反复登录计数,应该使用的对象有

（　　）。

　　　A. Response　　　　　B. Request　　　　　C. Session　　　　　D. Application

（2）Session 对象的默认的生命期为（　　）。

　　　A. 10 分钟　　　　　B. 20 分钟　　　　　C. 30 分钟　　　　　D. 40 分钟

3. 简答题

（1）简述 ASP. NET 五大内置对象的主要功能。

（2）为什么要对 Application 对象进行"锁定"和"解锁"？

第 13 章

数据库与 SQL 语言

什么是数据库？有人说数据库是一个"记录保存系统"，也有人说是"人们为解决特定的任务，以一定的组织方式存储在一起的相关的数据的集合"。更有甚者称数据库是"一个数据仓库"。当然，这种说法虽然形象，但并不严谨。严格地说，数据库是"按照数据结构来组织、存储和管理数据的仓库"。

在日常工作中，常常需要把某些相关的数据放进这样"仓库"，并根据管理的需要进行相应的处理。例如，企业或事业单位的人事部门常常要把本单位职工的基本情况（职工号、姓名、出生日期、性别、籍贯、工资、简历等）存放在表中，见表 13-1。

表 13-1   人事基本档案

职工号	姓名	性别	出生日期	地区代码	工资	简历
00001	赵岩	男	1976/5/25	010	1680	…
00002	张曼曼	女	1978/1/26	021	1560	…
00003	李小华	女	1983/10/30	024	1630	…
00004	徐海	男	1973/12/20	026	2100	…
⋮	⋮	⋮	⋮	⋮	⋮	⋮

这张表就可以看成是一个数据库。有了这个"数据仓库"就可以根据需要随时查询某职工的基本情况，也可以查询工资在某个范围内的职工人数等。这些工作如果都能在计算机上自动进行，那人事管理就可以达到极高的水平。此外，在财务管理、仓库管理、生产管理中也需要建立众多的这种"数据库"，使其可以利用计算机实现财务、仓库、生产的自动化管理。

这种以二维表格的形式存放数据的数据库，称为关系型数据库，这也是当今最流行的一种数据库，另外的两种分别是网状数据库和层次数据库。

需要说明的是，开发动态网站并没有强制必须使用数据库，但是，开发一个功能强大的动态网站却离不开数据库。

13.1　设计一个良好的数据库

数据库是一个强大动态网站的核心,因此设计一个结构良好的数据库至关重要。

13.1.1　基本术语

关系型数据库经过几十年的发展,已经形成了约定俗成的一套基本术语。正确理解这些术语将有助于关系型数据库的设计。关系型数据库的基本术语及其解释见表 13-2。

表 13-2　关系型数据库的基本术语

术　语	解　释
实体	数据表的每一行表示一个实体,也称为记录。同一表中不能出现完全相同的两行记录
关系	一个关系的逻辑结构就是一张二维表,它描述各个实体之间的关系
属性	数据表的每一列是一个属性(也称为字段)。在标题栏中表示属性的名称,在表中显示各实体的属性值
域	属性的取值范围,例如,正常的成绩必须在零以上
关系模式	即对关系的描述,其格式为:关系名(属性名 1,属性名 2,…,属性名 n)
关键字	可以唯一地表示和区分实体的一个属性或多个属性的组合称为关键字。例如,表 13-1 中的职工号就可以作为关键字
主关键字(主键)	在一个关系中可能存在多个关键字,从中可以选择一个作为主关键字
外关键字(外键)	用来表示一个表和另一个表建立联系的属性,体现了表之间的联系。例如,表 13-1 中的地区代码

对于关系型数据库的一般用户来说,关键字的概念最为重要。它不仅可以用来区分不同的记录,而且和许多数据操作有关。

关系型数据库的另外一个特点是,在同一个表中,记录和字段的次序无关紧要。例如,下面的两个表就可以认为是相同的,如图 13-1 所示。

数据表 1　　　　　　　　　　　　　数据表 2

学号	姓名
1	阿承
2	大勇
3	小荷
4	唯唯

姓名	学号
唯唯	4
大勇	2
阿承	1
小荷	3

图 13-1　同一个表中,记录和字段的次序无关紧要

13.1.2 规范化设计

设计数据库表时并不是简单地将数据放到不同的表格中去就可以了,这样做会给数据管理带来很多问题,同时,也会带来大量的数据冗余。所以在数据库的设计中,必须创建好的表结构。为此,提出了规范化设计的方法。

在规范化设计方法中,满足一定条件的关系模式被称为范式(Normal Form,NF)。关系型数据库的创始人 E. F. Codd 在创立关系数据库理论后不久即系统地提出了第一范式(1NF)、第二范式(2NF)和第三范式(3NF)的概念。

1. 第一范式(1NF)

第一范式的目标是确保每列的原子性。

如果每列都是不可再分的最小数据单元(也称为最小的原子单元),则满足第一范式(1NF),如图 13-2 所示。

原始数据表

顾客编号	居住地址
1	中国北京市
2	中国沈阳市
3	美国纽约市
4	英国利物浦
5	日本东京市
⋮	⋮

经过规范的表

顾客编号	国家	城市
1	中国	北京市
2	中国	沈阳市
3	美国	纽约市
4	英国	利物浦
5	日本	东京市
⋮	⋮	⋮

图 13-2 对原始表进行第一范式规范

下面再看一个第一范式的例子,如图 13-3 所示。

原始数据表

货物		收货人	
编号	数量	编号	地址
G001	1	C001	海淀区
G002	5	C002	东城区
G003	1	C003	西城区
G004	2	C001	海淀区

经过规范的表

货物号	数量	收货人号	收货人地址
G001	1	C001	海淀区
G002	5	C002	东城区
G003	1	C003	西城区
G004	2	C001	海淀区

图 13-3 对原始表进行第一范式规范

原始数据表中"货物"和"收货人"都可以再分("货物"可以分为"编号"和"数量"两个属性组,而"收货人"可以分为"编号"、"地址"两个属性组),所以"货物"和"收货人"都不是不可再分的最小数据单元,因此要经过第一范式的规范。

2. 第二范式(2NF)

如果一个关系(二维表)满足 1NF,并且除了主键以外的其他列,都依赖于该主键,则满足第二范式(2NF)。

第二范式要求每个表只描述一件事情。为此,下面的例子对原始表进行了第二范式的规范,如图 13-4 所示。

原始数据表

订单编号	产品编号	产品名称	订购日期	价 格
D0001	C001	羽绒睡袋	2010-6-1	$2000
D0001	C002	望远镜	2010-6-1	$5000
D0002	C001	羽绒睡袋	2010-7-1	$2000
D0002	C003	野营帐篷	2010-7-1	$9900

订单表

订单编号	产品编号	订购日期
D0001	C001	2010-6-1
D0001	C002	2010-6-1
D0002	C001	2010-7-1
D0002	C003	2010-7-1

产品表

产品编号	产品名称	价 格
C001	羽绒睡袋	$2000
C002	望远镜	$5000
C003	野营帐篷	$9900

图 13-4　对原始表进行第二范式规范

3. 第三范式(3NF)

如果一个关系满足 2NF,并且除了主键以外的其他列都不传递依赖于主键列,则满足第三范式(3NF)。

下面的例子对原始表进行了第三范式的规范,如图 13-5 所示。

原始数据表

订单编号	订购日期	顾客编号	顾客姓名
D0001	2010-6-1	G00001	金不换
D0001	2010-6-1	G00001	金不换
D0002	2010-7-1	G00002	史内行

订单表

订单编号	订购日期	顾客编号
D0001	2010-6-1	G00001
D0001	2010-6-1	G00001
D0002	2010-7-1	G00002

顾客表

顾客编号	顾客姓名
G00001	金不换
G00002	史内行

图 13-5　对原始表进行第三范式规范

图 13-5 中,"订单编号"和"顾客姓名"并不是直接相关,而是通过"顾客编号"相关的(顾客姓名有可能重名,所以应以顾客编号进行唯一区分),这就是传递依赖。因此,为满足第三范式,需要将其再拆分为两个表——订单表和顾客表。

13.1.3 规范化实例

假设某建筑公司要设计一个数据库。公司的业务规则概括说明如下:

- 公司承担多个工程项目,每一项工程有工程号、工程名称、施工人员等;
- 公司有多名职工,每一名职工有职工号、姓名、性别、职务(工程师、技术员)等;
- 公司按照工时和小时工资率支付工资,小时工资率由职工的职务决定(例如,技术员的小时工资率与工程师不同)。

公司定期会制订一个工资报表,格式见表 13-3。

表 13-3 某建筑公司工资报表

工程号	工程名称	职工号	姓名	职务	小时工资率	工时	实发工资
A1	花园大厦	1001	齐光明	工程师	65	13	845.00
		1002	李思岐	技术员	60	16	960.00
		1004	葛宇宏	律师	60	19	1140.00
			小计				2945.00
A2	立交桥	1001	齐光明	工程师	65	15	975.00
		1003	鞠明亮	工人	55	17	935.00
			小计				1910.00
A3	临江饭店	1002	李思岐	技术员	60	18	1080.00
		1004	葛宇洪	技术员	60	14	840.00
			小计				1920.00

如果需要将上述数据保存到数据库里,应该创建几个数据表? 每个数据表又应该怎样设计结构呢? 下面就依据三范式来分步骤完成。

1. 按第一范式规范化

源表的多处有表格的嵌套,不符合原子性,所以重新规划,得到表 13-4。

表 13-4 按第一范式规范后的工资报表

工程号	工程名称	职工号	姓名	职务	小时工资率	工时
A1	花园大厦	1001	齐光明	工程师	65	13
A1	花园大厦	1002	李思岐	技术员	60	16
A1	花园大厦	1003	鞠明亮	工人	55	17
A3	临江饭店	1002	李思岐	技术员	60	18
A3	临江饭店	1004	葛宇洪	技术员	60	14

"实发工资"字段和数据记录"小计"由于能在计算机输出时自动计算出来,因此就没有必要将其保存到数据库中。

如果直接以表 13-4 的格式保存数据,实际使用中,会存在着严重的隐患。

(1) 表中包含大量的冗余,可能会导致数据异常。包括:

- 更新异常。例如,若只修改"职工号"为"1001"的那个人的职务,则在表中,就必须修改记录中所有"职工号"="1001"的行,只要有一个目标记录没有被更新到,数据就会不准确。

- 添加异常。若要增加一个新的职工,必须先给这名职工分配一个工程,即使他实际上可能并没有参与。或者,为了添加这一名新职工的数据,先给这名职工分配一个虚拟的工程(因为主关键字不能为空)。

- 删除异常。例如,"1001"号职工要辞职,则必须删除所有"职工号"="1001"的数据行。这样的删除操作,很可能丢失了其他有用的数据,比如"工程师"职务的"小时工资率"这个发放标准"65"就无意中丢失了。

(2) 采用这种方法设计表的结构,虽然很容易产生工资报表,但是每当为一名职工分配一个工程时,都要重复输入大量的数据(如职务、小时工资率)。这种重复的输入操作,很可能导致数据的不一致性。

产生问题的根源,就是上述设计,在一张表里描述了多件事情,如图 13-6 所示。

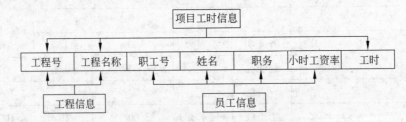

图 13-6   一张表里描述了多件事情

为此,需要对其继续进行第二范式的规范。

2. 按第二范式规范化

按照第二范式的要求对表进行拆分,使其每个拆分的表中,除了主键以外的其他列,都依赖于该主键,如图 13-7 所示。

3. 按第三范式规范化

按第三范式的要求,除了主键以外的其他列都不传递依赖于主键列。其中员工表的"小时工资率"虽然依赖于主键"职工号",但却是通过"职务"传递依赖过去的。应该把它划分为另外一个职务表。最终结果如图 13-8 所示。

4. 实际创建数据表

经过前面三范式规范化,实际存放数据可以构建 4 个数据表,分别是工程表、员工表、职务表和项目工时表。

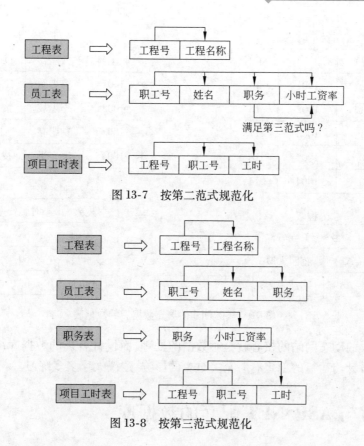

图 13-7　按第二范式规范化

图 13-8　按第三范式规范化

4 个表的关系如图 13-9 所示。

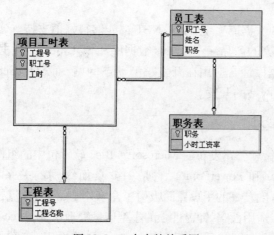

图 13-9　4 个表的关系图

填充数据后的效果如图 13-10 所示。

表面看起来,原来只使用一个表存放数据,经过规范后反变成了使用 4 个表存放数据,好似变得烦琐了。但实际上,经过此番处理后,数据的冗余量大大减少(尤其数据很多的情况下),对数据的增、删、改处理发生异常的可能也完全避免了。并且对于数据的统计和分析也变得非常方便。利远远大于弊。

项目工时表

工程号	职工号	工时
A1	1001	13
A1	1002	16
A1	1003	17
A3	1002	18
A3	1004	14

员工表

职工号	姓名	职务
1001	齐光明	工程师
1002	李思岐	技术员
1003	鞠明亮	工人
1004	葛宇洪	技术员

工程表

工程号	工程名称
A1	花园大厦
A3	临江饭店

职务表

职务	小时工资率
工程师	65
技术员	60
工人	55

图 13-10　实际创建的填充数据后的数据表

一个强大的动态网站的核心就是对数据的处理,而设计合理的数据库结构将对网站的后期代码设计与运行的稳定有着至关重要的影响,建议大家多多练习。

13.2　常与 ASP.NET 配套的数据库

13.2.1　概述

对于 IT 界主流的数据库系统,ASP.NET 都能够很好地支持。实际开发中,常与之配套的还是同为微软自家的产品——Access 数据库和 SQL Server 数据库。

其中,Access 数据库适合应用在开发小型动态网站,而 SQL Server 数据库更多应用在中型或大型的动态网站的开发。

1. Access 数据库🖊

Access 数据库是微软公司发布的 Microsoft Office 软件包中的组件之一(另外常用的三个组件是 Word、Excel 和 PowerPoint),它是一款桌面级别的关系型数据库管理软件。Access 以其强大的功能、友好的用户界面吸引了众多用户,是当今流行的数据库软件之一。要开发专业性比较强、适用面窄、针对性强的小型信息管理系统,Access 将是最好的选择。

目前,很多中、小企业网站采用了便捷的 Access 数据库,该数据库属于文件型数据库,对于访问量不大,数据量不大的网站是一个不错的选择。有很多用户依据 Access 数据库的特性,认定 Access 数据库是非专业的代名词,这个认识是错误的。Access 数据库虽然较 SQL Server 数据库而言,存储数量较低、性能较差,但也不是像想象中的那么差,Access 数据库存储 10 万条数据(以新闻数据举例)是没有任何问题的,1 万条数据以内的查询和 SQL Server 数据库速度相当,但 SQL Server 的搭建和维护成本则远远高于 Access 数据库。综合对比下,中、小企业开发网站选择 Access 数据库依然是最佳选择。

目前常用的版本是 Access 2003 和 Access 2007，这两个版本在 ASP. NET 的调用中并没有什么区别。

2. SQL Server 数据库

SQL Server 数据库是微软公司开发的大型关系数据库管理系统，它由一系列的管理和开发工具组成，具有非常强大的关系数据库创建、开发、设计及管理功能，成为众多数据库产品中的杰出代表。

目前常用的版本有：

- SQL Server 2000 Server：目前还是有很多虚拟主机提供的数据库环境是 SQL Server 2000 的版本，并在各个行业中广泛应用着。这是一个非常经典的版本。
- SQL Server 2005 Server：已经开始有不少的虚拟主机升级了数据库，采用 SQL Server 2005 版本，并且会越来越普及。

以上两个版本需单独购买安装。

- SQL Server 2005 Express：若安装 Visual Studio 2008 时选择了默认安装，就会为本机随带安装上这个 SQL Server 2005 Express 版本（SQL Server 2005 速成版）。也可以从微软网站上单独免费下载。它属于文件型数据库（这一点与 Access 相同），可以很方便地在 Visual Studio 2008 中进行创建和管理，Visual Studio 2008 中默认的数据库操作都是针对这个版本进行的。

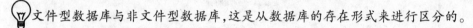文件型数据库与非文件型数据库，这是从数据库的存在形式来进行区分的。

文件型数据库。数据库本身即是一个文件，备份或发布应用程序时，只需通过复制该文件即可，用户的应用程序就可以直接访问。特点是发布方便，但是在安全、容错、并发等高级特性上有所不足。如 Access 数据库、SQLite 数据库等。

非文件型数据库。数据虽然也是存在文件中的，但是必须通过服务进程来管理这些数据库文件，所以使用此类数据库时，必须安装相应的数据库服务器软件。特点是功能强大，可靠，但是数据库的发布复杂，对资源的要求也比较高。如 SQL Server 数据库、Oracle 数据库等。

本章首先将简要介绍 SQL Server 2005、SQL Server 2000 和 Access 2003 三种数据库的表的创建方法及基本管理，然后学习 SQL（Structured Query Language，结构化查询语言，读作"sequel"，它是程序处理中管理数据库的最佳"武器"）。

13.2.2 SQL Server 2005 的使用

SQL Server 2005 安装完成之后，就可以通过使用其管理工具、实用程序管理等方法来使用 SQL Server 数据库系统。

SQL Server 管理控制台（SQL Server Management Studio）是一个集成的环境，用于访问、配置和管理所有 SQL Server 组件。SQL Server Management Studio 组合了大量图形工具和丰富的脚本编辑器，是 SQL Server 2005 中最重要的管理工具组件。SQL Server Management Studio 将以前版本的 SQL Server 2000 中包括的企业管理器、查询分析器和服务管理器的各种功能，组合到一个单一环境中。此外，SQL Server Management Studio

还提供了一种环境,用于管理 Analysis Services、Integration Services、Reporting Services 和 XQuery(如同于 SQL 相对于数据库。XQuery 则是用于 XML 数据查询的语言)。此环境为开发者提供了一个熟悉的体验,为数据库管理人员提供了一个单一的实用工具,使用户能够通过易用的图形工具和丰富的脚本完成任务。

1. 启动 SQL Server Management Studio

(1)单击【开始】|【所有程序】| Microsoft SQL Server 2005 | SQL Server Management Studio。

(2)在【连接到服务器】对话框中,验证默认设置,再单击【连接】按钮。

Microsoft SQL Server Management Studio 环境界面如图 13-11 所示。

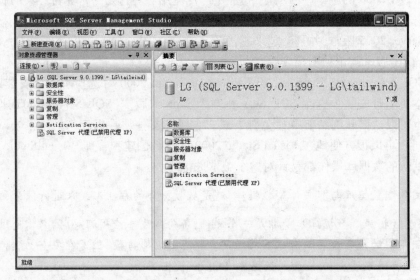

图 13-11   Microsoft SQL Server Management Studio 环境界面

2. SQL Server Management Studio 组件介绍

默认情况下,SQL Server Management Studio 中将显示两个组件窗口。

- "对象资源管理器"组件窗口。对象资源管理器是服务器中所有数据库对象的树视图。该树视图可以包括 SQL Server Database Engine、Analysis Services、Reporting Services、Integration Services 和 SQL Server Mobile 的数据库。
- "文档"组件窗口。"文档"组件窗口是 SQL Server Management Studio 中的最大部分。"文档"组件窗口可能包含查询编辑器和浏览器窗口。默认情况下,将显示已与当前计算机上的数据库引擎实例连接的"摘要"页。

3. 查询编辑器的使用

查询编辑器是非常实用的工具,主要用于输入、执行和保存 Transact-SQL 命令,实现数据库的查询管理。用户单击工具栏内的【新建查询】后,即可编写 SQL 查询语句,在【结果】窗口中浏览查询语句的执行结果。

对象浏览器将显示服务器中可以使用的对象,各对象可以被直接拖到查询窗口。单击工具栏中的【!】按钮或 F5 键用于执行 SQL 查询语句,并在【结果】窗口中显示查询结果;单击工具栏中的【√】按钮,可以检查 SQL 语句的正确性,如图 13-12 所示。

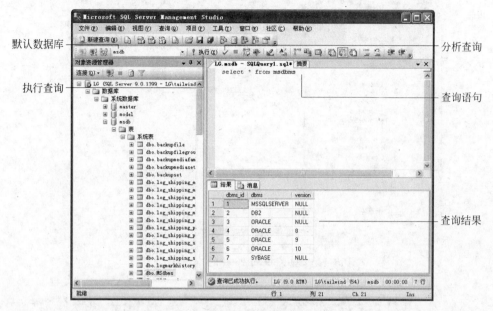

图 13-12 查询编辑器

SQL 语句可以被保存或重新打开,SQL 文件的扩展名为. sql。保存的操作步骤为单击【文件】|【保存】命令。

13.2.3 SQL Server 2000 的使用

1. 基本知识点

SQL Server 2000 中最常使用的组件是"服务管理器"、"企业管理器"和"查询分析器"。SQL Server 2000 安装结束后,默认情况下"服务管理器"即自动运行并提供服务支持,它是保障"企业管理器"和"查询分析器"等组件运行的前提,在系统栏以图标 显示,如果服务停止,则以图标 显示。右击该图标可以控制运行的状态。

"企业管理器"以图形的方式对数据库系统进行管理,如图 13-13 所示。

"查询分析器"主要是以 SQL 命令字符串的方式对数据库系统进行管理,如图 13-14 所示。

初学时,可以先使用"企业管理器"熟悉 SQL Server 2000 的环境。待基本了解之后,应多练习使用"查询分析器"进行数据库管理。这是因为,在动态网站开发中,程序对数据库的控制主要还是以 SQL 查询语句为主。

2. 案例:使用 SQL Server 2000 存放"通讯录"信息

下面将使用 SQL Server 2000 存放一个"通讯录"信息。最终效果如图 13-15 所示。

1)创建数据库

(1)单击【开始】|【所有程序】|Microsoft SQL Server|【企业管理器】;

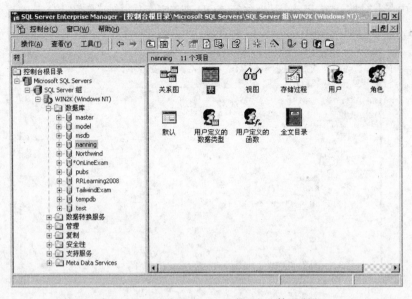

图 13-13　SQL Server 2000 的"企业管理器"

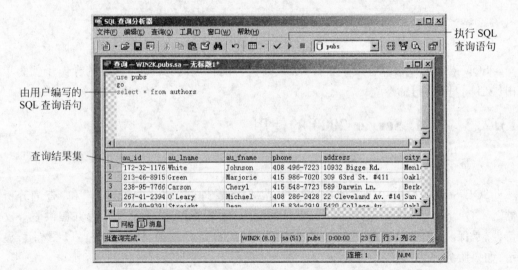

图 13-14　SQL Server 2000 的"查询分析器"

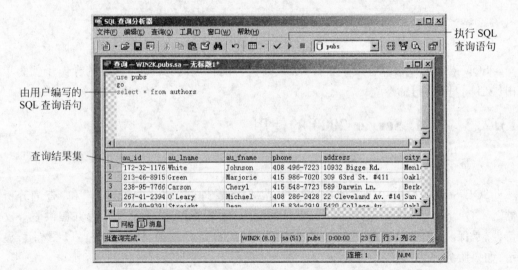

图 13-15　SQL Server 2000 中存放通讯录信息

（2）单击【SQL Server 组】前的 展开要创建数据库的服务器节点,然后右击【数据库】并选择【新建数据库】,在【常规】选项卡中的【名称】栏中输入新数据库的名称 aspnetdb,注意不能与现有数据库的名称相同;

（3）单击【确定】按钮,完成数据库的创建。

2）创建数据表

（1）展开 aspnetdb 数据库;

（2）右击【表】并选择【新建表】;

（3）在弹出的编辑窗口中分别输入各列的名称、数据类型、长度、是否允许空等属性,如图 13-16 所示;

图 13-16　数据表结构设计

（4）在输入完各列属性后,单击工具栏上的 按钮,弹出【选择名称】对话框,输入表的名称"AddressBook",之后单击【确定】按钮;

（5）关闭【新建表】窗口后,在 aspnetdb 数据库中将看到新表 AddressBook。

3）添加数据

在列表视图中右击新表 AddressBook,在弹出的菜单中选择【打开表】|【返回所有行】;在弹出的窗口中输入各条记录数据(如张清华等),全部完成后关闭输入数据窗口即可。

13.2.4　Access 的使用

1. 基本知识点

Access 使用的对象包括表、查询、报表、窗体、宏、模块和 Web 页,而同一个数据库中的所有表、查询、窗体等都保存在一个 . MDB 文件中(所以 Access 是文件型数据库),默认名字为 db1. mdb,如图 13-17 所示。

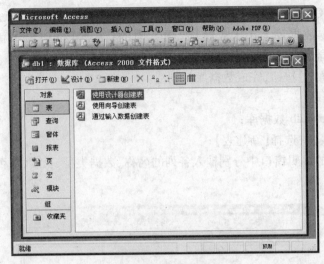

图 13-17　Access 数据库

表是 Access 中最基本的对象。它的视图分为设计视图和数据表视图两种,其中的设计视图可以用来创建表和更改表的结构,数据表视图可以在表的结构建立后输入和编辑表中的记录数据。

2. 案例: 使用 Access 存放"通讯录"信息

下面将使用 Access 数据库存放"通讯录"信息。最终效果如图 13-18 所示。

图 13-18　Access 最终效果图

1) 创建数据库

单击【开始】|【所有程序】| Microsoft Office | Microsoft Office Access 2003, 启动 Access, 在起始页中单击工具栏上的【新建】按钮, 然后选择【空数据库】; 在弹出【文件新建数据库】对话框中, 选择数据库文件的保存位置和名称, 如"D:\aspnetdb"文件夹下的 aspnetdb. mdb, 然后单击【创建】按钮。

2) 创建数据表

(1) 在 aspnetdb 数据库窗口中, 双击【使用设计器创建表】, 将打开【表设计器】。参照表 13-5 设计通讯录表结构。

(2) 单击工具栏上的保存按钮, 将表文件名保存为 AddressBook。

(3) 关闭表结构设计窗口, 在 aspnetdb 数据库窗口将看到新建表 AddressBook。

3) 添加数据

在 aspnetdb 数据库窗口双击新表 AddressBook, 然后在弹出的数据表视图窗口中录入数据记录;全部录入完成后,直接关闭数据表视图窗口即可,系统会自动保存数据。

表 13-5　通讯录表结构

字段名称	类　型	宽度	必填字段	标　题	说　明
ID	自动编号		YES	编号	主键
Name	文本	10	YES	姓名	
Sex	文本	2	NOT	性别	默认值"男"
Birth	日期/时间		NOT	出生日期	
E_mail	文本	40	NOT	电子邮箱	
Telephone	文本	40	NOT	联系电话	
Address	文本	40	NOT	通信地址	
Postcode	文本	6	NOT	邮政编码	

13.3　利用【服务器资源管理器】管理数据库

在 Visual Studio 2008 中,各类型数据库都可以使用【服务器资源管理器】(在 Visual Studio 的另一个速成版(Express)中名为【数据库资源管理器】)进行管理,而不必再使用原配的管理工具,如图 13-19 所示。

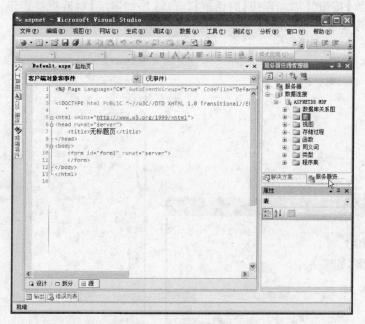

图 13-19　服务器资源管理器

具体来说,使用【服务器资源管理器】能够查看和检索连接到的所有数据库中的信息。可以完成以下工作:

- 列出数据库表、视图、存储过程和函数;
- 展开各个表以列出它们的列和触发器;

● 右击一个表以从其快捷菜单执行操作(如显示该表的数据或查看该表的定义)。

默认情况下,【服务器资源管理器】位于【解决方案资源管理器】标签的右侧。如果没有显示出来,可以在【视图】菜单上选择【服务器资源管理器】来打开。

【数据连接】节点下列出了到不同类型的数据库的连接。默认连接的是 ASP.NET 自动生成的 SQL Server Express 数据库 ASPNETDB.MDF。

它也可以浏览、管理 SQL Server 以外的其他类型的数据库,或者非 Windows 平台上的数据库。例如,可以创建到运行在 UNIX 或 Microsoft Windows 系统上的 Oracle 数据库的数据连接。下面就介绍一下通过添加新的数据连接来管理其他类型数据库。

13.3.1 添加新的数据连接

管理数据库资源,首先需要添加到该数据库的数据连接。

添加新的数据连接,可以按如下步骤操作:

(1) 右击【数据连接】,选择【添加连接】。或者单击【工具】菜单|【连接到数据库】。【选择数据源】对话框随即打开,如图 13-20 所示。

【选择数据源】对话框仅在第一次创建连接时出现。选择的数据源成为每个后续连接的默认数据源。

(2) 从【数据源】列表选择要连接到的数据源的类型(如选择 Microsoft SQL Server)。然后单击【继续】按钮,【添加连接】对话框打开。【添加连接】对话框特定于在第(1)步中选择的数据源(这里是 Microsoft SQL Server),如图 13-21 所示。

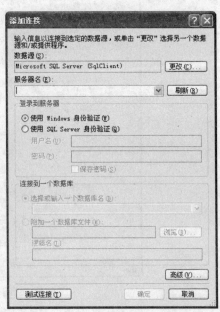

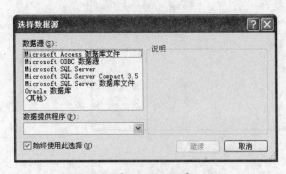

图 13-20 【选择数据源】对话框   图 13-21 【添加连接】对话框

如果【添加连接】对话框没有设置为正确的数据源,可以单击【更改】按钮,以再次打开【选择数据源】对话框并选择另一个数据源。

(3) 输入连接到所选择的数据源所需的信息,然后单击【确定】按钮以创建连接。

新的数据连接就会出现在【服务器资源管理器】的【数据连接】节点之下。

例如，如果创建一个到名为 WebServer 的服务器上名为 Northwind 的数据库的数据连接，则【数据连接】节点下将出现一个名为 WebServer. Northwind. dbo 的新连接。

13.3.2　移除现有的数据连接

不再使用的数据连接最好及时移除，以提高管理效率。

从【服务器资源管理器】中移除数据连接非常简单：

（1）在【服务器资源管理器】中展开【数据连接】节点。

（2）选择所需的数据库连接。

（3）直接按键盘上的 Delete 键。或右击该连接，然后选择【删除】命令。

移除数据连接对实际的数据库没有影响。使用该操作只是从视图中移除引用而已。

13.4　SQL 语言基础

结构化查询语言（Structured Query Language，SQL），由于其功能丰富、语言简捷，现已成为关系型数据库的标准语言。

可以使用 Visual Studio 2008 的【服务器资源管理器】来执行 SQL。方法是右击【服务器资源管理器】中的数据库名（如 ASPNETDB. MDF），选择【新建查询】，系统将弹出【添加表】对话框，直接关闭即可，如图 13-22 所示。

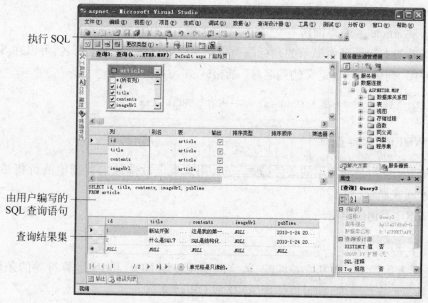

图 13-22　使用 Visual Studio 2008 的【服务器资源管理器】来执行 SQL 查询

为了便于后面的 SQL 语句的学习，有必要先创建一个练习用的表，并录入几条试验用的记录。

创建新表的方法是在【服务器资源管理器】中右击【表】，选择【添加新表】，然后依次进行创建字段结构、命名新表名等操作。最后通过右击新表名,选择【显示表数据】来添加新记录。

13.4.1 查询语句 SELECT

SELECT 语句是使用最频繁的语句。使用 SELECT 语句可以实现对数据库的查询操作,并可以给出经过分类、统计、排序后的查询结果。

1. 最基本的 SELECT 语句

最基本的 SELECT 语句的语法格式如下:

`SELECT * FROM 数据表名称`

例如:

`SELECT * FROM article`

这种 SELECT 语句能够完成基本的查询功能,表示从 article 表中查询所有记录的全部字段信息(* 代表全部字段)。

如果只查看部分字段的信息,格式为:

`SELECT 字段名称 1,字段名称 2, 字段名称 3 … FROM 数据表名称`

例如:

`SELECT Title,Content FROM article`

表示从 article 表中查询所有文章的标题(Title)及内容(Content)。

如果希望查询结果中显示的列标题为自定义的列名称,而非原列名,可以在 SELECT 语句中使用"列名 AS '自定义的列名称'"的格式:

`SELECT Title AS '标题',Content AS '内容' FROM article`

2. WHERE 条件查询

WHERE 子句是最常用的条件筛选子句,用来规定欲选取的数据值或行将被作为查询结果返回或显示。

WHERE 子句的语法格式为:

`WHERE 条件表达式`

其中,条件表达式主要包括字符匹配、数字匹配及使用 NOT 和 IN 运算符等的条件查询。如果设置多个查询条件,则可以使用 AND 或 OR 运算符。

1)字符匹配

当用户明确查询条件时,条件表达式的格式如下:

`字段名称 = '字段值'`

这里的字段值必须用单引号括起来。例如下面完整的语句:

```
SELECT * FROM Products WHERE ProductName = 'Alice Mutton'
```

当用户不明确部分查询条件时,条件表达式的格式如下:

字段名称 LIKE '通配符 + 已知的部分条件'

其中,LIKE 为关键字,常用的通配符有%和 – ,%代表多个未知的字符,_代表一个未知的字符。

例如:

```
SELECT * FROM Products WHERE ProductName LIKE 'A%'
```

2)数字匹配

数字匹配主要运用比较运算符(>、<、=、< >、>=、<=)和 BETWEEN … AND…。例如:

```
SELECT * FROM Products WHERE UnitPrice <=15
```

再如:

```
SELECT * FROM Products WHERE UnitPrice BETWEEN 15 AND 25
```

3)NOT 和 IN 运算符

在查询条件中还可以使用 NOT 和 IN 运算符,NOT 运算符代表否定意义,用在条件表达式之前。例如,在 Orders 数据表中查询 ShipCountry 中不包含 USA 的订单信息:

```
SELECT * FROM Orders WHERE NOT ShipCountry = 'USA'
```

IN 运算符代表包含意义,语法格式为:

字段名称 IN (值1,值2,…)

例如,在 Orders 数据表中查询 ShipCountry 中包含 USA、UK 和 Mexico 的订单信息:

```
SELECT * FROM Orders WHERE ShipCountry IN ('USA', 'UK', 'Mexico')
```

3. ORDER BY 子句

当用户的查询结果需要依据某字段进行升序或降序排列时,可以使用 ORDER BY 子句。它的语法格式为:

ORDER BY 排序字段名 [ASC |DESC]

其中,ASC 和 DESC 分别表示按升序和降序排序。默认表示按升序排序(ASC)。

例如:

```
SELECT * FROM Orders ORDER BY RequiredDate
```

4. 聚合函数的使用

聚合函数是指对一组值进行计算并返回单一结果值的函数,可以完成一定的统计功能。语法格式一般为:

聚合函数名(字段名称)

常用的一些聚合函数如下：

- AVG 返回平均值。
- COUNT 返回 SELECT 语句查询所得的记录数量。使用 COUNT 时，字段名称可用 * 代替，如 COUNT (*) 。
- MAX 返回最大值。
- MIN 返回最小值。
- SUM 返回和值。

例如：

SELECT **COUNT (*)** AS 不及格人数 FROM Student WHERE Score < 60

5. 多表查询

在前面的规范化实例中，建筑公司工资报表最终划分为图 13-10 中的 4 个表，分别是工程表、员工表、职务表和项目工时表。

在数据库应用中，经常需要从两个或更多的表中查询数据，这就需要使用多表查询。这时，可以把多张表的名字全部填写在 FROM 子句中。

下面的 SQL 语句实现同时对两张表格进行查询：

SELECT 姓名,小时工资率 FROM 员工表,职务表

这个查询的目的是查询每名员工的姓名及对应的小时工资率，查询结果如下：

姓名	小时工资率
齐光明	65
李思岐	65
鞠明亮	65
葛宇洪	65
齐光明	55
李思岐	55
鞠明亮	55
葛宇洪	55
齐光明	60
李思岐	60
鞠明亮	60
葛宇洪	60

这个查询一共返回了 12 个结果，显然，这是不正确的。问题出在对表格连接条件的限制上。在上面的例子中，没有对表格连接条件做任何限制，所以 SQL Server 在员工表

中每取出一条数据,就从职务表中分别取出每一条数据与前者组合成一条记录。在员工表中有 4 条记录,在职务表中有 3 条记录,所以,一共返回了 4×3＝12 条记录。

这种情况在数据库理论中被称为笛卡儿乘积。笛卡儿乘积返回的结果在大多数情况下是冗余、无用的,所以应该采取措施避免笛卡儿乘积的出现。

通过包含一条 WHERE 子句来给出查询连接条件,可以有效避免出现笛卡儿乘积。

一般来讲,如果有 N 个表名出现在 FROM 的后面,那么,所定义的连接条件不得少于 $N-1$ 个。

还是利用同一个例子,为了实现查询目标,正确的实现方法应该是:

SELECT 姓名,小时工资率 FROM 员工表,职务表 WHERE 员工表.职务＝职务表.职务

只查询齐光明的小时工资率是多少,SELECT 应该怎样写呢? 只要再添加一个员工表中的姓名是齐光明的条件就可以了,请注意,这两个条件之间是与(AND)的关系:

SELECT 职工号,姓名,小时工资率
　FROM 员工表,职务表
　WHERE **员工表.姓名＝'齐光明' AND**
　　　　员工表.职务＝职务表.职务

运行结果为:

职工号	姓名	小时工资率
1001	齐光明	65

查询齐光明在花园大厦工程中所花的工时:

SELECT 姓名,工程名称,工时
FROM 工程表,员工表,项目工时表
WHERE 员工表.姓名＝'齐光明' AND
　　　工程表.工程名称＝'花园大厦' AND
　　　项目工时表.职工号＝员工表.职工号 AND
　　　项目工时表.工程号＝工程表.工程号

运行结果为:

姓名	工程名称	工时
齐光明	花园大厦	13

查询职工号为 1002 的员工在各工程中应发的工资(工资＝小时工资率＊工时):

SELECT 姓名,工程名称,小时工资率＊工时 AS 本工程应发工资
FROM 员工表,职务表,项目工时表,工程表
WHERE 员工表.职工号＝'1002' AND
　　　员工表.职务＝职务表.职务 AND
　　　项目工时表.职工号＝员工表.职工号 AND
　　　工程表.工程号＝项目工时表.工程号

运行结果为：

姓名	工程名称	本工程应发工资
李思岐	花园大厦	960
李思岐	临江饭店	1080

可以分行书写 SQL 语句，尤其语句比较复杂时，分行书写可使语句变得更加可读。

13.4.2　插入语句 INSERT

INSERT 语句的语法格式为：

```
INSERT [INTO] 数据表名[(字段1，字段2，字段3，…)] VALUES(值1，值2，值3，…)
```

其中，数据表名指要添加数据的数据表名称。若没有指定添加字段列表，则表示指定全部字段，添加数据值必须与添加字段列表中的字段名一一对应（数量对应，类型对应，次序对应）。

例如，向员工表内添加一名新的员工（职工号为 1005，姓名为任吾学，职务为工程师）：

```
INSERT 员工表(职工号，姓名，职务) VALUES('1005', '任吾学', '工程师')
```

13.4.3　更新语句 UPDATE

更新数据的语法格式为：

```
UPDATE 数据表名 SET 字段名1=新的字段值1，字段名2=新的字段值2，… [WHERE 条件表达式]
```

例如，将员工表内职工号为 1005 的员工职务更改为技术员：

```
UPDATE 员工表 SET 职务 = '技术员' WHERE 职工号 = '1005'
```

13.4.4　删除语句 DELETE

DELETE 语句的语法格式为：

```
DELETE [FROM] 数据表名 [WHERE 条件表达式]
```

例如，删除员工表内姓名为任吾学的记录：

```
DELETE 员工表 WHERE 姓名 = '任吾学'
```

使用 DELETE 时一定要小心，如果遗忘使用 WHERE 子句，则数据表中所有的记录都将被删除。

本章小结

本章通过创建"通讯录"数据库案例,介绍了利用 Access 2003 和 SQL Server 2000 创建数据库的基本流程,学习了数据库及表的创建方法和基本使用方法。任何应用程序向数据库系统发出命令以获得数据库系统的响应,最终都必然体现为 SQL 语句形式的指令,所以在本章最后详细介绍了 SQL 语言。

为了设计结构良好的数据库,需要遵守一些专门的规则,称为数据库的设计范式。

第一范式(1NF)的目标:确保每列的原子性。

第二范式(2NF)的目标:确保表中的每列都和主键相关。

第三范式(3NF)的目标:确保每列都和主键列直接相关,而不是间接相关。

这里给出一个学习 SQL 不错的网站:深入浅出 SQL 指南,网址是 http://sqlzoo.cn/。

习题

1. 填空题

(1) SQL Server 数据库的存储结构包括_____和_____。

(2) 一个 SQL Server 数据库至少应该包含一个_____文件和一个_____文件。

(3) 在 Access 2003 中,通过_____来执行 SQL 语句,而在 SQL Server 2000 中,通过_____来执行 SQL 语句。

(4) SQL 语言中,用于排序的是_____子句。

2. 选择题

(1) 下列(　　)关键字在 SELECT 子句中表示所有列。

　A. *　　　　　　B. ALL　　　　　C. DESC　　　　　D. DISTINCT

(2) 下列(　　)聚合函数可以计算平均值。

　A. SUM　　　　　B. AVG　　　　　C. COUNT　　　　D. MIN

(3) 下列(　　)聚合函数可以计算某一列上的最大值。

　A. SUM　　　　　B. AVG　　　　　C. MAX　　　　　D. MIN

3. 判断题

(1) 笛卡儿乘积可使查询结果精简无误。　　　　　　　　　　　　　(　　)

(2) 在默认情况下,ORDER BY 按升序进行排序,即默认使用的是 ASC 关键字。

　　　　　　　　　　　　　　　　　　　　　　　　　　　　　　(　　)

4. 简答题

(1) LIKE 匹配字符有哪几种?

（2）在数据检索时，BETWEEN 关键字和 IN 关键字的适用对象是什么？

5．操作题

（1）在 NorthWind 数据库的 Employees 表中搜索出职务（Title）为销售代表（SalesRepresentative），称呼（TitleOfCourtesy）为小姐（MS.）的所有职员的名（FirstName），姓（LastName）和生日（BirthDate）。

（2）查询在 NorthWind 数据库的 Employees 表中，以字母 A 作为 FirstName 第一个字母的雇员的 FirstName 和 LastName。

（3）使用聚合函数求出 Pubs 数据库的 Titles 表中，所有经济类书籍（Business）的价格（Price）之和（图书分类 Type）。

（4）在 NorthWind 数据库的 Products 表中查询出每个供应商（Suppliers）所提供的每一种平均价格（Unitprice）超过 15 美元的产品，按供应商的 ID 分类。

第 14 章

在网页中读写数据库信息

动态网页可以读、写数据库中的数据信息。人们在互联网上看到的动态网站，网页上显示的信息大都是从数据库中读取出的。

为了方便对本章内容的了解，首先介绍一下网站前台与后台。

基于带数据库开发的动态网站，一般分网站前台和网站后台。

网站前台是面向网站访问用户的，通俗地说也就是给访问网站的人看的内容和页面，网站前台访问可以浏览公开发布的内容，如产品信息、新闻信息、企业介绍、企业联系方式等。

网站后台，有时也称为网站管理后台，用于对网站前台内容进行一系列管理操作，如产品、新闻、企业信息的增加、更新、删除等。通过网站后台，可以有效地管理网站供浏览者查阅的信息。

进入网站的后台通常需要账号及密码等信息的登录验证，登录验证信息正确才可以进入网站后台的管理界面进行相关的一系列操作。

当然，网站的前台和后台都是网站开发人员事先做好的一系列的动态网页。这些网页都离不开与数据库之间进行数据的交换。比如设计一个某高校的网站，其结构如图 14-1 所示。

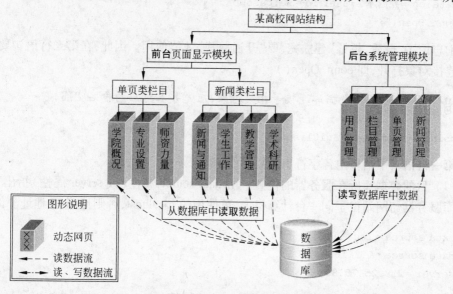

图 14-1　某高校的网站结构图

从中可以看出,数据库是网站信息的储存中心,网站后台通过动态网页向其中添加信息数据,而网站前台则主要负责将数据库中的信息数据读取出来,通过网页展示给浏览者。

14.1 使用动态网页读写数据库

14.1.1 动态网页读、写数据库的流程

为了明晰动态网页读、写数据库的流程,首先来看图14-2。

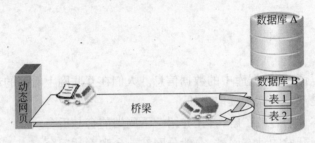

图 14-2　动态网页读、写数据库的流程

1. 图例中的"桥梁"（连接对象）

网页与数据库是两个独立的个体,如果网页要读、写数据库,就必须在网页中创建一个连接对象(SqlConnection)作为"桥梁"连接两者。为了能够准确搭建到目的数据库,同时要指出相应参数(各参数之间加分号";",前后次序无关紧要)。例如:

建立一个到 SQL Server 数据库 B 的连接对象 conn ,并打开:

```
SqlConnection conn = new SqlConnection("data source = localhost ;Initial
Catalog = 数据库 B;user id = sa;password = 123");
conn.Open();
```

别忘记了,最后"桥梁"建立完,要"开通剪裁"才能使用。因此,在第二行语句要把新建的连接对象打开,即 conn. Open( );。

为了使用 SQL 数据库连接等相关对象,应先导入对应的命名空间,即:

```
using System.Data.SqlClient;
```

第一行语句中括号内各字符串参数的作用如下:

(1) 目的数据库所在服务器的位置。由 data source 属性(或 server 属性)指出,如果数据库服务器与网站位于同一台计算机上,可使用值 localhost,否则使用 IP 地址。例如:

```
data source = localhost;
data source = 192.168.1.100;
server = 218.25.70.85;
```

(2) 要连接的数据库名称。由 Initial Catalog 属性(或 database 属性)指出。例如:

```
Initial Catalog=数据库 B;
database=article;
```

（3）如何通过数据库验证。有两种选择，如果以当前的 Windows 用户身份登录数据库，使用 Integrated Security=SSPI；如果以提供验证身份的方式，即输入数据库账号和密码登录，则使用 user id=账号名；password=密码。例如：

```
Integrated Security=SSPI;
user id=sa;password=123 (写为 uid=sa;pwd=123 也可以);
```

（4）驱动提供信息。如果连接非 SQL Server 数据库时（如 Access、Oracle 数据库），还需要额外添加一个 Provider 属性来显式指出驱动提供程序信息。例如：

连接 Access 数据库：

```
Provider=Microsoft.Jet.OLEDB.4.0;
```

连接 Oracle 数据库：

```
Provider=MSDAORA;
```

没有任何理由将以上连接信息硬编码到每个需要连接数据库的网页内（可移植性低，且产生代码冗余）。实际开发中，大都将连接字符串保存到 web.config 文件的 <connectionStrings>节点，并命名以备调用（如 myConn）。例如：

```
<connectionStrings>
  <add name="myConn"
  connectionString="Data Source=localhost;
                    Initial Catalog=pubs;
                    User ID=sa;
                    Password=123" />
</connectionStrings>
```

这样，每个网页如需获取该连接字符串，就可以从 WebConfigurationManager.ConnectionStrings 集合中读取连接字符串了。例如获取上面名为 myConn 的连接字符串，可写为：

```
string strConn=
WebConfigurationManager.ConnectionStrings["myConn"].ConnectionString;
```

请先导入 System.Web.Configuration 命名空间。

以后的示例，如果写为这种方式，说明之前已经将连接字符串加入 web.config 文件中了。

如果使用默认的 SQL Server 2005 Express 数据库就方便了，ASP.NET 已经隐含定义好了它的连接字符串，名字叫 LocalSqlServer，程序中如需调用，就可写为：

```
string strConn=
WebConfigurationManager.ConnectionStrings["LocalSqlServer"].ConnectionString;
```

2. 图例中的"货物——纸张"（SQL 命令语句）

连接对象只是负责确定目标数据库（图中为"数据库 B"）的位置。由于数据是存放在数据库的相关表里，因此还要根据预期的结果编写合适的 SQL 命令语句。例如：

从表 2 中获取前 10 条记录的 SQL 命令语句：

SELECT TOP 10 * FROM 表 2

删除表 1 中姓名为赵天乐的记录的 SQL 命令语句：

DELETE 表 1 WHERE 姓名 = '赵天乐'

3. 图例中的"货车" （命令对象）

SQL 语句从存在形式上看只是一个字符串，如"SELECT TOP 10 * FROM 表 2"，它还需要搭载到一个命令对象（SqlCommand）上 ，才能够被执行。例如：

```
string strSql = "SELECT TOP 10 * FROM 表 2";
SqlCommand cmd = new SqlCommand(strSql, conn);
```

命令对象离不开连接对象，就像货车离不开公路一样，因此不要遗忘括号中给出已先建立起来的连接对象 conn。

4. 图例中的"货物——集装箱" （读取结果集合对象）

创建了命令对象 SqlCommand 之后，就可以使用它的一系列 Execute（执行）方法来完成 SQL 命令的执行，并返回 对应的执行结果 。

实际中需要返回的执行结果有 3 种：

（1）当需要返回读取的结果集合时（一般在使用 SELECT 查询时），如查询年龄在 18 岁以上人员名单（SELECT * FROM userInfo WHERE age > 18）。应使用命令对象的 ExecuteReader 方法来返回一个读取结果集合对象 SqlDataReader 。

对集合对象 SqlDataReader 中的记录读取之前，先要使用 Read 方法打开并定位到集合的第一条记录。

如果读到了一个数据记录，Read 方法就会返回为真（true）。以后每次执行 Read 方法，记录就会向下移动一条。若返回假（false），则表示没有数据可读了。

通过在 SqlDataReader 对象后加"［"字段名"］"的方式可以获取当前记录当前字段的内容（注意类型转换）。

例如：

```
string strSql = "SELECT * FROM userInfo WHERE age = 18";
SqlCommand cmd = new SqlCommand(strSql, conn);
SqlDataReader reader = cmd.ExecuteReader();
reader.Read();
Response.Write(reader["userName"].ToString());
```

上例将输出用户信息表（userInfo）中年龄（age）为 18 岁的第一个人员的姓名

（userName）。

（2）只返回单个值（一般作统计数量时使用,常与聚合函数 COUNT 配合）,如查询成绩为 90 分以上学员的数量（SELECT COUNT（ * ） FROM student WHERE score >=90）,就可使用命令对象的 ExecuteScalar 方法。例如：

```
string strSql = "SELECT COUNT(*) FROM student WHERE score >=90";
SqlCommand cmd = new SqlCommand(strSql, conn);
int intNumber = int.Parse(cmd.ExecuteScalar());
```

（3）只执行处理即可,无须返回值。一般对应 SQL 的添加（INSERT）、删除（DELETE）、更新（UPDATE）这三种操作,这时常使用命令对象的 cmd. ExecuteNonQuery（ ）方法处理。例如：

```
string strSql = "DELETE 表2 WHERE username = '易果实' ";
SqlCommand cmd = new SqlCommand(strSql, conn);
cmd.ExecuteNonQuery();
```

5. 卸货拆桥

工作完成后,为了释放占用的资源,应及时"卸货拆桥",即关闭打开的读取结果集合对象和连接对象：

```
reader.Close();
conn.Close();
```

即,前面有读取结果集合对象的 Read（ ）方法,后面就要有它的 Close（ ）方法;前面有连接对象的 Open（ ）方法,后面就要有它的 Close（ ）方法。关闭要逐级从内往外进行。也就是说,最后打开的要先关,先打开的后关。

有的开发者为了省事,往往不进行这种显式的关闭,当然,这样做一般也不影响结果的执行。但如果网站长时间运行,或者有大量用户访问,系统被占用的资源得不到及时释放,往往会使网站服务器速度降低,甚至死机、重启。

因此,开发者应养成及时关闭不再使用资源的良好编程习惯。

14.1.2 案例：在网页显示新闻标题

下面通过一个具体的案例来讲解使用动态网页来读、写数据库记录。

1. 数据库的设计

为了对数据库进行读、写,需要先构建数据库的表结构,如图 14-3 所示。

（1）数据库采用默认的 SQL Server 2005 Express,文件名为 ASPNETDB. MDF,保存在网站 App_Data 子目录中。

图 14-3　数据库相关信息定义

（2）切换到【服务器资源管理器】窗口，单击 田 展开数据库 ASPNETDB.MDF，右击【表】新建 article 表，包括 5 个字段：id、title、contents、imageUrl、pubTime。定义见表 14-1。

表 14-1　表 article 各字段定义

字段名称	作　用	例　　子	类 型 设 计
id	主键	1,2,3…	int 类型，设置为主键，标识规范：是
title	发表文章的标题	新站开张	nchar(50)类型
contents	文章具体内容	这是我的第一个动态网站，非常不错的哦！	nvarchar(MAX)类型
imageUrl	文章图片路径	~/images/welcome.jpg	nchar(80)类型
pubTime	文章发表时间	2010-5-26 20:54:44	datetime 类型，默认值或绑定：getdate()

（3）为表 article 添加若干条测试用记录（以后可以通过后台网页向其添加，现在这样做的目的是便于操作和理解），见表 14-2。

表 14-2　表 article 的测试用记录

id	title	contents	imageUrl	pubTime
1	新站开张	这是我的第一个动态网站，非常不错的哦！	~/images/welcome.jpg	2010-5-26 20:54:44
2	什么是 SQL?	SQL（Structured Query Language）是结构化查询语言，由于其功能丰富、语言简捷，现已成为关系型数据库的标准语言。	~/images/SQL.jpg	2010-5-30 20:54:44
3	天气真好	今天天气好，心情也非常好啊	~/images/heart.jpg	2010-6-1 9:09:51

如果使用其他数据库，如 SQL Server 2000、Access 等，创建方法类似。

2. 读取数据库中的记录信息

下面使用动态网页，通过编写若干条程序，读取数据库中的记录信息，并显示到网页上。

操作步骤如下：

（1）在网站主目录下新建一个动态网页。右击主目录名称，选择【添加新项】|【Web 窗体】（改名为 read.aspx）|【添加】。

（2）进入 read.aspx 页的代码视图，添加相关的命名空间。

```
using System.Data.SqlClient;
using System.Web.Configuration;
```

（3）在 Page_Load 事件中添加如下代码：

```
string strConn =
WebConfigurationManager.ConnectionStrings["LocalSqlServer"].ConnectionString;
```

```
SqlConnection conn = new SqlConnection(strConn);
conn.Open();
string strSql = "select * from article";
SqlCommand cmd = new SqlCommand(strSql, conn);
SqlDataReader reader = cmd.ExecuteReader();
reader.Read();
Response.Write(reader["title"].ToString());
reader.Close();
conn.Close();
```

完整代码如图 14-4 所示。

```
1  using System;
2  using System.Collections;
3  using System.Configuration;
4  using System.Data;
5  using System.Linq;
6  using System.Web;
7  using System.Web.Security;
8  using System.Web.UI;
9  using System.Web.UI.HtmlControls;
10 using System.Web.UI.WebControls;
11 using System.Web.UI.WebControls.WebParts;
12 using System.Xml.Linq;
13 using System.Data.SqlClient;                    引用两个新的命名空间
14 using System.Web.Configuration;
15
16 public partial class read : System.Web.UI.Page
17 {
18     protected void Page_Load(object sender, EventArgs e)
19     {
20         //定义数据库连接字符串变量
21         string strConn = WebConfigurationManager.ConnectionStrings["LocalSqlServer"].ConnectionString;
22         SqlConnection conn = new SqlConnection(strConn);    //创建连接对象conn
23         conn.Open();                                        //打开连接
24         string strSql="select * from article";
25         SqlCommand cmd = new SqlCommand(strSql, conn);      //创建命令对象cmd
26         SqlDataReader reader = cmd.ExecuteReader();         //执行SQL命令，将读取结果集赋给新建对象reader
27         reader.Read();                                      //开始读取，定位到第1条记录
28         Response.Write(reader["title"].ToString());         //输出当前记录title字段内容
29         reader.Close();                                     //关闭reader对象
30         conn.Close();                                       //关闭连接对象
31     }
32 }
```

图 14-4 read.aspx 页的最终代码

运行本页后,显示的内容是数据库中的新闻标题"新站开张"。

如果希望显示全部的数据记录。可将图 14-4 中第 27 和 28 行语句改写为循环进行输出:

```
while (reader.Read())
{
    Response.Write("<h2>" + reader["title"].ToString() + "</h2>");
    Response.Write(reader["contents"].ToString());
    Response.Write("<hr/>");                        //每条记录之间用水平线分隔
}
```

显示全部的数据记录的效果如图 14-5 所示。

如果希望显示的格式更漂亮一些,可以结合 Table 控件使用。

3. 将网页中的信息保存到数据库中

在开发中,也经常需要将用户填写到网页中的信息保存在数据库中,如用户留言、投

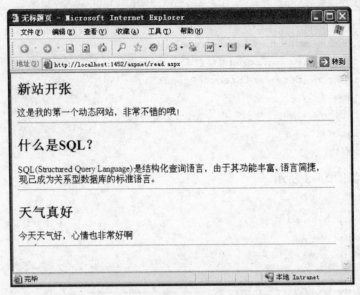

图 14-5　显示全部的数据记录的效果

票、后台管理等栏目。下面新建一个新闻录入网页（write. aspx），由用户向其中的

TextBox 控件内填写内容，提交后，将内容保存到数据库中。设计效果如图 14-6 所示。

　　要设计出该效果，需要首先插入一个 5 行 2 列的表格，并对表头和表脚进行合并；然后从工具箱拖入 2 个 TextBox 控件，1 个 Button 控件和 1 个 Label 控件，并修改各自的 Id 等属性值。

图 14-6　新闻录入网页的设计效果

　　界面设计完成后，双击 Button 控件（Id 名为 btnAdd），在代码视图的 btnAdd_Click 事件中书写以下代码：

```
//获取用户填写在 TextBox 控件中的内容,并赋值到相应的变量
string strTitle = txtTitle.Text;
string strContents = txtContents.Text;
//定义数据库连接字符串变量
string strConn =
WebConfigurationManager.ConnectionStrings["LocalSqlServer"].ConnectionString;
SqlConnection conn = new SqlConnection(strConn);      //创建连接对象 conn
conn.Open();                                          //打开连接
string strSql = "insert into article(title,contents) values('" + strTitle + "',
'" + strContents + "')";                              //留意其中单引号和变量的作用
SqlCommand cmd = new SqlCommand(strSql, conn);        //创建命令对象 cmd
cmd.ExecuteNonQuery();                                //执行 SQL 命令,无须将结果返回
labMessage.Text = "信息录入完成!";
conn.Close();
```

可以看出,保存数据到数据库与前面的从数据库读取的方式非常类似,都需要导入命名空间、创建与数据库的连接对象、命令对象等。不同之处主要在于:

(1)多了一个接受用户输入的工作;

(2)SQL 语句使用了 INSERT;

(3)命令对象使用了无返回的执行方法 ExecuteNonQuery( );

(4)不再需要读取结果集合对象。

对应的,如果需要对数据库中的数据进行更新,那么语句也相差不多,主要是 SQL 语句要使用 UPDATE。

4. 删除选定的记录

首先在页面中获取用户要删除记录的 ID 号,然后依据 ID 号对表中的记录进行删除。删除操作与插入操作相比,除 SQL 语句、获取参数的方法与提示信息不同外,其他部分完全一样。相关代码如下:

```
//获取用户选择删除的 ID 号,并赋值到相应的变量
string strId = txtId.Text;
//定义数据库连接字符串变量
string strConn =
WebConfigurationManager.ConnectionStrings["LocalSqlServer"].ConnectionString;
SqlConnection conn = new SqlConnection(strConn);        //创建连接对象 conn
conn.Open();                                            //打开连接
string strSql = "delete article where id = " + strId;
SqlCommand cmd = new SqlCommand(strSql, conn);      //创建命令对象 cmd
cmd.ExecuteNonQuery();                               //执行 SQL 命令,无须将结果返回
labMessage.Text = "信息删除完成!";
conn.Close();
```

注意之前先导入相关的命名空间。

5. 将网站移植到 SQL Server 2000/2005 或 Access 数据库平台

同样使用当前的案例,如果数据库要更改为其他类型,如 SQL Server 2000/2005 或 Access 数据库,代码就需要作部分的调整。

1)移植到 SQL Server 2000/2005 版本

如果采用 SQL Server 2000/2005 版本,调整部分如下。

(1)新建一个 SQL Server 2000/2005 数据库,假设名称为 mydb,服务器位于 192.168.7.182,连接用户名为 sa,密码是 123456。表名、结构与上面 SQL Server 2005 Express 相同。

(2)修改 web.config 文件的 < connectionStrings > 节点,并命名以备调用(如 mySqlConn)。

```
< connectionStrings >
  < add name = "mySqlConn"
  connectionString = "Data Source = 192.168.7.182;
```

```
                    Initial Catalog = mydb;
                    User ID = sa;
                    Password = 123456"  / >
    </connectionStrings >
```

（3）由于同属 SQL Server 家族，因此在网页部分的代码中，只将调用的连接字符串名（原来为 LocalSqlServer）对应改过来（mySqlConn），其他不必改变，就可以正常使用。

2）移植到 Access 数据库

Access 数据库对应的调整方法如下。

（1）新建一个 Access 数据库（如 db1. mdb），表名、结构与上面 SQL Server 2005 Express 相同，并同样保存到网站 App_Data 子目录内。

（2）修改 web. config 文件的 < connectionStrings > 节点，并命名以备调用（如 myAccessConn）。

```
< connectionStrings >
    < add name = "myAccessConn"
    connectionString = "Provider = Microsoft.Jet.Oledb.4.0;
    data source = |DataDirectory|db1.mdb"
    providerName = "System.Data.OleDb"/ >
</connectionStrings >
```

其中，|DataDirectory|关键字代表 App_Data 子目录的路径。

（3）将网页之前导入的命名空间 System. Data. SqlClient 更改为 System. Data. OleDb。

（4）将代码中所有对象的 Sql 前缀更改为 OleDb 前缀。例如，**Sql**Connection 更改为 **OleDb**Connection。

其他代码不再需要变动。最终如图 14-7 所示。

```
1  using System;
2  using System.Collections;
3  using System.Configuration;
4  using System.Data;
5  using System.Linq;
6  using System.Web;
7  using System.Web.Security;
8  using System.Web.UI;
9  using System.Web.UI.HtmlControls;
10 using System.Web.UI.WebControls;
11 using System.Web.UI.WebControls.WebParts;
12 using System.Xml.Linq;
13 using System.Data.OleDb;                    //原命名空间为System.Data.SqlClient
14 using System.Web.Configuration;
15
16 public partial class read : System.Web.UI.Page
17 {
18     protected void Page_Load(object sender, EventArgs e)
19     {
20         //定义数据库连接字符串变量
21         string strConn = WebConfigurationManager.ConnectionStrings["myAccessConn"].ConnectionString;
22         OleDbConnection conn = new OleDbConnection(strConn); //创建连接对象conn
23         conn.Open();                                //打开连接
24         string strSql="select * from article";
25         OleDbCommand cmd = new OleDbCommand(strSql, conn);   //创建命令对象cmd
26         OleDbDataReader reader = cmd.ExecuteReader(); //执行SQL命令，将读取结果集赋给新建对象reader
27         while (reader.Read())
28         {
29             Response.Write("<h2>" + reader["title"].ToString() + "</h2>"); //输出title字段内容
30             Response.Write(reader["contents"].ToString());           //输出contents字段内容
31             Response.Write("<hr/>");                    //每条记录之间水平线分隔
32         }
33         reader.Close();                         //关闭reader对象
34         conn.Close();                           //关闭连接对象
35     }
36 }
```

图 14-7　采用 Access 数据库时网页代码对应的调整

14.2　数据的高级操作

在前面对数据的操作过程中,与数据库的连接一直都是保持着。即连接对象被 Open 后,直到不再读取数据之后才可以被 Close,所以这叫连接模型。使用连接模型的流程如下:

(1) 创建一个数据库连接。

(2) 查询一个数据集合,即执行 SQL 语句(或者存储过程)。

(3) 对数据集合进行需要的操作。

(4) 关闭数据库连接。

这种方式的优点是速度特别快,但功能非常有限,同时长时间地占用数据库的连接资源,也影响并发访问的效果。

下面介绍的第二种方式在对数据的操作过程中,与数据库的连接可以断开,却不影响对数据的读取,因此也称为断开模型。使用断开模型的流程如下:

(1) 创建一个数据库连接。

(2) 请求一个记录集。

(3) 将记录集保存到 DataSet(数据集)对象中(根据需要重复第(2)、(3)步;因为一个 DataSet 可以容纳多个数据集合)。

(4) 关闭数据库连接。

(5) 对 DataSet 进行各种需要的操作(如果需要,也能够将 DataSet 中修改过的信息再更新到数据库中)。

数据操作模型(连接模型、断开模型)的选择与所使用的数据库类型无关。只是流程有些区别。两种模型在实际开发中都经常用到。

在断开模型中出现了一个新对象 DataSet,下面做一简单介绍。

14.2.1　DataSet 对象

熟悉数据库知识的人都知道,一个数据库可以包含多张表,而一张表里有多条记录,每条记录又包括多个列或者叫多个字段。

DataSet(数据集)对象则类似于内存中的一个数据库,也可以包含多个数据表(DataTable),每个表包含了多个数据行(DataRow),而数据行又由数据列(DataColumn)组成,如图 14-8 所示。

从数据库取来的数据一旦放入 DataSet 对象中,就可以断开(Close)与数据库的连接了,之后再要读取数据只需到 DataSet 对象中处理即可。

1) 创建 DataSet 对象

```
DataSet DS = new DataSet();
```

2) 创建数据表(DataTable)

DataTable 的创建有两种方式:

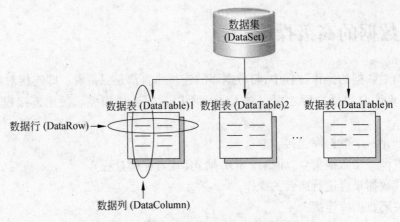

图 14-8　DataSet（数据集）对象结构

（1）当将数据加载到 DataSet 时，会自动创建。

（2）可以显式创建 DataTable 对象，然后将它添加到 DataSet 的 DataTable 集合中。例如：

```
DataSet DS = new DataSet();              //创建 DataSet 对象实例 DS
DataTable dt = new DataTable();          //创建 DataTable 对象实例 dt
DS.Tables.Add(dt);                       //向 DS 的表集合中添加 dt
```

对应提取 DataSet 中的 DataTable 的语句是：

```
DataTable myDt = DS.Tables[0];
```

0 是下标，代表取第 0 张 DataTable，DataSet 中可以同时存放多张 DataTable，依照存放的次序，下标号递增。

也可以写为：

```
DataTable myDt = DS.Tables["myArticle"];
```

代表依据名字取 DataTable。

3）提取数据行（DataRow）

提取 DataTable 中 DataRow 的语句为：

```
DataRow dr = myDt.Rows[0];
```

其中，myDt 代表 DataTable，0 代表数据行的序号。

4）获取数据列（DataColumns）的值

获取数据行中某列（DataColumns）的值的语句为：

```
string strTitle = dr.Columns[0];
```

其中，dr 代表 DataRow，0 代表列（字段）对应的索引值。

也可以通过列（字段）名的方式来获取：

```
string strTitle = dr.Columns["title"];
```

Columns 是默认的属性, 可以省略。如:

```
string strTitle = dr ["title"];
```

数据是怎样放入 DataSet 对象中的呢? 答案是, 由数据适配器(DataAdapter)对象负责执行 SQL 命令获得记录集, 并填充到 DataSet 对象中。DataAdapter 对象是 DataSet 对象的最佳搭档。

14.2.2　DataAdapter 对象

DataAdapter 对象用于从数据库中获取数据、填充 DataSet 中的表, 也可以将对 DataSet 的改动更新回数据库。

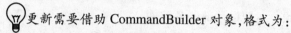更新需要借助 CommandBuilder 对象, 格式为:

```
SqlCommandBuilder cb = new SqlCommandBuilder(DataAdapter 对象名);
```

该对象可自动生成更新所用的 SQL 语句。

DataAdapter 对象的使用方法与 Command 对象类似, 语句为:

```
SqlDataAdapter adp = new SqlDataAdapter(strSql, conn);
            //创建 DataAdapter 对象 adp, 借助连接对象 conn, 执行 SQL 语句 strSql
adp.Fill(DS, "myArticle");
            //通过适配器对象将 SQL 执行结果填充到 DataSet 对象 DS 中的新建表 myArticle 中
```

下面使用新的方法对前面的案例重做。

14.2.3　案例重做: 在网页显示新闻标题

重做的案例直接利用原案例中的数据库结构即可, 这里只是对读取和保存两个功能网页中的程序代码部分做了一些改进。

1. 读取数据库中的记录信息

新建网页 newRead. aspx。切换到代码视图, 导入 System. Data. SqlClient 和 System. Web. Configuration 两个命名空间, 然后在载入事件(Page_Load)中输入以下代码 (重点关注加字符底纹效果部分):

```
string strConn =
WebConfigurationManager.ConnectionStrings ["LocalSqlServer"].ConnectionString;
                                    //定义数据库连接字符串变量
SqlConnection conn = new SqlConnection(strConn);     //创建连接对象 conn
conn.Open();                                         //打开连接
string strSql = "select * from article";
DataSet DS = new DataSet();                          //创建数据集对象
SqlDataAdapter adp = new SqlDataAdapter(strSql, conn);    //创建适配器对象
//通过适配器对象将 SQL 执行结果填充到数据集中的新建表(myArticle)中
adp.Fill(DS, "myArticle");
conn.Close();                                        //关闭(断开)连接对象
```

```
//使用 foreach 循环遍历 myArticle 表中每条记录行,并定义了数据行对象 dr 接收
foreach(DataRow dr in DS.Tables["myArticle"].Rows)
{
    //输出数据行中各字段内容
    Response.Write("<h2>"+dr["title"].ToString()+"</h2>");
    Response.Write(dr["contents"].ToString());
    Response.Write("<hr/>");                    //每条输出记录之间水平线分隔
}
```

2. 将网页中的信息保存到数据库中

新建网页 newWrite. aspx 并依照原案例设计部署各控件。

切换到代码视图,导入 System. Data. SqlClient 和 System. Web. Configuration 两个命名空间,然后在添加事件中输入以下代码(重点关注加字符底纹效果部分):

```
//获取用户填写在 TextBox 控件中的内容,并赋值到相应的变量
string strTitle = txtTitle.Text;
string strContents = txtContents.Text;
string strConn =
WebConfigurationManager.ConnectionStrings["LocalSqlServer"].ConnectionString;
SqlConnection conn = new SqlConnection(strConn);      //创建连接对象 conn
conn.Open();                                          //打开连接
string strSql = "select * from article";
DataSet DS = new DataSet();                           //创建数据集对象
//创建适配器对象,需指出 SQL 及连接对象名
SqlDataAdapter adp = new SqlDataAdapter(strSql, conn);
//通过适配器对象将 SQL 执行结果填充到数据集中的新建表(myArticle)中
adp.Fill(DS, "myArticle");
conn.Close();                                         //关闭(断开)连接对象
//使用 SqlCommandBuilder 自动生成更新 SQL 语句
SqlCommandBuilder cb = new SqlCommandBuilder(adp);
//依据现有 myArticle 表中行结构,创建新 DataRow
DataRow dr = DS.Tables["myArticle"].NewRow();
dr["title"] = strTitle;                              //向新 DataRow 中各字段赋值
dr["contents"] = strContents;
DS.Tables["myArticle"].Rows.Add(dr);
                                //将新 DataRow 添加到 myArticle 表的行集合
//更新数据库,需要指出数据所在的 DataSet 和 DataTable 名
adp.Update(DS, "myArticle");
labMessage.Text = "信息已经添加完成!";
```

3. 用网页更新数据库中的信息

下面的例子可以根据给定的 ID 号,将原记录内容更新为新的标题和新闻内容。效果

如图 14-9 所示。

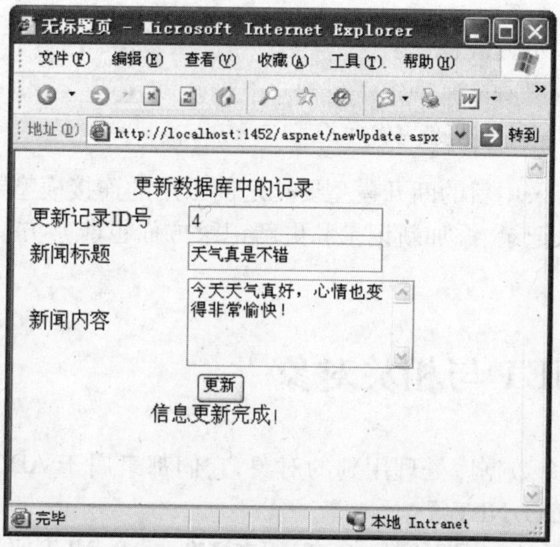

图 14-9　更新数据库中的记录

操作步骤如下：

（1）新建网页 newUpdate.aspx，依图 14-9 所示设计通过表格布局来部署各控件。

（2）为各控件重新命名 Id 号。

- 存放 ID 号的 TextBox 控件 Id 名字改为 txtId。
- 存放新闻标题的 TextBox 控件 Id 名字改为 txtTitle。
- 存放新闻内容的 TextBox 控件 Id 名字改为 txtContents。
- Button 控件的 Id 名字改为 btnUpdate。
- 显示提示信息的 Label 控件 Id 名字改为 labMessage。

（3）切换到代码视图，导入 System.Data.SqlClient 和 System.Web.Configuration 两个命名空间，然后在更新按钮事件 btnUpdate_Click 中输入以下代码（重点关注加字符底纹效果部分）：

```
string strId = txtId.Text;          //获取要更新记录的 Id 编号
string strTitle = txtTitle.Text;
string strContents = txtContents.Text;
string strConn =
WebConfigurationManager.ConnectionStrings["LocalSqlServer"].ConnectionString;
SqlConnection conn = new SqlConnection(strConn);
conn.Open();
string strSql = "select * from article where id = " + strId;
DataSet DS = new DataSet();
SqlDataAdapter adp = new SqlDataAdapter(strSql, conn);
adp.Fill(DS, "myArticle");
conn.Close();
SqlCommandBuilder cb = new SqlCommandBuilder(adp);
//获取指定 ID 值的当前记录,赋值给 DataRow 对象 dr。由于行集合中只有一行,所以第 0 行即是
```

```
DataRow dr = DS.Tables["myArticle"].Rows[0];
dr["title"] = strTitle;                           //设置当前记录的指定字段为新值
dr["contents"] = strContents;
adp.Update(DS, "myArticle");
labMessage.Text = "信息更新完成!";
```

从代码数量上看,采用新的断开模型要比之前采用的连接模型要多一些,但实际上功能却强大很多,在读取记录、添加新记录和更新记录方面也非常方便,这一点可以在后面的应用实例中体会到。

14.3 ADO. NET 与相关对象

之前介绍了若干个数据库处理用到的对象,它们都隶属于 ADO. NET 的范畴。现在可以简单了解一下 ADO. NET 了。

ADO. NET 是重要的应用程序级接口,用在 Microsoft. NET 平台中提供数据访问服务。利用 ADO. NET 技术可以访问多种数据源,包括 Microsoft SQL Server、文本文件、Excel 表格或者 XML 文件。应用程序可以通过 ADO. NET 连接到这些数据源实现显示、添加和修改等操作。

ADO. NET 包含了众多对象,这些对象可分成两大类: 一类是与数据库直接连接的对象包含了 Connection 对象、Command 对象、DataReader 对象以及 DataAdapter 对象等,通过这些对象,可以在应用程序里完成连接数据源以及数据维护等相关操作。另一类则是与数据源无关的离线对象,如 DataSet 对象。

本章小结

本章介绍了网页与数据库交换的流程与所用各对象的作用,这些对象都隶属于 ADO. Net。主要包括 Connection、Command、DataReader、DataAdapter、CommandBuilder 对象以及数据集 DataSet 对象。

对象名称前冠以 SQL 的主要针对的操作对象是 SQL Server 系列数据库,名称前冠以 OleDb(如 OleDbConnection、OleDbCommand、OleDbDataAdapter 等) 主要针对的是 Access 和非微软厂商推出的数据库(如 Oracle 等)。

数据集 DataSet 对象相当于内存中的数据库,从数据库取出数据并填充到 DataSet 后,就可以断开与数据库的连接了,所以这也称为"断开模型"。

习题

选择题

(1) (   )对象提供与数据源的连接。

    A. OleDbConnection   B. OleDbCommand

C. OleDbDataReader　　　　　　　　D. OleDbDataAdapter

（2）（　　　）对象用于返回数据、修改数据、运行存储过程及发送或检索参数信息的数据库命令。

A. OleDbConnection　　　　　　　　B. OleDbCommand

C. OleDbDataReader　　　　　　　　D. OleDbDataAdapter

（3）（　　　）对象使用 Command 对象在数据源中执行 SQL 命令，以便将数据加载到 DataSet 中，并使对 DataSet 中的数据的更改与数据源保持一致。

A. OleDbConnection　　　　　　　　B. OleDbCommand

C. OleDbDataReader　　　　　　　　D. OleDbDataAdapter

（4）Connection 对象的（　　　）属性：设置或获取用于打开数据源的连接字符串，给出了数据源的位置、数据库的名称、用户名、密码以及打开方式等。

A. DataSource　　　　　　　　　　B. ConnectionString

C. State　　　　　　　　　　　　　D. Database

（5）（　　　）方法用于执行统计查询，执行后只返回查询所得到的结果集中第一行的第一列，忽略其他的行或列。

A. ExecuteReader( )　　　　　　　　B. ExecuteScalar( )

C. ExecuteSql( )　　　　　　　　　D. ExecuteNonQuery( )

（6）（　　　）方法用于执行不需要返回结果的 SQL 语句，如 Insert、Update、Delete 等，执行后返回受影响的记录的行数。

A. ExecuteReader( )　　　　　　　　B. ExecuteScalar ( )

C. ExecuteSql( )　　　　　　　　　D. ExecuteNonQuery( )

第 15 章

用数据控件高效操作数据源

　　动态网页经常要和数据打交道,无论数据源是数据库、XML 文件、结构化的文件、数组或者其他什么地方,这时,数据绑定技术就应运而生了。数据绑定是把数据源和控件相关联并由控件负责自动显示数据的一种方法。

　　数据绑定技术可以高效、高质地完成包含数据库应用的动态网页开发。之前的例子没有应用到数据绑定,对数据库数据的显示都是通过 Response. Write( )语句或是向 Label 控件的 Text 属性赋值实现的。本章将介绍使用数据绑定技术显示数据源内容。

　　ASP. NET 中的大部分 Web 控件(包括 TextBox、ListBox、RadioButtonList 以及其他很多控件)都支持数据绑定。至于 Visual Studio【工具箱】的"数据"组中的几个控件更是为数据绑定专门设置的,如图 15-1 所示。

　　这些数据控件分为格式设置控件和数据源(DataSource)控件,前者可以显示和操作 ASP. NET 网页上的数据,后者负责访问数据源中的数据,前者借助后者连接到数据源。两者组合使用,可高效、高质地完成对数据源的读、写等操作。

　　工作组合示意图如图 15-2 所示。

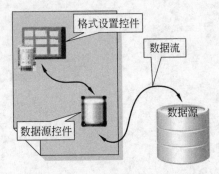

图 15-1　Visual Studio【工具箱】"数据"组中的控件

图 15-2　格式设置控件和数据源控件工作组合示意图

15.1　格式设置控件概述

格式设置控件包括以下一些：

1）GridView 控件▦

GridView 控件以表的形式显示数据，并提供对列进行排序、翻阅数据以及编辑或删除单个记录的功能。

2）DetailsView 控件▦

DetailsView 控件一次呈现一条表格形式的记录，并提供翻阅多条记录以及插入、更新和删除记录的功能。DetailsView 控件通常用在主/从方案中，在这种方案中，主控件（如 GridView 控件）中的所选记录决定了 DetailsView 控件显示的记录。

3）FormView 控件▦

FormView 控件与 DetailsView 控件类似，它一次呈现数据源中的一条记录，并提供翻阅多条记录以及插入、更新和删除记录的功能。不过，FormView 控件与 DetailsView 控件之间的差别在于：DetailsView 控件使用基于表的布局，在这种布局中，数据记录的每个字段都显示为控件中的一行。而 FormView 控件则不指定用于显示记录的预定义布局。实际上，将由开发者创建包含控件的模板，以显示记录中的各个字段。该模板包含用于设置窗体布局的格式、控件和绑定表达式。

4）Repeater 控件▦

Repeater 控件使用数据源返回的一组记录呈现只读列表。与 FormView 控件类似，Repeater 控件不指定内置布局。而由开发者使用模板创建 Repeater 控件的布局。

5）DataList 控件▦

DataList 控件以表的形式呈现数据，通过该控件，可以使用不同的布局来显示数据记录，例如，将数据记录排成列或行的形式。还可以对 DataList 控件进行配置，使用户能够编辑或删除表中的记录（DataList 控件不使用数据源控件的数据修改功能；必须由开发者提供此代码）。DataList 控件与 Repeater 控件的不同之处在于：DataList 控件将项显式放在 HTML 表中，而 Repeater 控件则不然。

6）ListView 控件▦

ListView 控件可以以模板定义的格式来显示来自数据源的数据。该模板包含有用于设置数据布局的格式、控件和绑定表达式。ListView 控件对于重复结构中的数据很有用，它类似于 DataList 和 Repeater 控件。但是，与 DataList 和 Repeater 控件不同的是，ListView 控件隐式支持编辑、插入和删除操作，还有排序和分页功能。它唯一不支持的功能就是分页，如果需要，可以使用下面的 DataPager 控件提供。

7）DataPager 控件▦

若要使用户能够按页查看 ListView 控件中的数据，可以使用 DataPager 控件。DataPager 控件支持内置的分页用户界面。

本章将讲解 GridView 控件、DetailsView 控件、ListView 控件和 DataPager 控件这 4 个常用控件的使用。

15.2　使用 GridView 控件显示表格数据

显示表格数据是 Web 网站开发中的一个频繁性任务。ASP.NET 提供了许多工具来在网格中显示表格数据,GridView 控件是其中最为常用的控件。通过使用 GridView 控件,可以显示、编辑和删除多种不同的数据源(例如数据库、XML 文件和公开数据的业务对象)中的数据。

15.2.1　GridView 控件概述

使用 GridView 控件绑定显示数据的效果如图 15-3 所示。

图 15-3　GridView 控件显示效果

将 GridView 控件拖入设计页面的默认显示如图 15-4 所示。

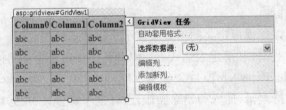

图 15-4　GridView 控件的默认显示

其源标签代码如下:

```
<asp:GridView ID = "GridView2" runat = "server" >
    </asp:GridView>
```

随着对 GridView 控件的不断设置,标签代码将增加更多的属性元素。

使用 GridView 控件,可以执行以下操作:

- 通过数据源控件自动绑定和显示数据。
- 通过数据源控件对数据进行选择、排序、分页、编辑和删除。

另外,还可以通过执行以下操作,来自定义 GridView 控件的外观和行为:

- 指定自定义列和样式。
- 利用模板创建自定义用户界面(UI)元素。
- 通过处理事件将自己的代码添加到 GridView 控件的功能中。

GridView 控件提供了两个用于绑定到数据的选项:

(1) 使用 DataSourceID 属性进行数据绑定,此选项能够将 GridView 控件绑定到数据源控件。微软建议使用此方法,因为它允许 GridView 控件利用数据源控件的功能并提供了内置的排序、分页和更新功能。本章将重点讲解这部分内容。

(2) 使用 DataSource 属性进行数据绑定,此选项能够绑定到包括 ADO. NET 数据集和数据读取器在内的各种对象。此方法需要为所有附加功能(如排序、分页和更新)编写代码。虽然这种方式有比较大的代码量和难度,但却带来更为强大的自由度和功能。第 16 章将对这部分内容进行介绍。

下面的案例将使用数据控件创建一个简单的数据绑定网页。

15.2.2　案例:使用 GridView 控件创建数据绑定网页

本案例输出的信息内容来源于数据库中的 article 表,显示的效果如图 15-5 所示。

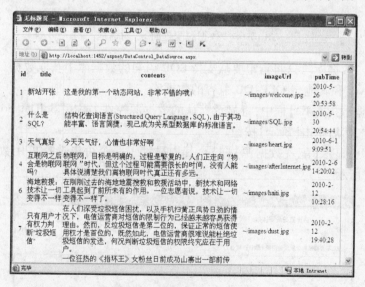

图 15-5　案例最终显示效果

若要在 ASP. NET 网页上显示数据,需要下列元素:

- 到数据源(如数据库)的连接。
- 该页上的一个数据源控件,该控件执行查询并管理查询结果。
- 该页上的一个用于实际显示数据的控件。

在下面的过程中,将通过 GridView 控件显示数据。GridView 控件将从

SqlDataSource 控件中获取其数据。

可以单独地将这三个元素添加到网站中。但通过使用 GridView 控件对数据显示进行可视化处理,然后借助向导创建连接和数据源控件,会更容易一些。下面就采取这种方式。

1. 最基本的显示

(1) 切换到网页的"设计"视图。从【工具箱】的"数据"组中,将 GridView 控件拖到页面上。

如果未显示【GridView 任务】快捷菜单,可以单击控件右上角的智能标记▷打开。

(2) 在【GridView 任务】菜单上的"选择数据源"列表中,单击"<新建数据源>",出现【数据源配置向导】对话框,如图 15-6 所示。

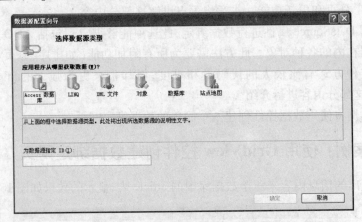

图 15-6 "数据源配置向导"对话框

(3) 单击"数据库",这将指定要从支持 SQL 语句的数据库中获取数据。此类数据库包括 SQL Server 和其他与 OLE-DB 兼容的数据库。

在【为数据源指定 ID】框中,将显示默认的数据源控件名称("SqlDataSource1")。可以保留此名称,然后单击【确定】按钮。

(4) 随即会显示【配置数据源】向导,其中显示了一个可以选择可用数据连接的页面,如图 15-7 所示。

图 15-7 【配置数据源】向导

（5）单击【新建连接】按钮，出现【添加连接】对话框。单击"数据源"文本框后的【更改】按钮，选择"Microsoft SQL Server 数据库文件"，并单击"数据库文件名"文本后的【浏览】按钮，选择网站 App _ Data 子目录下的 ASPNETDB. MDF 数据库文件，如图 15-8 所示。

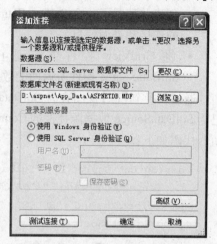

然后单击【确定】按钮，将返回到【配置数据源】向导界面。单击【下一步】按钮。

（6）向导显示下一页，询问是否"将连接字符串保存到应用程序配置文件中"。

将连接字符串保存到应用程序配置文件中有两个优点：

- 比将连接字符串存储在页面中更安全。
- 可以在多个页中重复使用同一连接字符串。

确保选中【是，将此连接另存为】复选框，然后单击【下一步】按钮。

图 15-8　【添加连接】对话框

可以记载下默认连接字符串的名称 ASPNETDBConnectionString，以备在其他网页连接本数据库时取出调用。

（7）该向导显示下一页，从该页中可以指定要从数据库中获取的数据。

在【指定来自表或视图的列】下的【名称】下拉列表中，选择"article"。

在【列】下，选择【 * 】复选框。

该向导下面的【SELECT 语句】框中会即时显示正在创建的 SQL 语句，如图 15-9 所示。

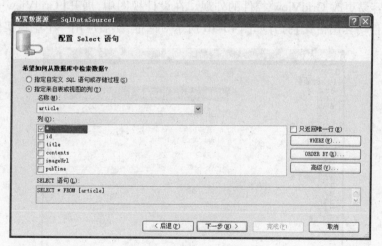

图 15-9　配置 Select 语句

完成后单击【下一步】按钮。

（8）在最终显示的【测试查询】对话框中，单击【测试查询】按钮以确保正在获取的是所需数据。无误后单击【完成】按钮。

(9) 该向导随即会关闭,并返回到原始网页上。运行该网页,即可显示前面的效果。

通过运行【配置数据源】向导,完成了下列两项任务:

- 创建并配置了一个 SqlDataSource 控件(名为"SqlDataSource1"),该控件包括指定的连接和查询信息。
- 将 GridView 控件绑定到了 SqlDataSource。因此,GridView 控件将显示 SqlDataSource 控件所返回的数据。

通过切换到【源】视图查看 SqlDataSource 控件的属性,可以看到【配置数据源】向导已为 SqlDataSource 数据源控件的 ConnectionString 和 SelectQuery 属性创建了相应的属性值。代码如下:

```
< asp:SqlDataSource ID = "SqlDataSource1" runat = "server"
    ConnectionString = "<% $ ConnectionStrings:ASPNETDBConnectionString % >"
    SelectCommand = "SELECT * FROM [article]" >
</asp:SqlDataSource >
```

GridView 控件若绑定到此数据源(SqlDataSource1),需要添加属性 DataSourceID = "SqlDataSource1"。例如:

```
< asp: GridView ID = " GridView2" DataSourceID = " SqlDataSource1 " runat =
"server" >
//……中间省略……
</asp:GridView >
```

2. 功能扩展

1) 更改 GridView 控件的显示外观

可以很容易更改 GridView 控件的外观。在设计视图中,展开【GridView 任务】快捷菜单,选择【自动套用格式】打开如图 15-10 所示对话框,然后应用一个主题架构。

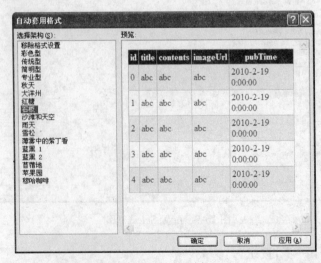

图 15-10　使用【自动套用格式】对话框更改 GridView 控件的外观

当然,系统提供的架构十分有限,实践开发中可能会不够,这时可以在【属性】窗口中对样式等进行修改。或者,直接切换到【源】视图中,对控件的样式属性手动修改。

　　2) 添加排序和分页

　　无须编写任何代码就可以将排序和分页添加到 GridView 控件中。方法是:

　　在设计视图中,展开【GridView 任务】快捷菜单,选择【启用排序】复选框。这时 GridView 控件中的列标题将更改为链接。

　　在【GridView 任务】快捷菜单上,选择【启用分页】复选框。随即会向 GridView 控件添加带有页码链接的页脚。

　　默认每页显示 10 条记录,如果需要调整,可以在【属性】窗口中,将 PageSize 属性值从 10 更改为其他的数值。

　　运行后效果如图 15-11 所示。

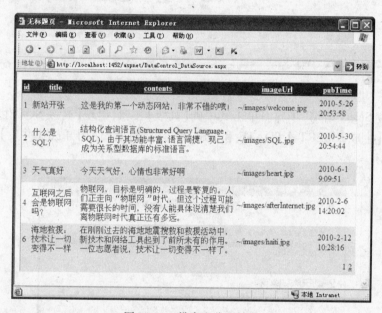

图 15-11　排序和分页效果

　　浏览者将能够通过单击某一列标题按该列的内容排序。

　　还可以使用 GridView 控件底部的页导航链接在各页之间移动。

　　3) 启用编辑

　　启用编辑后,GridView 控件在每行记录中都有【编辑】和【删除】的按钮(默认显示为超链接的样式,可以在【字段】窗口内使用该字段类型的 ButtonType 属性进行修改)。单击【编辑】按钮后,当前行各列均以文本框(TextBox)呈现,同时【编辑】按钮由【更新】和【取消】两个按钮所替代。

　　用户可以在各列文本框内对原始数据进行修改,然后单击【更新】按钮保存到数据库中;放弃修改返回初始状态可以单击【取消】按钮。

　　编辑效果如图 15-12 所示。

　　方法是,展开【GridView 任务】快捷菜单,选择"配置数据源"。随即会显示【配置数据源】向导。可以发现,之前配置过的信息还是保留着的。这时可以直接单击【下一步】按

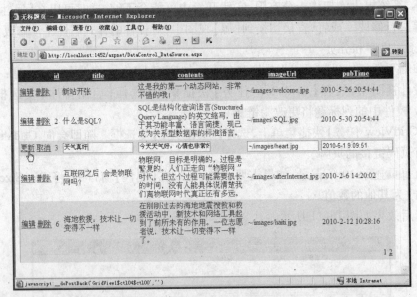

图 15-12　GridView 控件的编辑效果

钮进入"配置 Select 语句"步骤。单击其中的【高级】按钮,出现【高级 SQL 生成选项】对话框。选中【生成 INSERT、UPDATE 和 DELETE 语句】及【使用开放式并发】复选框,如图 15-13 所示。

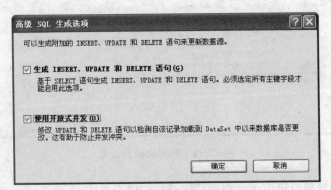

图 15-13　【高级 SQL 生成选项】对话框

　　然后单击【确定】按钮,在下一个步骤中直接单击【完成】按钮关闭【配置数据源】向导。

　　这时的【GridView 任务】快捷菜单中,将多出【启用编辑】和【启用选择】两个选项,直接选中这两个复选框。

　　如果此时运行本网页,在编辑内容后,单击【更新】按钮时,有可能会出现运行错误:

使用的 **SQL Server** 版本不支持数据类型"**date**"。

出现这个错误的原因是,之前设计数据表 article 时,对 pubTime 字段使用的是 datetime 类型,但是在由系统自动生成的操作语句中,却使用了 Date 数据类型,因此出现了不兼容的错误。解决的办法是修改系统自动生成的操作语句,将 Date 类型更改为

datetime 类型。

具体更改方法是，进入【源】视图，修改 SqlDataSource 控件操作参数标签，将全部的 DbType 属性值由 Date 改为 DateTime。完成后如图 15-14 所示。

图 15-14　修改 SqlDataSource 控件操作参数标签中 DbType 属性值

最后运行本网页，即可以实现对各数据记录的编辑和删除。

4）添加筛选

通常，人们会希望在网页上仅显示选定的数据。下边的操作将修改 SqlDataSource 控件的查询以便可以选择某个标题（title）的记录。

首先，向网页上拖入一个 TextBox 控件创建一个文本框（更改 ID 值为 txtTitle），以便用户可以在该文本框中输入一个标题。在它的后面再拖入一个 Button 控件。

然后，更改查询以包含参数化筛选（WHERE 子句）。在该过程中，将为 SqlDataSource 控件创建一个参数元素。该参数元素确定 SqlDataSource 控件将如何为其参数化查询（即从该文本框）获取值。设计效果如图 15-15 所示。

再次通过【GridView 任务】快捷菜单进入【配置数据源】向导。保留之前配置过的信息，直接单击【下一步】按钮进入"配置 Select 语句"步骤。单击其中的 WHERE 按钮，出现【添加 WHERE 子句】对话框。

在【列】列表中选择"title"。

在【运算符】列表中选择" ="。

在【源】列表中选择"Control"（控件）。

在【参数属性】下的【控件 ID】列表中，选择"txtTitle"。

请输入查看的标题：　　　　　　　　提交

id	title	contents	imageUrl	pubTime
0	abc	abc	abc	2010-2-19 0:00:00
1	abc	abc	abc	2010-2-19 0:00:00
2	abc	abc	abc	2010-2-19 0:00:00
3	abc	abc	abc	2010-2-19 0:00:00
4	abc	abc	abc	2010-2-19 0:00:00

1 2

SqlDataSource - SqlDataSource1

图 15-15　添加筛选功能的设计效果

设置后如图 15-16 所示。

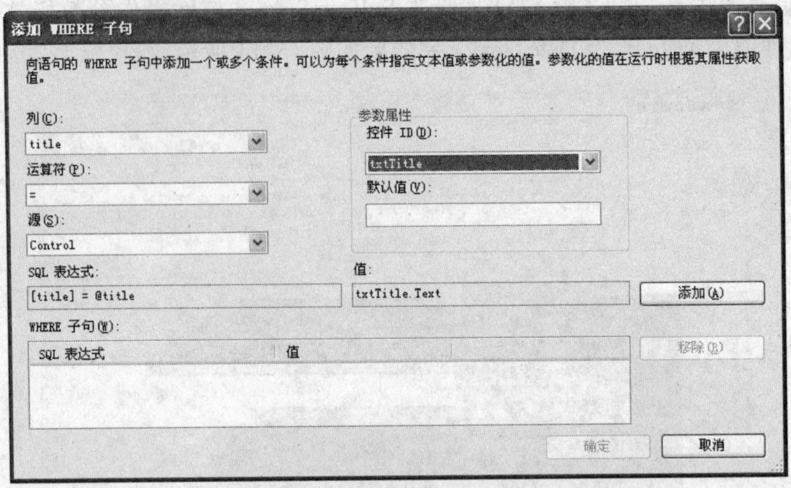

图 15-16 【添加 WHERE 子句】对话框

上述步骤指定了查询将从网页中添加的 TextBox 控件中获取搜索到的 title 值。

单击【添加】按钮，创建的 WHERE 子句将显示在该页底部的框中。最后单击【确定】按钮关闭【添加 WHERE 子句】对话框，回到【配置数据源】向导。然后单击【下一步】按钮继续。

在【测试查询】步骤界面内，单击【测试查询】按钮。弹出【参数值编辑器】对话框，该页将提示用户输入一个用在 WHERE 子句中的值。在【值】框中，输入"天气真好"，然后单击【确定】按钮。随即会显示"天气真好"的完整记录。确认无误后单击【完成】按钮关闭【配置数据源】向导。

现在可以测试筛选了。运行本网页，在文本框中，输入"新站开张"，然后单击【提交】按钮，随即会在 GridView 控件中显示"新站开张"的记录。

5）定义列的显示方式

前面自动生成的列（Visual Studio 中有时也称为字段）对于快速创建测试页面很有效，不过它缺少一些实际开发所必需的灵活性。例如，如果希望隐藏列，改变它的次序，或者希望配置某些显示效果（如格式化标题文字），该怎么办呢？

最终完善后的效果如图 15-3 所示。

下面介绍一下设置的相关知识。

在设计视图下，单击 GridView 控件右上角按钮▷展开快捷任务菜单，选择【编辑列】，弹出【字段】窗口。首先去掉【自动生成字段】选项，然后调整【选定的字段】框内各字段：

- 删除不显示的字段。选择 id 字段，然后单击⊠按钮删除。
- 替换 imageUrl 字段的类型。删除▤ imageUrl 字段，从【可用字段】中选择▥ ImageField 类型字段，然后单击【添加】按钮。
- 调整选定字段的位置。依照最终显示的要求，通过单击向上▲和向下▼按钮，对字段的显示次序进行调整。

- 分别选定每个字段,在右侧调整其属性。例如,使用 HeaderText 自定义显示的标题;使用 DataField 设置绑定的数据字段名;使用样式组中各属性设置该字段显示的样式。作为预览的 ImageField 字段还需要将属性 DataImageUrlField 绑定为字段名"imageUrl",如图 15-17 所示。

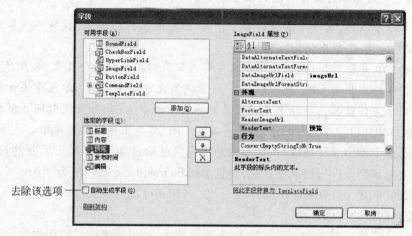

图 15-17　通过【字段】对话框定义绑定的列

系统提供的可用字段分为 7 种,作用见表 15-1。

表 15-1　系统提供的 7 种可用字段

可 用 字 段	作 用 描 述
BoundField	用于显示数据源字段的文本
CheckBoxField	为列表中的每个项目显示一个复选框。对于真/假字段(SQL Server 中这种字段的数据类型为 bit)自动使用该类型的列
HyperLinkField	用超链接的形式显示内容,内容可以是数据源中的一个字段,也可以是静态文本
ImageField	显示图像数据(通过它显示支持的图像格式,如 jpg、gif、png、bmp 等,不支持 Flash 导出的格式 swf)
ButtonField	为列表中的每个项目显示一个按钮
CommandField	提供多种编辑按钮,展开后显示为: □ CommandField 　　编辑、更新、取消 　　选择 　　删除
TemplateField	允许用自定义模板指定多个字段、自定义控件以及任意的 HTML。它给予开发者最大限度的控制,但相对需要做更多些的工作

开发时可根据最终显示的需要来选择可用字段,最基本的字段类型是 BoundField,它用于大部分的文本字段显示。

最后还有一个前提,就是数据库的 article 表中 imageUrl 字段所描述的图像 URL 信息,一定要有实际的文件相对应。例如,"天气真好"这条记录中的 imageUrl 字段值为"~/images/heart.jpg",那么,在网站主目录下应有一个 images 目录,里面确实存在着一个名为 heart. jpg 的图像文件。

运行时， ImageField 类型的字段会自动按描述的 URL 信息调用对应图像显示出来。

💡通过数据库保存图像信息大致有两种，一种是直接将图片本身以二进制方式保存到数据库相应字段内，这种方法虽然安全性高，但随着图片的增多，数据库的体积将急剧增大，非常影响性能，所以使用比较少。

另一种方式比较常用，是将图片以文件形式保存到服务器某个目录，而只在数据库的相应字段内保持图片的 URL 地址信息。为了提高文件的安全性（防止非法访问或被后期上传的同名文件覆盖），往往事先对上传的图片重新命名（比如采用时间＋随机码等方式，如 20101130131759a75bb. jpg），然后再将其 URL 信息保存到数据库中。

如果希望上例中"发布日期"字段内的信息只显示日期，而不显示后面的具体时间，这时就需要对该字段进行日期格式化，设置 DataFormatString 属性值为"{0:d}"。网页运行后，原来的"2010-6-1 9:09:51"将只显示为"2010-6-1"。

6）改善网站的可移植性

由于网站最终要部署到互联网的 Web 服务器上，并且在未来的使用中也很有可能改变网站的存储位置，所以开发网站非常忌讳在开发代码中使用到物理路径（绝对路径）。

前面在配置数据源 SqlDataSource1 时，在【新建连接】步骤中。通过【浏览】按钮，选择了网站 App_Data 子目录下的 ASPNETDB. MDF 数据库文件。最终将名称为 ASPNETDBConnectionString 的连接字符串保存到应用程序配置文件 Web. config 中。内容为：

```
< connectionStrings >
    < add name = "ASPNETDBConnectionString" connectionString = "Data Source = . \
SQLEXPRESS;AttachDbFilename = D: \aspnet \App_Data \ASPNETDB. MDF; Integrated
Security = True;Connect Timeout = 30;User Instance = True"
    providerName = "System.Data.SqlClient"/ >
</ connectionStrings >
```

可以看到，其 AttachDbFilename 属性值是以物理路径形式给出的。这样就造成一个麻烦，网站运行时，会到 Web 服务器的 D:\aspnet\App_Data\ASPNETDB. MDF 路径下连接数据库，但这几乎是不可能存在的。解决的办法就是使用关键字符串"|DataDirectory|"代替物理路径 D:\aspnet\App_Data\。即：

```
AttachDbFilename = |DataDirectory|ASPNETDB.MDF;
```

运行时，系统会自动将"|DataDirectory|"转换为本机的物理路径。

15.3　使用 DetailsView 控件显示详细数据

DetailsView 控件用来在表中显示来自数据源的单条记录，其中记录的每个字段显示在表的每一行中。可以使用 DetailsView 控件从它的关联数据源中一次显示、编辑、插入或删除一条记录。实际开发中,经常用到它的更新和插入新记录的功能,或者是与 GridView 控件结合,以用于主/详细方案。

15.3.1　DetailsView 控件概述

GridView 控件不支持插入操作,但 DetailsView 控件却可以。DetailsView 控件的显示效果如图 15-18 所示。

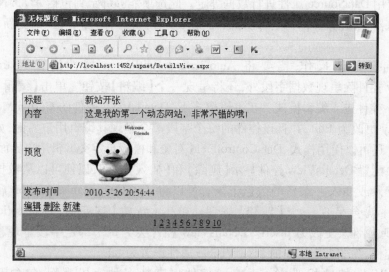

图 15-18　DetailsView 控件显示效果

拖入到设计页面的默认显示如图 15-19 所示。

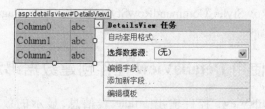

图 15-19　GridView 控件的默认显示

其源标签代码如下:

```
<asp:detailsview runat = "server" height = "50px" width = "125px">
</asp:detailsview>
```

DetailsView 控件支持下面的功能:
- 绑定至数据源控件,如 SqlDataSource。
- 内置插入功能。
- 内置更新和删除功能。
- 内置分页功能。
- 以编程方式访问 DetailsView 对象模型以动态设置属性、处理事件等。
- 可通过主题和样式进行外观自定义。

DetailsView 控件提供了以下用于绑定到数据的选项：

（1）使用 DataSourceID 属性进行数据绑定。此选项能够将 DetailsView 控件绑定到数据源控件。微软建议使用此选项，因为它允许 DetailsView 控件利用数据源控件的功能并提供了内置的更新和分页功能。使用 DataSourceID 属性绑定到数据源时，DetailsView 控件支持双向数据绑定。除可以使该控件显示数据之外，还可以使它自动支持对绑定数据的插入、更新和删除操作。

（2）使用 DataSource 属性进行数据绑定。此选项能够绑定到包括 ADO. NET 数据集和数据读取器在内的各种对象。此方法需要开发者为任何附加功能（如更新和分页等）编写代码。

如果启动编辑操作，需要将 AutoGenerateEditButton 属性设置为 true。这时，DetailsView 控件除呈现数据字段外，还将呈现一个【编辑】按钮。单击【编辑】按钮可使 DetailsView 控件进入编辑模式。在编辑模式下，DetailsView 控件的 CurrentMode 属性会从 ReadOnly 更改为 Edit，并且该控件的每个字段都会呈现其编辑用户界面，如文本框或复选框等。还可以使用样式、DataControlField 对象和模板自定义编辑用户界面。

如果要配置 DetailsView 控件显示【删除】和【插入】按钮，以便可以从数据源删除相应的数据记录或插入一条新的数据记录。可以将 AutoGenerateInsertButton 属性设置为 true，该控件就会呈现一个【新建】按钮。单击【新建】按钮时，DetailsView 控件的 CurrentMode 属性会更改为 Insert。DetailsView 控件会为每个绑定字段呈现相应的用户界面输入控件，除非绑定字段的 InsertVisible 属性设置为 false。

与 GridView 控件相似，DetailsView 控件也支持多种字段类型，包含 BoundField、CommandField、HyperLinkField 等。只是 DetailsView 控件将每个字段呈现为行而不是列。

定义 DetailsView 控件的用户界面与 GridView 控件是一样的，都是使用 HeaderStyle、RowStyle、AlternatingRowStyle、CommandRowStyle、FooterStyle、PagerStyle 和 EmptyData-RowStyle 这样的样式属性。

15.3.2　案例：使用 DetailsView 控件创建数据绑定网页

本案例使用 DetailsViews 控件输出 article 表信息，显示的效果如前面的图 15- 18所示。

1. 完整功能显示

（1）新建一个网页（Web 窗体），切换到网页的【设计】视图。从【工具箱】的"数据"组中，将 DetailsViews 控件拖到页面上。

（2）在【DetailsViews 任务】菜单上的【选择数据源】列表中，单击"＜新建数据源＞"。

（3）选择"数据库"，然后单击【确定】按钮。

（4）在【配置数据源】向导中，可以不必新建连接，而通过展开下拉列表，选择使用 15.2 节练习 GridView 控件时创建的连接 ASPNETDBConnectionString。

当然，如果不存在连接名 ASPNETDBConnectionString 时，就需要单击【新建连接】创建了。

（5）其余的步骤与配置 GridView 控件类似。在"配置 Select 语句"步骤时，在【指定来自表或视图的列】下的【名称】列表中,选择"article"。在【列】下,选择【﹡】复选框。

（6）单击其中的【高级】按钮,在【高级 SQL 生成选项】窗口,选中【生成 INSERT、UPDATE 和 DELETE 语句】及【使用开放式并发】复选框。之后一直到配置数据源完成。

（7）最后,展开 DetailsViews 控件的【DetailsViews 任务】快捷菜单,选中【启用分页】、【启用插入】、【启用编辑】和【启用删除】复选框。

同样,如果此时运行本网页,在编辑内容后,单击【更新】按钮时,有可能会出现"使用的 **SQL Server** 版本不支持数据类型'**date**'。"的错误,解决办法与 GridView 控件一样,进入该网页的【源】视图,修改 SqlDataSource 控件操作参数标签,将全部的 DbType 属性值由 Date 改为 DateTime。

为了美化显示效果,还需要进行定义显示方式的处理,包括设置标题、排列次序、调整宽度等操作。与 GridView 控件类似,步骤如下:

（1）选择 DetailsViews 控件,在【属性】窗口中,修改 Width 属性值为"600px"。

（2）在【DetailsViews 任务】快捷菜单中,选择【编辑字段】,在【选定的字段】列表中,首先将原 imageUrl 字段删除,添加新的 ImageField 类型字段,并修改 DataImageUrlField 属性的绑定数据字段为 imageUrl。然后修改各字段的 HeaderText 属性。

（3）在【DetailsViews 任务】快捷菜单中,单击【自动套用格式】,选择一个合适的架构即可。

2. 主/详细方案（在同一个网页中显示）

主/详细方案（也称为主/从方案）,即主控件（如 GridView）的选中记录决定要在 DetailsView 控件中显示的记录。

下面的代码示例演示如何将 DetailsView 控件与 GridView 控件结合使用,构成简单的主/详细方案。效果如图 15-20 所示。

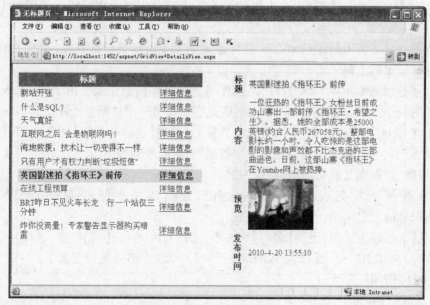

图 15-20 主/详细方案效果

单击左侧某标题后的【详细信息】链接后,右侧后显示该内容的详细内容。具体操作步骤如下:

(1) 向网站添加一个新页,并切换到【设计】视图。单击【表】|【插入表】,插入一个1 行 2 列的表格,为每个单元格(td)设置 valign 属性值为 top。

(2) 从【工具箱】中分别拖入一个 GridView 控件(重命名 Id 名为 gvMaster)和一个 DetailsView 控件(重命名 Id 名为 dvSlave)到表格的两侧,并调整两个控件的宽度以适应表格的大小。

(3) 在 GridView 控件的【GridView 任务】菜单的【选择数据源】列表中,单击"<新建数据源 >",然后使用下列步骤为 GridView 控件配置数据源:

① 选择"数据库",然后单击【确定】按钮。

② 从连接下拉列表中,选择在前面部分创建并存储的连接(ASPNETDBConnectionString),然后单击【下一步】按钮。

③ 从【名称】列表中选择 article。在【列】框中,选择 id 和 title。然后依次单击【下一步】和【完成】按钮。

(4) 在 GridView 控件的【GridView 任务】菜单中选择"编辑列",显示【字段】对话框。

① 在【可用字段】下,展开 CommandFields 节点,选择"选择",然后单击【添加】按钮将其添加到【选定的字段】列表中;在【选定的字段】列表中,选择"选择",然后在 CommandField 属性窗口中,将其 SelectText 属性设置为"详细信息"。展开 ItemStyle 属性,设置子属性 Width 为 80px。最后单击【确定】按钮关闭【字段】对话框。

② 在【选定的字段】列表中,删除 id 字段,并将 title 字段的 HeaderText 属性值改为"标题"。

(5) 在 GridView 控件的【GridView 任务】菜单中选择"启用分页"和"启用排序"。

(6) 选择 GridView 控件,在【属性】窗口中确认其 DataKeyNames 属性设置为 CategoryID。

这样即指定了当用户在 GridView 控件记录列表中选择某行标题时,ASP. NET 可获取到所选择记录的主键。

下一步是添加 DetailsView 控件,该控件将显示详细信息记录。由于 DetailsView 控件将使用另一个 SQL 查询来获取其数据,因此它需要另一个数据源控件。

(1) 在 DetailsView 控件的【GridView 任务】菜单的【选择数据源】列表中,单击"<新建数据源 >",将该控件配置为使用另一个数据源控件,步骤如下:

① 选择"数据库",然后单击【确定】按钮。

② 在连接下拉列表中,单击在前面部分创建并存储的连接(ASPNETDB-ConnectionString),然后单击【下一步】按钮。

③ 从【表或视图选项】下的【名称】列表中,选择 article。在【列】框中,选择 * 。

④ 单击 WHERE,显示【添加 WHERE 子句】对话框。各参数设置如下:

从【列】列表中,选择 id。

从【运算符】列表中,选择" = "。

从【源】列表中,选择"控件"。

在【参数属性】下的【控件 ID】列表中,选择 gvMaster。这样,DetailsView 控件的查询将从 GridView 控件的选中项获取其参数值。

然后依次单击【添加】和【确定】按钮,关闭【添加 WHERE 子句】对话框。

（2）单击【下一步】按钮,在"预览"页中,单击【测试查询】。

向导将显示一个对话框,提示输入一个要在 WHERE 子句中使用的值。这时可以在框中输入"2",然后单击【确定】按钮测试,将显示 Id 字段为 2 的数据记录。无误后单击【完成】按钮。

（3）在 DetailsView 控件的【DetailsView 任务】菜单中选择"编辑列",显示【字段】对话框。

① 在【选定的字段】列表中,删除 id 字段,修改 title、content、pubTime 字段的 HeaderText 属性值分别为"标题"、"内容"、"发布时间"。

② 删除 imageUrl 字段,添加 ImageField 字段类型,并修改 DataImageUrlField 属性为 imageUrl,修改 HeaderText 属性为预览。

（4）在【GridView 任务】菜单中,选中"启用分页"。这样即可滚动查看文章记录。

最后可以分别为两个控件自动套用格式以美化效果。

最后运行该页,单击 GridView 控件某标题后的【详细信息】链接,DetailsView 控件即显示与该标题关联的详细内容。

3．主/详细方案（在不同的页中显示）

第 1 种的主/详细方案是在同一个网页中显示两者的内容,实际开发中也会使用到在不同的页中显示两者的内容,即在第 1 个网页中使用 GridView 控件显示主内容,而在第 2 个网页中使用 DetailsView 控件显示详细内容,两者通过浏览器的地址栏传递参数。效果如图 15-21 和图 15-22 所示。

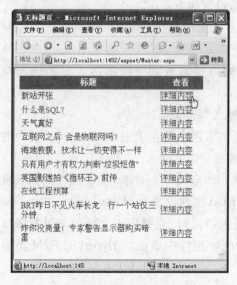

图 15-21　第 1 个网页中使用 GridView
控件显示主内容

图 15-22　第 2 个网页中使用 DetailsView
控件显示详细内容

其设计思路是,在第 1 个网页中使用 GridView 控件显示出一个超链接,超链接携带参数调用第 2 个网页,参数格式如"Slave. aspx? articleId = 2",第 2 个网页(名为 Slave. aspx)的 DetailsView 控件根据接收到的 articleId 值,通过数据源获取与之吻合的 id 字段的记录,并显示出来。

具体操作步骤与前面在同一个网页中显示的主/详细方案非常相似,不同处主要在以下几个地方:

(1)新建两个网页,分别命名为 Master. aspx(主内容网页),另一个命名为 Slave. aspx(详细内容网页);

(2)在 Master. aspx 页中拖入 GridView 控件,设置好数据源,最关键的是在【字段】对话框中,添加 HyperLinkField 类型字段,然后设置下列属性,见表 15-2。

表 15-2　设置 HyperLinkField 类型字段属性

属　　性	值
HeaderText	查看
Text	详细内容
DataNavigateUrlFields	id 指示超链接应从 id 字段获取其值
DataNavigateUrlFormatString	Slave. aspx? articleId = {0} 创建用来导航到 Slave. aspx 页的硬编码链接。该链接还传递名为 articleId 的查询字符串变量,该变量的值将引用 DataNavigateUrlFields 属性中引用的字段值进行填充。一对花括号{}代表引用,0 代表索引号

(3)在 Slave. aspx 页中拖入 DetailsView 控件,最关键的是在数据源的设置中,在"配置 Select 语句"步骤时,单击 WHERE,然后各参数设置如下:

从【列】列表中,选择 id。

从【运算符】列表中,选择" = "。

从【源】列表中,选择 QueryString。指定查询将根据查询字符串传入页的值选择记录。

在【参数属性】下的【QueryString 字段】框中输入"articleId"。

查询将从查询字符串中获取记录的 Id 值,查询字符串是在单击 Master. aspx 页中的"详细内容"链接时创建的。完成后单击【添加】按钮。

(4)为 Slave. aspx 页添加一个返回的超链接。即拖入一个 HyperLink 控件拖到该页上,将其 Text 属性设置为"返回",并将其 NavigateUrl 属性设置为 Master. aspx。

如果希望单击 Master. aspx 页的【详细内容】超链接时,能弹出一个新的浏览器窗口显示 Slave. aspx 页,只需将 Master. aspx 页 GridView 控件中添加的 HyperLinkField 类型字段的 Target 属性设为"_Blank"。

15.4 使用 ListView 控件修改数据

ListView 控件和 DataPager 控件是 ASP. NET 3.5 中新增的、非常受欢迎的控件。ListView 控件集成了 DataGrid、DataList、Repeater 和 GridView 控件的所有功能。它既有非常自由的开放式模板，又具有 GridView 控件的那种编辑特性。ListView 控件通过 DataPager 来实现分页功能。把分页的特性单独放到另一个控件里，会让开发者有更多的布局和显示上的自由度。

使用 ListView 控件主要是为了创建不常见的布局，例如，创建一个在同一行中显示多个项目的表，或者彻底脱离表格方式的呈现。

因此，构建显示大量数据的页面时，开发人员通常首先考虑 GridView 控件，而在更特殊的场景里使用 ListView 控件。

ListView 控件的源标签代码如下：

```
< asp:ListView ID = "ListView1" runat = "server" >      < /asp:ListView >
```

为了在 ListView 控件中显示数据，首先创建要使用的模板标记。ListView 控件支持的模板见表 15-3。

表 15-3 ListView 控件支持的模板

模 板	用 途
LayoutTemplate 布局模板	它包括占位符对象，例如：table row（tr）、div 或 span 元素。这个元素将被定义在 ItemTemple 模板或 GroupTemple 模板中的内容替换。也可以包含一个 DataPager 对象
ItemTemplate 项目模板	控制项目内容的显示
AlternatingItemTemplate 交替项目模板	用不同的标记显示交替的项目，便于查看者区别连续不断的项目
GroupSeparatorTemplate 组分隔模板	控制项目组内容的显示
GroupTemplate 组模板	为分组布局指定内容。它包括占位符对象，例如，表格行（tr）、div 或 span 元素。这个元素将被定义在 ItemTemple 模板或 EmptyItemTemplate 模板中的内容替换
EmptyItemTemplate 空项目模板	指定使用 GroupTemplate 时的空项内容。例如，如果 GroupItemCount 属性设置为 5，并且数据源返回的总数为 8，ListView 控件最后一行将有 3 项根据 ItemTemple 显示，两项根据 EmptyTemplate 显示
EmptyDataTemplate 空数据模板	指定数据源为空时显示的内容
SelectedItemTemplate 已选择项目模板	指定当前选中的项目内容的显示
EditItemTemplate 编辑项目模板	为编辑项指定要显示的内容。当数据进行编辑时 EditItemTemplate 将替换 ItemTemple 的数据
InsertItemTemplate 插入项目模板	为插入项指定要显示的内容。当数据进行编辑时 InsertItemTemplate 将替换 ItemTemple 的数据
ItemSeparatorTemplate 项目分隔模板	为分组项之间指定要显示的内容（间隔显示内容）

最关键的、至少要求使用的有两个模板,分别是 LayoutTemplate 和 ItemTemplate,正如名字暗示的那样,LayoutTemplate 为 ListView 控件呈现整体结构,ItemTemplate 表示每个项目的内容。当 ListView 控件呈现时,它对绑定的数据进行迭代并为每个项目呈现 ItemTemplate,然后把所有内容都放到 LayoutTemplate 里。正是这种简单的设计使得 ListView 控件能够这样灵活。

为 ListView 创建 LayoutTemplate 时,需要指定 ItemTemplate 内容应该插入的位置。位置是通过作为一个占位符的标签实现这一点的,页面执行后,占位符标签将会被替换为 ItemTemplate 中的元素。

定义占位符的方法是把某个标签元素的 Id 值设置为默认的 itemPlaceholder。另外,占位符标签必须是服务器端控件,换句话说,它必须有 runat = "server" 属性。如下面的两个都可以是占位符:

图 15-23　没有使用表格的简单 ListView 显示效果

```
< span id = "itemPlaceholder" runat =
"server" > < /span >
< tr id = "itemPlaceholder" runat =
"server" > < /tr >
```

下面是一个没有使用表格的简单的 ListView,显示效果如图 15-23 所示。

相关的源标签代码如下:

```
< asp:ListView ID = "ListView1" runat = "server" DataSourceID = "SqlDataSource1" >
    < LayoutTemplate >
        < span id = "itemPlaceholder" runat = "server" > < /span >
    < /LayoutTemplate >
    < ItemTemplate >
        <%# Eval("title") % >
        < br/ >
        < asp:Image ImageUrl = ' < %# Eval("imageUrl") % >' ID = "myImg"
runat = "server"/ >
        < hr/ >
    < /ItemTemplate >
< /asp:ListView >

< asp:SqlDataSource ID = "SqlDataSource1" runat = "server"
        ConnectionString = " < % $ ConnectionStrings:ASPNETDBConnectionString% >
        "SelectCommand = "SELECT * FROM [article]" >    < /asp:SqlDataSource >
```

代码中的 < %# Eval("字段名") %> 是数据绑定表达式,运行后,该位置将由数据源中对应字段名的内容所替代。

数据源已经配置好,即 < asp:SqlDataSource > 标签部分,其中的连接字符串 (ConnectionString)属性借助了之前学习 GridView 控件时的配置名 ASPNETDBConnection-String,该连接配置是已经保存在 Web.config 文件中的。

可以方便地修改这个例子以让它使用表格。例如,同样要实现把每个项目放到单独的行中(就像 GridView 那样),ListView 标签可以写为:

```
< asp:ListView ID = "ListView1" runat = "server" DataSourceID = "SqlDataSource1" >
    < LayoutTemplate >
        < table border = "1" >
            < tr id = "itemPlaceholder" runat = "server" >
            </tr>
        </table >
    </LayoutTemplate >
    < ItemTemplate >
        < tr >
            < td >
                <%# Eval("title") % >
                < br/ >
                < asp:Image ImageUrl = ' <%# Eval("imageUrl")% > ' ID = "myImg"
runat = "server"/ >
            </td >
        </tr >
    </ItemTemplate >
</asp:ListView >
```

执行后,占位符部分(加字符底纹效果代码)将会被 ItemTemplate 标签内的元素所替代。

15.4.1　分列显示

下面介绍一下使用 ListView 控件分列显示的操作方法,每行显示 4 列。先看一下最终显示的效果,如图 15-24 所示。

分列显示需要用到 ListView 控件的分组(group)功能。它允许把一定数量的记录划分成组,最后将组排列到整体的布局中。

使用分组,首先要设置 GroupItemCount 属性,它决定每个组里项目的个数:

```
< asp:ListView ID = "ListView1" runat = "server" GroupItemCount = "4"
DataSourceID = "SqlDataSource1" >
```

设置了分组大小后,还要修改 LayoutTemplate。这是因为总体的布局不再直接包含数据项目,而是先包含分组(最后在分组里才能包含数据项目)。因此,要先将 LayoutTemplate 中占位符的 itemPlaceholder 更改为 groupPlaceholder,代表总体的布局包含的是分组内容:

```
< LayoutTemplate >
        < span id = "groupPlaceholder" runat = "server" >
```

图 15-24　ListView 控件分列显示（每行显示 4 列）效果

```
    </table>
</LayoutTemplate>
```

然后，再添加分组模板 GroupTemplate，它用于封装每个组，由于数据项目要包含到组里，所以 GroupTemplate 的占位符 Id 值要设置为 itemPlaceholder：

```
<GroupTemplate>
    <span id="itemPlaceholder" runat="server">
</GroupTemplate>
```

最后的数据项目模板 ItemTemplate 绑定具体的显示内容如下：

```
<ItemTemplate>
    <%# Eval("title") %>
</ItemTemplate>
```

本例中为达到分列显示，每行 4 列的效果，需要结合使用分组功能和表格标签，相关代码如下：

```
<asp:ListView ID="ListView1" runat="server" GroupItemCount="4"
                                DataSourceID="SqlDataSource1">
    <LayoutTemplate>
        <table border="1">
            <tr id="groupPlaceholder" runat="server">
            </tr>
        </table>
```

```
    </LayoutTemplate>
    <GroupTemplate>
        <tr>
            <td id="itemPlaceholder" runat="server">
            </td>
        </tr>
    </GroupTemplate>
    <ItemTemplate>
        <td>
            <%# Eval("title") %>
            <br/>
            <asp:Image ImageUrl='<%# Eval("imageUrl") %>' ID="myImg"
runat="server"/>
        </td>
    </ItemTemplate>
</asp:ListView>
```

最后通过逐级地对占位符替换,达到分列显示的效果。

使用分组时,最后一个组(最末行)也许不能被完全填充。如本例中的显示,总数据项不是每组项个数的整倍数时,最后一个组就不会完整。这种情况下,可以使用 **EmptyItemTemplate** 提供新的内容。

15.4.2　分页

ListView 控件没有提供固定的分页功能,但可以借助专用分页控件 DataPager 来完成。

ListView 结合 DataPager 控件的优势在于,可以灵活地在页面的整体布局中设置它的位置。只要把它放到 LayoutTemplate 的正确位置即可。较常见的应用是把 DataPager 放到 ListView 的底部,并提供翻页按钮。效果如图 15-25 所示。

相关代码如下:

```
<asp:ListView ID="ListView1" runat="server" GroupItemCount="3"
DataSourceID="SqlDataSource1">
    <LayoutTemplate>
        <table border="1">
            <tr id="groupPlaceholder" runat="server">
            </tr>
        </table>
        <asp:DataPager ID="DataPager1" runat="server" PageSize="6">
            <Fields>
                <asp:NextPreviousPagerField ShowFirstPageButton="True"
ShowLastPageButton="True"/>
            </Fields>
        </asp:DataPager>
```

图 15-25　ListView 控件结合 DataPager 控件实现分页效果

```
</LayoutTemplate>
<GroupTemplate>
    <tr>
        <td id="itemPlaceholder" runat="server">
        </td>
    </tr>
</GroupTemplate>
<ItemTemplate>
    <td>
        <%#Eval("title")%>
        <br/>
        <asp:Image ImageUrl='<%# Eval("imageUrl")%>' ID="myImg"
runat="server"/>
    </td>
</ItemTemplate>
</asp:ListView>
```

DataPager 控件会自动裁剪每页绑定的数据，这样 ListView 控件只会得到相应的数据子集。

15.4.3　图形界面操作

ListView 控件相对前面介绍的 GridView 和 DetailsView 控件，最大的优势就是布局灵活，布局灵活主要就是通过对源标签代码的手动调试来完成的，因此该控件学习的重点是源标签代码的使用。不过它也支持图形界面的操作，在一些应用时，也可以考虑先使用图形界面操作来快速建立构架，之后再通过手动调试源标签代码的方式达到最终效果。

图形界面下配置数据源的方法与前面的 GridView 控件相同。

ListView 控件的【ListView 任务】快捷菜单中多出一项 Configure ListView 选项,用于设置 ListView 的布局、样式和参数等,单击后弹出 Configure ListView 对话框,如图 15-26 所示。

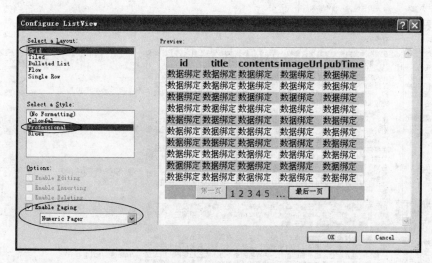

图 15-26　Configure ListView 对话框

用户可以通过左侧的 Select a Layout 和 Select a Style 列表对布局和样式进行调整。Select a Layout 列表各项含义见表 15-4。

表 15-4　**Select a Layout 列表项含义**

布 局 名 称	说　　明
Grid 网格	数据以表格布局显示。每列对应于基础数据源中的一个字段。此布局包括一个标题行,该行对每列使用字段名称
Tiled 平铺	数据以使用组模板的平铺表格布局显示。每项都包括所有字段的名称和值。此布局会自动将 GroupItemCount 属性设置为 3
BulletedList 项目符号列表	数据显示在项目符号列表中。每个列表项都包含所有字段的名称和值
Flow 流	数据以使用 div 元素的流布局显示。逐个显示项,每一项都包含所有字段的名称和值
Single Row 单行	数据显示在只有一行的表中。各项逐个显示在一列中,每一项包含所有字段的名称和值

如果希望激活 Enable Editing、Enable Inserting、Enable Deleting 三个选项,需要重新配置数据源,同 GridView 控件一样,在“配置 Select 语句”步骤中,单击【高级】按钮,在【高级 SQL 生成选项】对话框内选中【生成 INSERT、UPDATE 和 DELETE 语句】复选框。

以上设置完成后,运行页面效果如图 15-27 所示。

若要细致调整显示效果,如修改标题名、选择显示字段等,需要切换到源标签视图手动修改相应模板内的元素。

id	title	contents	imageUrl	pubTime
1	新站开张	这是我的第一个动态网站，非常不错的哦！	~/images/welcome.jpg	2010-5-26 20:54:44
2	什么是SQL？	结构化查询语言(Structured Query Language, SQL)，由于其功能丰富、语言简捷，现已成为关系型数据库的标准语言。	~/images/SQL.jpg	2010-5-30 20:54:44
3	天气真好	今天天气好，心情也非常好啊	~/images/heart.jpg	2010-6-1 9:09:51
4	互联网之后会是物联网吗？	物联网，目标是明确的，过程是繁复的。人们正走向"物联网"时代，但这个过程可能需要很长的时间，没有人能具体说清楚我们离物联网时代真正还有多远。	~/images/afterInternet.jpg	2010-2-6 14:20:02
6	海地救援，技术让一切变得不一样	在刚刚过去的海地地震搜救和救援活动中，新技术和网络工具起到了前所未有的作用。一位志愿者说，技术让一切变得不一样了。	~/images/haiti.jpg	2010-2-12 10:28:16
7	只有用户才有权力判断"垃圾短信"	在人们深受垃圾短信困扰，以及手机扫黄正风势日劲的情况下，电信运营商对短信的限制行为已经越来越容易获得理由。然而，反垃圾短信是第二位的，保证正常的短信使用权才是首位的，既然如此，电信运营商很难说能杜绝垃圾短信的发送，何况判断垃圾短信的权限终究应在于用户。	~/images/dust.jpg	2010-2-12 19:40:28
8	英国影迷拍《指环王》前传	一位狂热的《指环王》女粉丝自前成功山寨出一部前传《指环王·希望之生》。据悉，她的全部成本是25000英镑(约合人民币267058元)。整部电影长约一小时。令人吃惊的是这部电影的影像和声效都不比太克逊的三部曲逊色。日前，这部山寨《指环王》在Youtube网上被热捧。	~/images/rings.jpg	2010-4-20 13:55:10
9	在线工程预算	主要包括在线工程量清单计价软件和在线智能装修预算软件。在线工程量清单计价软件适用于预算员、造价师、工程项目经理等群体。主要可以做全国各地各种工程预算----包括土建、装饰、安装、市政、园林五个专业。在线智能装修预算软件适用于装饰(装修)公司、小型工程公司、个人用户等群体。主要可以自动提供装饰工程项目的参考价格，自动分析汇总人材机消耗。	~/images/budget.jpg	2010-6-23 13:27:10
10	BRT昨日不见火车长龙行一个站仅三分钟	BRT开通的第二日，首日公交车排出"火车"长龙的情形已经没有，在记者四次体验中，平均三分钟走一个站。有公交司机直言，春节期间三分钟一站不难，春节后高峰期才是真正考验。	~/images/brt.jpg	2010-8-10 11:02:10
11	炸你没商量！专家警告显示器购买暗雷	农历新年的钟声即将敲响，年终岁尾，往往都是商家促销活动最火爆的时候，不少消费者都趁着过年放假期间疯去购买显示器。而面对着市场上白菜价一样的液晶显示器，越是临近春节，消费者越是千万不能放松警惕，因为这个时候也是JS最猖獗的时候，它们也想要趁年关狠宰一笔，那么面对着暗雷潜藏的显示器市场，消费者该如何应对呢？	~/images/lcd.jpg	2010-10-1 8:27:10

第一页 1 2 最后一页

图 15-27   设置 Configure ListView 选项后 ListView 的显示效果

本章小结

使用数据控件，借助数据绑定技术可以非常高效地完成一个动态网站的开发。本章主要介绍了 GridView 控件、DetailsView 控件以及 ListView 控件结合 DataPager 控件的使用。GridView 控件使用得最多，它用表格来显示数据，每行一条记录。如果不希望使用表格显示，或者要在每一行中能显示多条记录，就会用到 ListView 控件。DetailsView 控件每次显示一条记录，适合用在显示详细数据记录或添加记录的场合。

习题

操作题：

综合使用本章介绍的各数据控件，制作一个"通讯录"网站，要求该网站具备对通讯录中数据进行添加、查询、编辑、删除的功能。

第 16 章

代码为王——数据控件的高级使用

尽管使用 ASP. NET 提供的各种数据控件就可以高效地完成对数据源的管理应用，但在实际的动态网站开发中，很多对数据源操作的功能页面，若使用代码页的程序控制，功能将会更强大，运用也会更加灵活。

数据绑定技术是高效数据操作的根基，下面就介绍使用程序代码结合数据绑定技术管理数据源。

16.1　普通控件的绑定

最简单的数据绑定是对普通控件的绑定。

创建好数据源后，将其向控件进行绑定显示，一般只需要两步：

（1）设置该控件的 DataSource 属性为数据源。即

控件.DataSource＝数据源；

（2）使用该控件的 DataBind 方法进行数据绑定。即

控件.DataBind()；

下面来看一个对普通列表控件进行数据绑定的例子。设计效果如图 16-1 所示。

例中首先通过表格布局（2 行 2 列，第一行合并居中），然后拖入两个列表控件，左侧是 ListBox 控件（设置 Id 为 libCity），右侧是 RadioButtonList 控件（设置 Id 为 rblCity）。

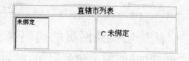

图 16-1　对普通列表控件进行数据绑定的设计效果

然后切换到代码视图，在页载入事件 Page_Load 内添写代码分别对两个控件进行数据绑定：

```
//定义数组作为数据源
string[] arr＝new string[4] {"北京", "天津", "上海", "重庆"};
libCity.DataSource＝arr;        //设置列表框控件 libCity 的数据源为数组 arr
libCity.DataBind();            //数据绑定
rblCity.DataSource＝arr;        //设置单选列表框控件 rblCity 的数据源为数组 arr
```

```
rblCity.DataBind();                    //数据绑定
```

运行后,效果如图 16-2 所示。

上例中的数据源是数组。当然,数据源也可以是数据库中的记录集。另外,自动绑定也可以与显示插入相结合,如图 16-3 所示。

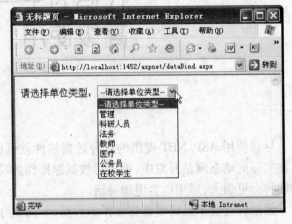

图 16-2 对普通列表控件进行   图 16-3 绑定数据库中的记录集
　　　　数据绑定的运行效果

例子中的"管理"至"在校学生"7 个项目是从数据库绑定的,而最前面的 1 项"--请选择单位类型--"则是用代码显示插入的。

练习这个例子需要先在数据库(如 ASPNETDB.MDF)新建一个表(如 unitKind),结构见表 16-1。

表 16-1 表 unitKind 结构

kindId (单位类型的编号, int 型,主键)	kindName (单位类型名称, nvarchar(50)型)	kindId (单位类型的编号, int 型,主键)	kindName (单位类型名称, nvarchar(50)型)
1	管理	5	医疗
2	科研人员	6	公务员
3	法务	7	在校学生
4	教师		

然后切换到网页的代码视图。首先导入 System. Data. SqlClient 和 System. Web. Configuration 两个命名空间,然后在载入事件(Page_Load)中输入以下代码(重点关注加字符底纹效果部分):

```
string strConn =
WebConfigurationManager.ConnectionStrings["LocalSqlServer"].ConnectionString;
SqlConnection conn = new SqlConnection(strConn);
conn.Open();
string strSql = "select * from unitKind";
DataSet DS = new DataSet();
SqlDataAdapter adp = new SqlDataAdapter(strSql, conn);
```

```
//将数据库中的单位类型记录集保存到数据集的 myUnitKind 表内
adp.Fill(DS, "myUnitKind");
conn.Close();
//设置 DropDownList 控件的数据源为数据集 DS 中表 myUnitKind
ddlUnitKind.DataSource = DS.Tables["myUnitKind"];
//设置 DropDownList 控件的 Value 值所属字段
ddlUnitKind.DataValueField = "kindId";
//设置 DropDownList 控件的 Text 值所属字段
ddlUnitKind.DataTextField = "kindName";
ddlUnitKind.DataBind();                    //绑定
//将提示用的列表项"- -请选择单位类型- -",显示插入列表的最前面(即第 0 个位置)
ddlUnitKind.Items.Insert(0, new ListItem("- -请选择单位类型- -", "0"));
```

请注意,与绑定数组不同,向下拉列表绑定数据库中的记录集还应指定一下具体绑定的字段名:

```
ddlUnitKind.DataValueField = "kindId";
ddlUnitKind.DataTextField = "kindName";
```

这是因为记录集中每条记录的字段会很多,那么到底哪个字段对应的是列表框的显示项(Text),哪个字段对应的是值项(Value)呢,这就需要用列表控件的 DataValueField 属性和 DataTextField 属性指出来。

上例网页执行后,通过单击浏览器的【查看】|【源文件】,可以看到生成的网页 XHTML 源代码(列表部分)如下:

```
<select name = "ddlUnitKind" id = "ddlUnitKind">
    <option value = "0"> - -请选择单位类型- -</option>
    <option value = "1">管理</option>
    <option value = "2">科研人员</option>
    <option value = "3">法务</option>
    <option value = "4">教师</option>
    <option value = "5">医疗</option>
    <option value = "6">公务员</option>
    <option value = "7">在校学生</option>
</select>
```

还有一点需要注意的是,自动绑定与显示插入相结合时(本例即是),由于自动绑定之前会自动清除全部列表项,所以显示插入语句要放在自动绑定之后。

16.2　数据控件绑定

Visual Studio 中提供了多个专用的数据控件,它们都支持丰富的事件处理,由于开发中使用最多的是 GridView 控件,这里就以 GridView 控件为例,介绍通过代码对其操作的方法。其他数据控件的代码操作方法与 GridView 控件大体相通。

最简单的是通过代码将其绑定数据记录,进行显示的代码如下:

```
using System;
//……中间省略……
using System.Data.SqlClient;
using System.Web.Configuration;

public partial class dataBind : System.Web.UI.Page
{
    protected void Page_Load(object sender, EventArgs e)
    {
        string strConn = WebConfigurationManager.ConnectionStrings
["LocalSqlServer"].ConnectionString;
        SqlConnection conn = new SqlConnection(strConn);
        conn.Open();
        string strSql = "select * from article";
        DataSet DS = new DataSet();
        SqlDataAdapter adp = new SqlDataAdapter(strSql, conn);
        adp.Fill(DS, "myArticle");
        conn.Close();
        gvArticle.DataSource = DS.Tables["myArticle"];
        gvArticle.DataBind();
    }
}
```

显示效果如图 16-4 所示。

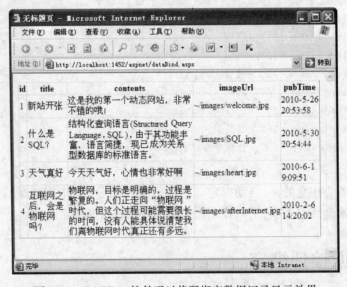

图 16-4　GridView 控件通过代码绑定数据记录显示效果

以上操作,直接将 GridView 控件拖入页面,并将 Id 属性名称改为 gvArticle 即可,不必做其他的设置。

可以看出,使用 GridView 控件显示数据表中数据非常方便。

1. 分页显示

为 GridView 控件设置分页效果的操作步骤如下:

(1) 设置分页属性。选择 GridView 控件,在【属性】窗口设置表 16-2 所示属性。

表 16-2　GridView 控件属性设置

属 性 名	属 性 值	说　明
AllowPaging	True	打开 GridView 控件的分页功能
PageSize	3	每页要显示的记录数
PagerSettings/Mode	NumericFirstLast	数字型页号,带首页和最后页
PagerStyle/HorizontalAlign	Right	页号位置水平居右

(2) 生成翻页事件。选择 GridView 控件,单击【属性】窗口的 ⚡ 按钮切换到事件列表,双击其中的 PageIndexChanging 事件,系统将自动切换到代码视图。可以看到,已经新生成了翻页事件 gvArticle_PageIndexChanging(事先已经将 GridView 控件 Id 设为 gvArticle)。

(3) 编写程序代码。若让 GridView 控件切换到新的页号,只需在程序中先赋值给它的 PageIndex 属性一个新的页号(int 类型)值,然后再重新绑定显示即可。

由于会多次调用数据绑定显示功能,为减少代码冗余,最好将这部分功能代码独立出来,单独定义一个绑定显示函数(本例中命名为 BindView()),以方便被各处调用。完整代码如下:

```
using System;
//……中间省略……
using System.Data.SqlClient;              //导入相关命名空间
using System.Web.Configuration;

public partial class dataBind : System.Web.UI.Page
{
    protected void Page_Load(object sender, EventArgs e)
    {
        if (!Page.IsPostBack)                 //如果不是回发(即只当首次运行才执行)
        {
            BindView();                       //绑定显示
        }
    }

    //翻页事件
    protected void gvArticle_PageIndexChanging(object sender,
    GridViewPageEventArgs e)
    {
        gvArticle.PageIndex = e.NewPageIndex;     //设置翻页到用户选择的新页号
        BindView();                               //再次绑定显示
    }
```

```
//自定义的数据绑定显示功能函数
private void BindView()
{
    string strConn = WebConfigurationManager.ConnectionStrings
    ["LocalSqlServer"].ConnectionString;
    SqlConnection conn = new SqlConnection(strConn);
    conn.Open();
    string strSql = "select * from article";
    DataSet DS = new DataSet();
    SqlDataAdapter adp = new SqlDataAdapter(strSql, conn);
    adp.Fill(DS, "myArticle");
    conn.Close();
    gvArticle.DataSource = DS.Tables["myArticle"];
    gvArticle.DataBind();
}
}
```

2. 使用 GridView 控件编辑和删除数据

GridView 控件对数据的编辑和删除功能,往往应用在网站的后台管理当中,如图 16-5 所示。

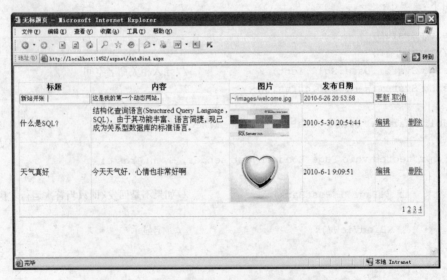

图 16-5　GridView 控件添加编辑和删除功能的效果

编写方法如下:

(1) 在设计视图下,通过快捷任务菜单进入 GridView 控件的【字段】按钮。然后展开 CommandField 字段类型,选择添加"编辑、更新、取消"和"删除"两种字段子类型。单击【确定】按钮关闭【字段】按钮。

(2) 选择 GridView 控件,单击【属性】窗口中的　按钮切换到事件列表,双击

RowDeleting、RowEditing、RowUpdating、RowCancelingEdit 事件后,系统自动创建以下 4
个事件函数:

- gvArticle_RowDeleting(删除事件,单击【删除】按钮时触发)
- gvArticle_RowEditing(编辑事件,单击【编辑】按钮时触发)
- gvArticle_RowUpdating(更新事件,单击【更新】按钮时触发)
- gvArticle_RowCancelingEdit(放弃编辑事件,单击【放弃】按钮时触发)

剩下需要做的工作就是在各个事件内添加功能代码。

(3)切换到代码视图,为各事件函数添加功能代码。

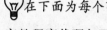 在下面为每个事件编写代码的最后,都需要对 GridView 控件重新绑定显示。

完整程序代码如下:

```
using System;
//……中间省略……
using System.Data.SqlClient;              //导入相关命名空间
using System.Web.Configuration;

public partial class dataBind : System.Web.UI.Page
{
    protected void Page_Load(object sender, EventArgs e)
    {
        if (!Page.IsPostBack)
        {
            BindView();
        }
    }


    //翻页事件,单击页号进行翻页时触发
    protected void gvArticle_PageIndexChanging(object sender,
GridViewPageEventArgs e)
    {
        //设置翻页到用户选择的新页号(通过形参 e 的 NewPageIndex 属性获取新选择的页号)
        gvArticle.PageIndex = e.NewPageIndex;
        BindView();                       //再次绑定显示
    }


    //自定义的数据绑定显示功能函数
    private void BindView()
    {
        string strConn = WebConfigurationManager.ConnectionStrings
        ["LocalSqlServer"].ConnectionString;
        SqlConnection conn = new SqlConnection(strConn);
        conn.Open();
        string strSql = "select * from article";
```

```
        DataSet DS = new DataSet();
        SqlDataAdapter adp = new SqlDataAdapter(strSql, conn);
        adp.Fill(DS, "myArticle");
        conn.Close();
        gvArticle.DataSource = DS.Tables["myArticle"];
```
//设置主键字段名称(数组类型),GridView 控件就可以记载下每行记录 id 字段的
值,以备后面的更新、删除操作(SQL 语句要用到这个语法: where id = n)
```
        gvArticle.DataKeyNames = new string[] {"id"};
        gvArticle.DataBind();
    }
```

//删除事件,单击【删除】按钮时触发
```
    protected void gvArticle_RowDeleting(object sender,
GridViewDeleteEventArgs e)
    {
        //从主键集合中获取当前行号的记录 ID 值
        string strId = gvArticle.DataKeys[e.RowIndex].Value.ToString();
        string strConn = WebConfigurationManager.ConnectionStrings
        ["LocalSqlServer"].ConnectionString;
        SqlConnection conn = new SqlConnection(strConn);
        conn.Open();
        string strSql = "delete from article where id = " + strId;
        SqlCommand cmd = new SqlCommand(strSql, conn);
        cmd.ExecuteNonQuery();
        conn.Close();
        BindView();
    }
```

//编辑事件,单击【编辑】按钮时触发
```
    protected void gvArticle_RowEditing(object sender,
GridViewEditEventArgs e)
    {
        //形参 e 的 NewEditIndex 属性返回用户选择编辑的行号(int 型,大于等于 0)
        gvArticle.EditIndex = e.NewEditIndex;
        BindView();
    }
```

//更新事件,单击【更新】按钮时触发
```
    protected void gvArticle_RowUpdating(object sender,
GridViewUpdateEventArgs e)
    {
        //获取当前行
        GridViewRow gvRow = gvArticle.Rows[e.RowIndex];
        //从当前行中,获取第 0 个单元格中控件(即存放 title 字段的文本框,注意要转换类型)
        TextBox txtGvTitle = (TextBox)gvRow.Cells[0].Controls[0];
```

```
//从当前行中,获取第1个单元格中的控件(即存放 contents 字段的文本框,注意转换类型)
TextBox txtGvContents = (TextBox)gvRow.Cells[1].Controls[0];
//从当前行中,获取第2个单元格中的控件(即存放 imageUrl 字段文本框,注意转换类型)
TextBox txtGvImageUrl = (TextBox)gvRow.Cells[2].Controls[0];
DateTime dt = DateTime.Now; //获取系统当前时间
//获取当前记录的 ID 字段的值
string strId = gvArticle.DataKeys[e.RowIndex].Value.ToString();
//将各文本框 TextBox 内的文本值保存到数据库
string strConn = WebConfigurationManager.ConnectionStrings
["LocalSqlServer"].ConnectionString;
SqlConnection conn = new SqlConnection(strConn);
conn.Open();
string strSql = "select * from article where id = " + strId;
DataSet DS = new DataSet();
SqlDataAdapter adp = new SqlDataAdapter(strSql, conn);
conn.Close();
SqlCommandBuilder cb = new SqlCommandBuilder(adp);
adp.Fill(DS, "myArticle");
DataRow tr = DS.Tables["myArticle"].Rows[0];
tr["title"] = txtGvTitle.Text;
tr["contents"] = txtGvContents.Text;
tr["imageUrl"] = txtGvImageUrl.Text;
tr["pubTime"] = dt.ToString();
adp.Update(DS, "myArticle");
gvArticle.EditIndex = -1;      //更新完成后,将该属性设置为-1,取消编辑状态
BindView();
    }


//放弃编辑事件,单击【放弃】按钮时触发
protected void gvArticle_RowCancelingEdit(object sender,
GridViewCancelEditEventArgs e)
    {
    gvArticle.EditIndex = -1;
    BindView();
    }
}
```

下面是对 GridView 控件代码设置的几点说明:

1)控件的事件

GridView 控件提供多个可以对其进行编程的事件。这使用户可以在每次发生事件时都运行一个自定义的程序。GridView 的控件常用事件见表 16-3。

了解表 16-3 中 GridView 控件支持的事件后,再结合 GridView 控件的几个常用属性(如行集合 Rows、当前编辑行 EditIndex、查找控件 FindControl、设置主键集 DataKeyNames、主键集合 DataKeys 等),利用程序代码就可以灵活地处理实际开发中的大部分需求了。

表 16-3　GridView 控件的常用事件

事　件	说　　明
PageIndexChanging	在单击某一页导航按钮时,但在 GridView 控件处理分页操作之前发生。此事件通常用于取消分页操作
RowCancelingEdit	在单击某一行的"取消"按钮时,但在 GridView 控件退出编辑模式之前发生。此事件通常用于停止取消操作
RowCommand	当单击 GridView 控件中的按钮时发生。此事件通常用于在控件中单击按钮时执行某项任务
RowDataBound	在 GridView 控件中将数据行绑定到数据时发生。此事件通常用于在行绑定到数据时修改行的内容
RowDeleting	在单击某一行的"删除"按钮时,但在 GridView 控件从数据源中删除相应记录之前发生。此事件通常用于取消删除操作
RowEditing	发生在单击某一行的"编辑"按钮以后,GridView 控件进入编辑模式之前。此事件通常用于取消编辑操作
RowUpdating	发生在单击某一行的"更新"按钮以后,GridView 控件对该行进行更新之前。此事件通常用于取消更新操作
SelectedIndexChanging	发生在单击某一行的"选择"按钮以后,GridView 控件对相应的选择操作进行处理之前。此事件通常用于取消选择操作
Sorting	在单击用于列排序的超链接时,但在 GridView 控件对相应的排序操作进行处理之前发生。此事件通常用于取消排序操作或执行自定义的排序例程

表 16-3 的各类事件在后面的内容中将会介绍到。

2）主键值的获取

GridView 控件中并没有显示 Id 字段内容(没有必要将其暴露给浏览者),但在对数据的更新和删除处理程序中,却必须保证能够读取到记录的 Id 值。

解决的办法就是,在对 GridView 控件数据绑定时,通过给 DataKeyNames 属性赋值,告诉 GridView 控件主键字段是什么名字(这里即名为 Id 的字段),GridView 控件即可自动保存。例中代码为 gvArticle. DataKeyNames = new string[ ] {"id"}。有的初学者易写为 gvArticle. DataKeyNames = "id",这样会出错,原因是 DataKeyNames 属性接受的必须是数组类型。

有了前面的准备,在对数据的更新和删除处理程序中,就可以在 GridView 控件 DataKeys 集合的 Value 属性中获取到当前行的 Id 字段值。例中相关代码为 gvArticle. DataKeys[e. RowIndex]. Value 。其中 e. RowIndex 为获取当前行的索引号。

3）当前行,以及行中各单元格内对象的获取

例中,获取当前行对象的语句为:

```
GridViewRow gvRow = gvArticle.Rows[e.RowIndex];
```

说明：e. RowIndex 可以得到当前行索引值,然后就可以从 GridView 控件的行集合 Rows 中得到当前行对象(gvArticle. Rows[e. RowIndex])。

返回的行对象类型为 GridViewRow。有了行对象,再获取本行中各控件及其值就变得非常容易了。如例中获取当前行中第 0 个单元格中的文本框,就可以写为:

```
TextBox txtGvTitle = (TextBox)gvRow.Cells[0].Controls[0];
```

由于行中第 0 个单元格中只有 1 个控件(TextBox 控件),所以通过取 Controls 集合的第 0 个元素 Controls[0]即是。

💡要显示指明控件的类型,因为以这种方式(包括后面的 FindControl 方法)取到的控件系统是无法得知其原始类型的。

4）编辑状态的设定

例中,设置当前行的编辑状态的语句为:

```
gvArticle.EditIndex = e.NewEditIndex;
```

说明：GridView 控件有个 EditIndex 属性,如果需要对某行进行编辑,只要将该行的行号赋值给 EditIndex 属性即可,例如将第 3 行(从 0 开始计数)切换到编辑状态,可以写为 gvArticle.EditIndex = 3。

当前用户选择的行号可以通过形参 e 的 NewEditIndex 属性获取,例如 e.NewEditIndex。

如果要取消编辑状态,将处于编辑状态的行号设置为 − 1 即可,例如 gvArticle.EditIndex = −1 。

最后要对显示数据重新绑定。例中调用了自定义的数据绑定函数:

```
BindView();
```

5）系统时间的读取

编写程序中大都会遇到需要获取系统当前的时间的情况。在 ASP.NET 中,所有的时间数据都可以从 DataTime 和 TimeSpan 类中获取。下面是一些常用的取值方法:

```
//获取当前时间数据,比如当前时间为 2010 年 11 月 5 日下午 1 点 21 分 25 秒
DateTime dt = DateTime.Now;
dt.ToString();                    //返回 2010 -11 -5 13:21:25
dt.ToFileTime().ToString();       //返回 1277564168599912816
```

💡ToFileTime 方法可以将当前时间值转换为 Windows 文件时间,这是一个长整型数字,是自 1601 年 1 月 1 日午夜 12:00 以来已经过的时间的以 100 毫微秒为间隔的间隔数。所以用它作为文件名几乎不会重复,如果是多用户同时操作的程序(比如网站)可以考虑再加上用户的 IP 或编号、用户名作为尾缀,或者增加一个多维的随机数,或者以文件的字节数作为尾缀,都是比较可靠的做法。

```
dt.ToLongDateString().ToString();  //返回 2010 年 11 月 5 日
dt.ToLongTimeString().ToString();  //返回 13:21:25
dt.Year.ToString();                //返回 2010
dt.Month.ToString();               //返回 11
dt.DayOfWeek.ToString();           //返回 Saturday
dt.Hour.ToString();                //返回 13
dt.Minute.ToString();              //返回 30
```

```
dt.Second.ToString();                        //返回 28
dt.AddYears(1).ToString();                   //返回 2011 - 11 - 5 13:47:04
dt.AddMonths(1).ToString();                  //返回 2010 - 12 - 5 13:47:04
dt.AddDays(1.1).ToString();                  //返回 2010 - 11 - 6 16:11:04
dt.AddHours(1.1).ToString();                 //返回 2010 - 11 - 5 14:53:04
dt.AddMinutes(1.1).ToString();               //返回 2010 - 11 - 5 13:48:10
dt.AddSeconds(1.1).ToString();               //返回 2010 - 11 - 5 13:47:05
dt.Add(?).ToString();                        //?为一个时间段
dt.Equals("2010 - 11 - 6 16:11:04").ToString();    //比较两个日期,这里返回 False
```

```
//计算两个日期之间的天数差
- - - - - - - - - - - - - - - - - - - - - - - - - - - - - - - - - - - - - - - -
DateTime dt1 = Convert.DateTime("2011 - 8 - 1");
DateTime dt2 = Convert.DateTime("2011 - 8 - 15");
TimeSpan span = dt2.Subtract(dt1);
int dayDiff = span.Days + 1;
```

```
//给日期增加一天、减少一天
- - - - - - - - - - - - - - - - - - - - - - - - - - - - - - - - - - - - - - - -
DateTime dt = DateTime.Now;
dt.AddDays(1);                               //增加一天
dt.AddDays(-1);                              //减少一天
//其他年份方法类似
```

3. 使用模板字段

到目前为止,GridView 控件在每个独立的列中分别显示各字段数据。如果希望在同一个单元格中显示多个值;或者希望在编辑状态,单元格中不再使用呆板的 TextBox 控件,而改为其他控件(如 RadioButtonList、FileUpload 控件等),甚至是几个控件的组合使用;再或者使用其他任何的 XHTML 标签等,从而获得自定义 GridView 内容的不受限的能力,就需要使用模板字段 TemplateField。

实际在使用 GridView 控件中,大都是在显示和编辑这两种状态下才使用模板字段。

下面对上例中的"图片"列使用模板字段处理。控件处于编辑状态的效果如图 16-6 所示。

很明显,这种编辑的方式才是适合用户的使用习惯的。

具体操作方法如下:

(1) 在设计视图下,通过快捷任务菜单进入 GridView 控件的【字段】对话框。选择【选定的字段】框中的"图片",然后单击右侧链接【将此字段转换为 TemplateField】。(也可以删除该字段,再添加一个新的 TemplateField 字段代替它)。单击【确定】按钮关闭【字段】对话框。

(2) 再次展开快捷任务菜单,选择【编辑模板】,进行模板编辑模式,如图 16-7 所示。

可以看到,位于第 2 列(表示为 Column[2])的图片字段共有 5 种模板编辑模式,见表 16-4。

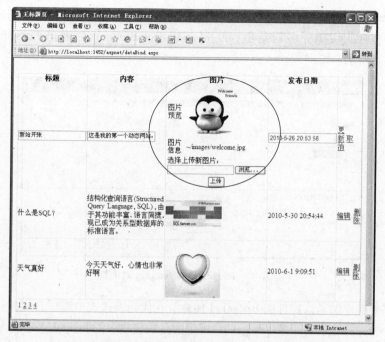

图 16-6 "图片"列使用模板字段处理时编辑状态效果

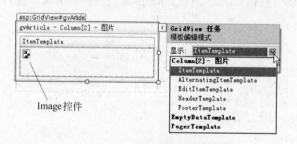

Image 控件

图 16-7 模板编辑模式

表 16-4 GridView 控件字段的 5 种模板编辑模式

模　式	描　述
ItemTemplate	定义全部数据单元格的外观内容
AlternatingItemTemplate	定义数据单元格偶数行的外观内容,此时,ItemTemplate 则负责定义奇数行单元格的外观和内容。这样可以显示一种交错效果
EditItemTemplate	定义编辑模式的外观和使用的控件
HeaderTemplate	定义表头单元格的外观和内容
FooterTemplate	定义表尾单元格的外观和内容

　　默认转入的是 ItemTemplate 模板模式,这是负责显示的模式。由于该模板字段是由用户将名为"图片"列的 ImageField 字段类型转换过来的,所以窗口中还保留着一个 Image 控件(如果前面不是通过转换,而是选择添加新的 TemplateField 字段,那么这里是空的)。现在这个 Image 控件还与 imageUrl 数据字段绑定着。需要时可以修改(如果

这里没有 Image 控件,可以从【工具箱】中拖入,照下面的方法进行数据绑定)。方法是:展开 Image 控件的快捷任务对话框,单击【编辑 DataBindings】,弹出 DataBindings 对话框,如图 16-8 所示。

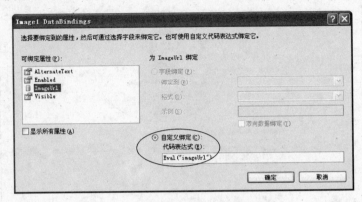

图 16-8　Image1 DataBindings 对话框

这里需要绑定的是该控件的 ImageUrl 属性。在代码表达式中添写 Eval("imageUrl"),代表 Image 控件将显示的图像(ImageUrl)绑定的是数据集中的 imageUrl 字段。

（3）选择模板编辑模式中的 EditItemTemplate 模式。删除里面已存在的 TextBox 控件,向其中拖入 Image 控件、Label 控件、FileUpload 控件和 Button 控件,并借助表格布局。效果如图 16-9 所示。

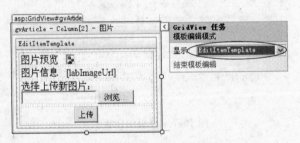

图 16-9　EditItemTemplate 模式下的布局效果

上述 4 个控件的设置见表 16-5。

表 16-5　控件设置

控　件	设　　置
Image	ID：imgReView ImageUrl 属性绑定表达式（通过快捷菜单进入 DataBindings 对话框）：Eval("imageUrl")
Label	ID：labImageUrl Text：空 Text 属性绑定表达式：Eval("imageUrl")
FileUpload	ID：fupImage
Button	ID：btnUpload Text：上传

（4）添加命名空间：using System. IO；这是因为程序中需要调用该命名空间内的类 File，用于删除旧文件。然后为其中的【上传】按钮（btnUpload）编辑事件函数。双击该控件，在自动生成的 btnUpload_Click 事件函数内添加如下语句：

```
//获取当前控件的父控件(即当前单元格对象的位置,它包含了这 4 个控件)
Control ctrl = ((Button)sender).Parent;
//借助父控件,从中寻找获取 Image 控件
Image imgReView2 = (Image)ctrl.FindControl("imgReView");
//借助父控件,从中寻找获取 Label 控件
Label labImageUrl2 = (Label)ctrl.FindControl("labImageUrl");
//借助父控件,从中寻找获取 FileUpload 控件
FileUpload fupImage2 = (FileUpload)ctrl.FindControl("fupImage");
//如果用户未选择上传文件,则不再处理
if (!fupImage2.HasFile)
{
    return;
}
//获取当前所在的行(GridViewRow)
GridViewRow gr = (GridViewRow)ctrl.Parent;
//借助当前行,获取当前记录的 ID 值
string strId = gvArticle.DataKeys[gr.RowIndex].Value.ToString();
//先查询出旧的图像名,并删除物理文件。再上传新的图像,用新图像名更新旧名
string strConn = WebConfigurationManager.ConnectionStrings["LocalSqlServer"].
ConnectionString;
SqlConnection conn = new SqlConnection(strConn);
conn.Open();
string strSql = "select * from article where id = " + strId;
DataSet DS = new DataSet();
SqlDataAdapter adp = new SqlDataAdapter(strSql, conn);
conn.Close();
SqlCommandBuilder cb = new SqlCommandBuilder(adp);
adp.Fill(DS, "myArticle");
DataRow tr = DS.Tables["myArticle"].Rows[0];
//依据记录中的 URL 信息删除旧图像文件
File.Delete( Server.MapPath( tr["imageUrl"].ToString() ) );
//获取新上传的图像文件的扩展名,如.jpg  .gif
string
strExt = fupImage2.FileName.Substring(fupImage2.FileName.
LastIndexOf('.') );
//创建新图像文件 URL
string strNewImageUrl = " ~ /images/" + DateTime.Now.ToFileTime().ToString() +
strExt;
fupImage2.PostedFile.SaveAs( Server.MapPath(strNewImageUrl) );
                                                      //上传新图像文件
tr["imageUrl"] = strNewImageUrl;                      //保存新图像文件 URL
```

```
tr["pubTime"] = DateTime.Now.ToString();                    //保存新上传时间
adp.Update(DS, "myArticle");
BindView();
```

（5）修改更新事件 gvArticle_RowUpdating 中的代码（前面程序中加粗效果部分）。将原来的语句：

```
TextBox txtGvImageUrl = (TextBox)gvRow.Cells[2].Controls[0];
```

更改为：

```
Label labGvImageUrl = (Label)gvRow.FindControl("labImageUrl");
```

这是因为在 EditItemTemplate 模式编辑下，已经删除了默认的 TextBox 控件，自己添加了几个新的控件，所以获取的对象也要跟着调整。

对应着，再将后面保存到数据集中相应字段的赋值语句，原来的：

```
tr["imageUrl"] = txtGvImageUrl.Text;
```

更改为：

```
tr["imageUrl"] = labGvImageUrl.Text;
```

下面是对程序的几点说明：

1）各字段中控件对象的获取

未使用模板字段情况下，对各列中控件对象的获取，需要依次按照下列层次进行：

GridView 控件的行对象 → 单元格对象 → 控件集合第 0 个元素对象

例如上面程序中：

```
gvRow.Cells[2].Controls[0]
```

表示 GridView 控件中当前行对象 gvRow 中的第 2 个单元格 Cells[2]中第 0 个控件 Controls[0]（实际上里面只有这一个 TextBox 控件），如图 16-10 所示。

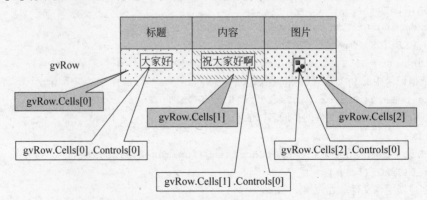

图 16-10　未使用模板控件情况下，对各列中控件对象的获取

使用模板字段情况下，对各列中控件对象的获取，可以按照下列层次进行：

GridView 控件的行对象→使用 FindControl 方法寻找自己添加的控件 ID

例如上面程序中：

```
gvRow.FindControl("labImageUrl")
```

表示在 GridView 控件的当前行对象 gvRow 中寻找 ID 名称为 labImageUrl 的控件。这种获取方式不必考虑它位于第几个单元格，也不必考虑单元格内有几个控件，如图 16-11 所示。

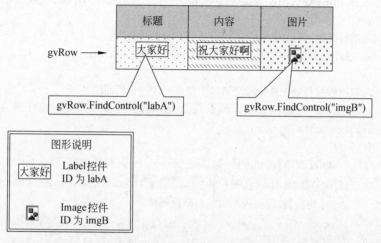

图 16-11　使用模板控件情况下，对各列中控件对象的获取

一般来说，对于自己添加的控件（可以设置 Id 名称），推荐使用 FindControl("ID 名称")的方式获取。

2）为【删除】按钮添加删除确认

当用户单击【删除】按钮时，应弹出一个删除确认的对话框，防止用户的误删除操作，如图 16-12 所示。

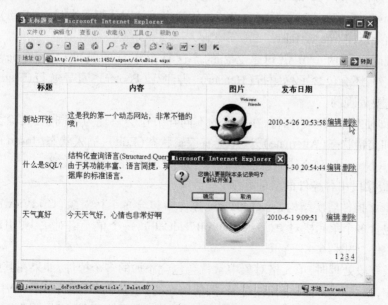

图 16-12　单击【删除】按钮时弹出删除确认对话框

由于需要在每行记录的【删除】按钮上都添加这样的确认功能,所以相关代码需要写入 GridView 控件的 RowDataBound 事件内。该事件将在对每行进行了数据绑定后激发。

操作方法是,先选择 GridView 控件(这里其 Id 名为 gvArticle),然后切换到【属性】窗口的事件列表 ⚡,双击 RowDataBound 事件,系统自动在代码页视图生成名为 gvArticle _ RowDataBound 事件函数,在该事件函数内添加相关代码:

```
protected void gvArticle_RowDataBound(object sender, GridViewRowEventArgs e)
{
    //只有当前行是数据行(DataRow)时才进行后面的处理
    if (e.Row.RowType == DataControlRowType.DataRow)
    {
        //只有数据行处于正常或交错显示状态时才进行后面的处理
        if (e.Row.RowState == DataControlRowState.Normal || e.Row.RowState ==
DataControlRowState.Alternate)
        {
            //获取【删除】按钮控件(默认是 LinkButton 控件类型,而非 Button 类型)
            LinkButton lbtMyDelete = (LinkButton)e.Row.Cells[5].Controls[0];
            //为【删除】按钮控件添加单击事件属性
            lbtMyDelete.Attributes["onclick"] = "return(confirm('您确认要删除
本条记录吗? \n【"+e.Row.Cells[0].Text.Trim()+"】'))";
        }
    }
}
```

加字符底纹效果的代码部分是核心。其中最重要的是控件的 Attributes 属性集合,它是包含在 Web 服务器控件的开始标记中声明的所有属性的集合。这时可以以编程方式向其中添加新的属性(JavaScript 的单击事件属性名是 onclick)。本例中,在用户单击时弹出一个 JavaScript 确认对话框(JavaScript 的弹出确认对话框函数是 confirm),并根据用户选择的结果返回 true 或 false。

核心代码前的两个 if 语句是必需的。这是由于行的类型(RowType)除数据行(DataRow)外,还会包含了标题行(Header)、脚注行(Footer)、页导航行(Pager)等,而这些行是不需要处理的。

另外,即使对于一个数据行,在操作的不同环节也会呈现为不同状态,除了正常状态(Normal)和交错状态(Alternate)外,还会有编辑状态(Edit)、插入状态(Insert)等,但是只有正常状态(Normal)和交错状态(Alternate)时,才会存在【删除】按钮。

3) 模板字段中各控件的事件处理

GridView 控件层次结构是:GridView 控件中包含多个行对象(GridViewRow),每个行对象又包含多个单元格对象(DataControlFieldCell),每个单元格对象中,用户可以拖放多个其他控件,如图 16-13 所示。

对模板字段处理时,单元格对象中常常会包含添加的多个控件,如果在其中某控件的事件函数中,要获取另外几个控件对象,例如前面的【上传】按钮的单击事件中,需要获取位于同一处的 Image、Label、FileUpload 控件,这就要采用回溯的方法。即先定位自己是

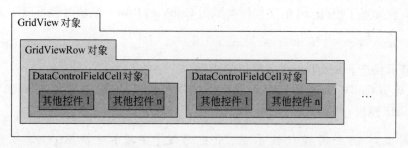

图 16-13　GridView 控件层次结构

谁,再定位自己的父亲控件是谁,最后通过父控件定位要寻找的兄弟控件。

首先看一下例子中【上传】按钮的单击事件函数 btnUpload_Click 的几处代码:

```
protected void btnUpload_Click(object sender, EventArgs e)
{
    //获取当前控件的父控件(即当前单元格对象的位置,它包含了这 4 个控件)
    Control ctrl = ((Button)sender).Parent;
    //借助父控件,从中寻找获取 Image 控件
    Image imgReView2 = (Image)ctrl.FindControl("imgReView");
    //借助父控件,从中寻找获取 Label 控件
    Label labImageUrl2 = (Label)ctrl.FindControl("labImageUrl");
    //借助父控件,从中寻找获取 FileUpload 控件
    FileUpload fupImage2 = (FileUpload)ctrl.FindControl("fupImage");
    //……中间省略……
    //获取当前所在的行(GridViewRow)
    GridViewRow gr = (GridViewRow)ctrl.Parent;
    //……中间省略……
}
```

回溯前提是如何定位自己。由于事件函数的形参 sender(发送者)表示激发当前事件函数的对象,也就是说,sender 对象即是自己(这里是被单击的 Button 控件 btnUpload)。使用时要注意显示地把它转换为原本的类型(如 Button)。

如何定位自己的父亲控件? 通过控件的.Parent 属性即可获取它的父控件。如:

```
Control ctrl = ((Button)sender).Parent;
```

如何定位兄弟控件? 使用父控件的 FindControl("兄弟控件 ID 名")。如:

```
Image imgReView2 = (Image)ctrl.FindControl("imgReView");
```

有时定位到某个控件进行显示转换时,却不清楚对象类型,这时可以使用控件的 GetType()方法获知。如:

```
Response.Write(ctrl.Parent.GetType());
```

运行后的输出结果为:

```
System.Web.UI.WebControls.GridViewRow
```

这样,就知道了控件 ctrl 的父控件类型为 GridViewRow。赋值时就可以写为：

```
GridViewRow gr = (GridViewRow)ctrl.Parent;
```

4）显示状态下 ItemTemplate 模板的使用

如果希望 GridView 控件在显示状态下使用模板,以应对更复杂的布局,需要使用 ItemTemplate 模板。

对某字段应用模板技术前,应先通过【字段】对话框,将该字段转换为 TemplateField,或者删除该字段,再添加一个新的 TemplateField 字段代替它。

进入 GridView 控件的快捷任务菜单,选择【编辑模板】,默认的模板编辑模式即是 ItemTemplate,这时在左侧的编辑框内对控件进行增、删、改即可。

代码页中的相关程序一般添加到 RowDataBound 事件函数中,这部分知识可以参考"为【删除】按钮添加删除确认"的内容。

本章小结

数据控件的功能强大,使用图形操作界面和修改源标签的方法只能发挥它们不到一半的功效。实际开发为了达到更加灵活的应用,往往需要附以后台的编程支持。本章重点介绍了对 GridView 控件的编程处理,熟悉这部分的处理机制后,转而处理其他的数据控件,如 ListView 控件、DetailsView 控件等,方式都相差无几,一般情况下查看 Visual Studio 的随机帮助即能解决问题。

习题

操作题：

使用本章介绍的知识点,通过使用编程对数据绑定的处理方式,对第 15 章的"通讯录"网站进行改写。

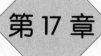

第 17 章

综合实例： 简捷动态网站

通过前面的学习,我们已经拥有了运用 ASP. NET 编写一些简单的动态网站的基本技能,但是对相关知识的掌握还只是局限在各功能模板上,对开发一个实际的动态网站还缺乏整体的运用。

为了使读者能对本书各知识点融会贯通,进而达到应用到具体的动态网站的开发上,本章选取了项目开发的一个实际应用作为示例,通过按步骤去构建一个较完整的网站,使大家更好地为未来信息化社会里从事动态网站开发工作打下良好的基础。

实例首页如图 17-1 所示。

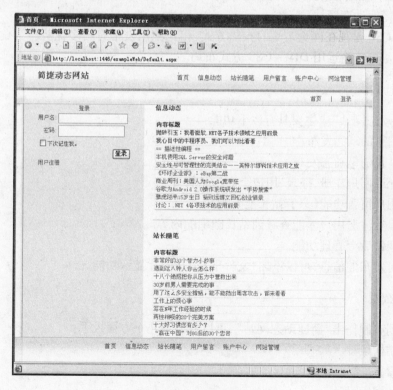

图 17-1　实例首页

17.1　前期准备

　　一个正式网站的开发,并不是刚上来就打开 Visual Studio 开始编写的,而是需经若干个阶段,逐步完善。实际开发中,一般要经过需求分析、网站总体设计、数据库设计、首页开发、功能模块设计、网站发布与测试 6 个阶段,每一个阶段,都有各自的操作规范。由于本书关注的重点在技术方面,所以非技术方面的内容就从简处理,这里主要解决最通俗的: 做什么,有什么,怎么做的 3 个基本问题。详细的规范可以到网上查找。

　　这里所说的是规范,而不是规定,也就是说,开发者有权利不去遵守,但是遵守这些操作规范却会令开发更加快捷、安全、可移植性强。所以,应尽量按照相应的规范来完成一个正式网站的开发工作。

1. 做什么

　　作为本书示例用网站,应尽可能地涵盖前面各章介绍到的知识点,还需要考虑到具有一定的实际使用价值,并且功能应较为丰富、结构清晰、开发周期短。从这几点出发,制作一个典型的具有个人网站特色的 ASP.NET 动态网站是比较合适的,在对整个开发架构清楚后,只要略加修改就可以转换成为新闻类、下载类、教学类等网站。为此,将此示例网站命名为"简捷动态网站"。

　　DIV + CSS 是现在网页主流的布局方式,相比使用表格有很多优势。为此,"简捷动态网站"将尽可能地运用 DIV + CSS 方式布局。

2. 有什么

　　"简捷动态网站"应主要具有以下功能:
　　(1) 信息的动态发布。
　　(2) 站长随笔动态发布。
　　(3) 允许用户注册、登录、用户个人信息管理。
　　(4) 用户留言功能(只有站长能看到)。
　　(5) 只有注册用户才能查看到站长随笔的内容。
　　(6) 网站后台管理功能。
　　(7) 对发布的信息,可以添加"文件下载"与图片显示功能。

3. 怎么做

　　从无到有制作出"简捷动态网站",可以从以下几个方面入手:
　　(1) 结构设计。
　　(2) 素材准备。
　　(3) 数据库设计。
　　(4) 母版设计。
　　(5) 首页设计。

（6）各栏目页设计。

（7）后台设计。

（8）测试发布。

17.2 结构设计及素材准备

根据之前的分析，对"简捷动态网站"的功能结构进行划分，如图 17-2 所示。

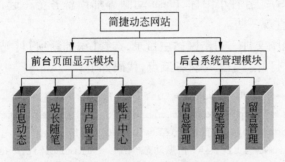

图 17-2 "简捷动态网站"结构图

根据功能结构，再确定网站的目录结构。网站最终的目录结构如图 17-3 所示。

目录结构清晰后，要对整个网站的页面布局以及风格进行设计，设计之初不妨用笔在纸上先勾勒一个草图，这样可以尽量节约时间，如图 17-4 所示。

图 17-3 网站目录结构

图 17-4 页面布局

要实现的布局主要为 4 部分。

● 页头：页面 Logo、广告、菜单、用户登录以及站点路径信息；

- 页尾：版权说明及其他描述信息；
- 左边栏：用户信息、网站推荐等；
- 主区域：各内容详情等。

很明显，页头及页脚是各个页面的公有部分，这样就可以通过母版实现。

另外，整个网站以淡淡的蓝为主色调，这是凉爽、清新、专业的色彩。它和白色混合，能体现柔顺、淡雅、浪漫的气氛。

建立起网页框架所需的一些主要文字内容、美化用图片，最好能先准备好，如背景图片、Logo 图片、按钮图片、各种小图标、Flash 动画等都预备齐全一起，这样在后面网站构建时，预览效果能更直观一些。

下面创建站点地图文件。右击网站主目录，选择【添加新项】|【站点地图】，系统自动创建 Web. sitemap 并打开。手工编辑各节点，代码如下：

```xml
<?xml version = "1.0" encoding = "utf-8" ?>
<siteMap xmlns = "http://schemas.microsoft.com/AspNet/SiteMap-File-1.0">
    <siteMapNode title = "首页" url = "Default.aspx">
        <siteMapNode title = "信息动态" url = "Information.aspx"/>
        <siteMapNode title = "站长随笔" url = "Essay.aspx"/>
        <siteMapNode title = "用户留言" url = "Message.aspx"/>
        <siteMapNode title = "账户中心" url = "Account.aspx"/>
        <siteMapNode title = "网站管理" url = "Admin/Default.aspx"/>
    </siteMapNode>
</siteMap>
```

17.3 网站配置文件设置

向 web. config 文件中添加以下信息：

（1）数据库连接配置字符串。这一步就要决定采用何种数据库了。由于是具有个人网站特色的 ASP. NET 动态网站，也为了与前面章节接轨，就选择使用 SQL Server 2005 Express 版本数据库（以后需要移植到其他数据库平台也可以）。使用 SQL Server 2005 Express 非常方便：数据库文件不必自己创建——在使用 Visual Studio 的【ASP. NET 网站配置】工具时就会自动生成并存放到主目录的 App_Data；数据库连接字符串也不必自己编写——配置数据源的时候会自动生成。因此这一步可以直接跳过。

（2）字符编码。考虑到本网站的性质，选择使用 GB 2312 字符编码。

在 < system. web > 节内添加元素：

```
<globalization fileEncoding = "GB 2312"
               requestEncoding = "GB 2312"
               responseEncoding = "GB 2312"/>
```

（3）文件和图片的保存路径。为了减少数据冗余，并提高网站的可移植性，数据库内只保存上传文件或图片的文件名，而单独将路径信息保存到 web. config 中的 < appSettings > 标签内，输入显示时再将两者组合到一起。配置如下：

```
< appSettings >
  < add key = "uploadDirectory" value = " ~ /upload/"/>
</appSettings >
```

（4）登录模式与角色配置。由于有用户管理模块，所以需要对登录模式和角色方面进行配置。另外，还要对管理目录 admin 设置访问权限。这一步可以通过【ASP. NET 网站配置】实现。

单击 Visual Studio 菜单的【网站】|【ASP. NET 网站配置】。选择【安全】|【使用安全设置向导按部就班地配置安全性】，执行以下操作：

① 在"选择访问方法"步骤中，选择"通过 Internet"。

② 在"定义角色"步骤中，选择"为此网站启用角色"。

③ 在"创建新角色"步骤中，添加新角色 administrators（管理员角色）和 friends（朋友角色）。

④ 在"创建用户"步骤中，创建一个新用户 admin（即未来的网站管理员）。

⑤ 在"添加新访问规则"步骤中，为 admin 子目录设置允许角色 administrators，拒绝"所有用户"。

⑥ 完成安全设置向导后，通过单击【管理用户】|【编辑角色】，将用户 admin 添加到角色 administrators 中。

（5）系统访问的登录页默认的名称是 Login. aspx，由于本网站的首页已经设置了登录窗口，因此也可以不再另行创建登录页了，可以通过配置 web. config，让系统将登录请求自动转向到首页 Default. aspx。

对应的配置是在 < authentication > 元素内，向其中添加 < form > 标签：

```
< authentication mode = "Forms" >
< forms loginUrl = "Default.aspx" protection = "Validation" timeout = "300"/>
</authentication >
```

（6）使用主题。统一网站风格，美化页面离不开 CSS 样式等，可以通过主题来统一规划。

右击用户主题 blue，选择【添加新项】|【样式表】，新建样式表 default. css。添加如下样式：

```
/ *公共部分 */
hr {
    border: 0;
    border - top: 1px solid #bababa;
    height: 1px;
}

h1 {
    position:absolute;
    left: 37px;
    top: 12px;
```

```
        font - size: 18px;
    }

    p {
        line - height: 1.4em;
    }

    a {
        text - decoration: none;
        color: #d32525;
    }

    a:visited {
        color: #980000;
    }

    a:hover {
        text - decoration: underline;
        color: #e05252;
    }

    a:active {
        color: #980000;
    }

    body {
        background - color: #ffffff;
        background - image: url(images/background.gif);
        background - repeat: repeat - x;
        margin: 0;
        padding: 0;
        text - align: center;
        font - size: 9pt;
        color: #666666;
    }

    /* 页头部分 */

    .header {
        background - image: url(Images/header.gif);
        background - repeat: no - repeat;
        position: relative;
        width: 760px;
        height: 81px;
        margin - left: auto;
```

```
      margin - right: auto;
   }

   .menua {
      position: absolute;
      right: 37px;
      top: 17px;
      text - transform: uppercase;
      font - size: 10pt;
   }

   .nav {
      position: absolute;
      right: 37px;
      top: 60px;
      text - transform: uppercase;
   }

.menua a:visited, .nav a:visited {
      color: #d32525;
   }

/ * 页体部分 * /

.page {
      background - repeat: repeat - y;
      margin - left: auto;
      margin - right: auto;
      text - align: left;
   }

#sidebar {
      float: left;
      width: 214px;
      height: 100%;
   }

#content {
      margin - left: 256px;
   }

#home {
      background - image: url('images/body - repeat.gif');
      position: relative;
      width: 686px;
```

```
    padding: 0px 37px;
}

/* 页脚部分 */

.footerbg {
    background-image: url(images/footer-side.gif);
    background-repeat: repeat-x;
    width: auto;
    height: 75px;
    text-align: center;
}

.footer {
    background-image: url(images/footer.gif);
    background-repeat: no-repeat;
    margin-left: auto;
    margin-right: auto;
    width: 760px;
    height: 75px;
    text-align: center;
}

.menub {
    margin: 12px auto 5px auto;
    text-transform: uppercase;
    font-size: 10pt;
}

.menub a:visited {
    color: #d32525;
}
```

在 web.config 文件的 pages 标签内添加属性 styleSheetTheme = "blue" 以使样式应用到整个网站。

```
<pages styleSheetTheme = "blue" >
    ...
</pages>
```

17.4 数据库设计

在前面配置角色的过程中,数据库 ASPNETDB.MDF 已经自动创建在 App_Data 目录中(若看不到则可以单击 🗐 刷新)。

切换到【服务器资源管理器】窗口,新建信息表 user_Information,字段设计如图 17-5

所示。

列名	数据类型	允许 Null	
infoId	int	☐	主键，标识
infoTitle	nvarchar (50)	☐	信息标题
infoContent	nvarchar (MAX)	☑	信息内容
infoType	int	☐	信息类型
infoFile	nvarchar (50)	☑	下载文件名
infoPhoto	nvarchar (50)	☑	展示图片名

图 17-5　表 user_Information 字段设计

新建用户留言表 user_Message，字段设计如图 17-6 所示。

列名	数据类型	允许 Null	
msgId	int	☐	主键，标识
msgTitle	nvarchar (50)	☐	留言标题
msgContent	nvarchar (MAX)	☑	留言内容
msgTime	datetime	☑	留言时间，加默认
msgIP	nchar (20)	☑	留言者 IP 地址

图 17-6　表 user_Message 字段设计

新建信息类型表 user_infoType，字段设计如图 17-7 所示。

列名	数据类型	允许 Null	
typeId	int	☐	主键，标识
typeName	nvarchar (50)	☐	信息类型名称

图 17-7　表 user_infoType 字段设计

为防止数据管理中出错，需要对表 user_Information 进行外键约束。右击"数据库关系图"，选择"添加新关系图"，在【添加表】对话框中，添加表 user_Information 和 user_infoType 后，关闭【添加表】对话框。拖曳 user_infoType 表的 infoId 字段到表 user_Information 的 infoType 字段。生成关系图如图 17-8 所示。

然后向表 user_infoType 添加两条新记录，如图 17-9 所示。

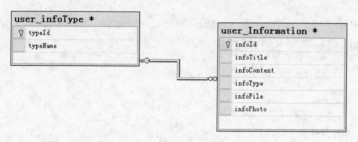

图 17-8　表 user_Information 和 user_infoType 关系图　　　　图 17-9　添加新记录到表 user_infoType

17.5　数据库操作类

由于多个网页会对数据库进行 ADO. NET 操作，正像前面第 14、16 章看到的，每个网页若要对数据库存、取数据，除非使用数据绑定控件，否则都要进行生成 Connection 连接对象,打开、生成 Command 命令对象,或者使用 DataAdpater 对象填充等操作,非常烦琐。

业界常用的方法是建立一个数据库操作类,如 SQLHelper、DBHelper、AccessHelper 类等,将对数据库的常用操作创建成若干个静态函数,以利于重用。下面就为网站创建数据库操作类。

右击网站主目录,选择【添加 ASP.NET 文件夹】|App_Code,生成子目录 App_Code,再右击 App_Code,选择【添加新项】|【类】,新建类 DBHelper.cs,为其创建各静态操作函数。代码如下:

```csharp
using System;
using System.Data;
using System.Configuration;
using System.Linq;
using System.Web;
using System.Web.Security;
using System.Web.UI;
using System.Web.UI.HtmlControls;
using System.Web.UI.WebControls;
using System.Web.UI.WebControls.WebParts;
using System.Xml.Linq;
using System.Data.SqlClient;
using System.Web.Configuration;

public class DBHelper
{
    protected SqlConnection Connection;           //存放连接对象
    protected string ConnectionString;            //存放

    public DBHelper()                             //构造函数
    {
        ConnectionString = WebConfigurationManager.ConnectionStrings
        ["LocalSqlServer"].ConnectionString;
    }

    private void Open()
    {
        //判断数据库连接是否存在
        if (Connection = = null)
        {
            //不存在,新建并打开
            Connection = new SqlConnection(ConnectionString);
            Connection.Open();
        }
        else
        {
            //存在,判断是否处于关闭状态
```

```
        if (Connection.State.Equals(ConnectionState.Closed))
            Connection.Open();                    //连接处于关闭状态,重新打开
    }
}


//公有方法,关闭数据库连接
public void Close()
{
    if (Connection.State.Equals(ConnectionState.Open))
    {
        Connection.Close();                       //连接处于打开状态,关闭连接
    }
}


//公有方法,根据 SQL 语句,返回一个结果数据集 DataSet
public  DataSet GetDataSetSql(string XSqlString)
{
    Open();
    SqlDataAdapter Adapter = new SqlDataAdapter(XSqlString, Connection);
    DataSet Ds = new DataSet();
    Adapter.Fill(Ds);
    Close();
    return Ds;
}


//公有方法,根据 SQL 语句,执行并返回影响结果的行数
public  int ExecuteSql(string XSqlString)
{
    int Count = -1;
    Open();
    SqlCommand cmd = new SqlCommand(XSqlString, Connection);
    Count = cmd.ExecuteNonQuery();
    Close();
    return Count;
}
}
```

17.6 母版设计

页头及页脚是各个页面的公有部分,可以制作为母版。方法为:

右击【解决方案资源管理器】窗口中网站主目录,选择【添加新项】|【母版页】,新建母版页 default.master。系统自动打开源标签视图,直接在原有 < div > 标签前后各再增加一组嵌套的 < div > 标签。如下加字符底纹的标签:

...

```
< div class = "header" >
    < h1 >简捷动态网站 </h1 >
    < div class = "nav" >
    </div >
</div >

< div >
    < asp:ContentPlaceHolder ID = "ContentPlaceHolder1" runat = "server" >
    </asp:ContentPlaceHolder >
</div >

< div class = "footerbg" >
    < div class = "footer" >
    </div >
</div >
```

...

< div >标签的 class 属性值即是之前定义的各 CSS 样式表元素名称。

然后切换到设计视图,系统即时产生样式效果。

先从【工具箱】中拖入一个 SiteMapDataSource 控件。然后:

(1) 向 class 样式名为 header 的 < div >标签内添加一个 Menu 控件,展开该控件的快捷任务菜单,选择数据源为 SiteMapDataSource1。设置 Menu 控件的属性,见表 17-1。

表 17-1　Menu 控件属性设置

属 性 名	属 性 值	含 义
cssclass	menua	应用 menua 样式
orientation	Horizontal	水平排列
maximumdynamicdisplaylevels	0	不动态显示任何菜单节点
skiplinktext	［空］	为屏幕阅读器呈现空替换文字
staticdisplaylevels	2	只显示头两层链接(主页是第 1 层;信息动态、站长随笔等是第 2 层)

(2) 向 class 样式名为 footer 的 < div >标签内添加一个 Menu 控件,除 cssclass 属性值改为 menub 外,其他设置与上面的 Menu 控件相同。

(3) 向 class 样式名为 nav 的 < div >标签内添加一个 SiteMapPath 控件和一个 LoginStatus 控件。

最后母版页 default. master 的设计视图如图 17-10 所示。

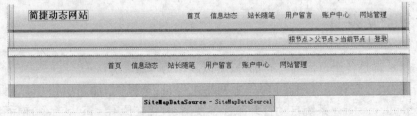

图 17-10　母版页 default. master 的设计视图

中间的水平空白条是 ContentPlaceHolder 区域,将由各内容页填充。

17.7　首页设计

网站主页开发阶段是整个项目开发的中心环节,也是最体现技术含量的工作,相对需要花更大量的时间和精力。

(1) 删除创建网页时默认生成的首页 Default. aspx。然后右击网站主目录,选择【添加新项】|【Web 窗体】,并选中【选择母版页】复选框,新建网页 Default. aspx。

(2) 在源标签视图下,修改 Title 属性值为"首页";向内容控件 ContentPlaceHolder1 中添加 1 个 <div> 标签,并向其添加 2 个属性: class = "page" 和 id = "home"。

在这个 <div> 标签内,再添加 2 个 <div> 标签(显示为页面的左边栏和主区域),分别设置 Id 属性为 sidebar 与 content。完整代码如下:

```
<%@ Page Language = "C#" MasterPageFile = " ~ /default.master"
AutoEventWireup = "true" CodeFile = "Default.aspx.cs"
   Inherits = "_Default" Title = "首页"% >

< asp:Content ID = "Content1" ContentPlaceHolderID = "head" runat = "Server" >
</asp:Content >
< asp:Content ID = "Content2" ContentPlaceHolderID = "ContentPlaceHolder1"
runat = "Server" >
    < div class = "page" id = "home" >
        < div id = "sidebar" >
        </div >
        < div id = "content" >
        </div >
    </div >
</asp:Content >
```

(3) 切换到设计视图,在左侧 Id 名为 sidebar 的 <div> 标签内拖入一个 LoginView 控件。展开其快捷任务菜单,在 AnonymousTemplate 模板视图内拖入 Login 控件,设置 CreateUserText 属性为"用户注册",设置 CreateUserUrl 属性为" ~ /Register. aspx";在 LoggedInTemplate 模板视图内拖入 LoginName 控件。

(4) 在右侧 Id 名为 content 的 <div> 标签内拖入两个 GridView 控件,修改这两个 GridView 控件的 Id 属性分别为 gvInformat 和 gvEssay,分别用以显示"信息动态"和"站长随笔"两个栏目。中间可添加水平线控件 ▭ Horizontal Rule 分隔美化(位于【工具箱】的 HTML 组内)。

(5) 为 GridView 控件(gvInformat) 设置数据显示。首先在【属性】窗口中设置控件 Width 为 420px,然后展开【GridView 任务】菜单,在【选择数据源】列表中单击"新建数据源",弹出【数据源配置向导】对话框。

(6) 在【应用程序从哪里获取数据】中选择"数据库";在【选择您的数据连接】中单

击【新建连接】,弹出【添加连接】对话框,其中"数据源"选择"Microsoft SQL Server 数据库文件",在【数据库文件名】中选择网站 App_Data 目录下的 ASPNETDB. MDF。

(7) 在【将连接字符串保存到应用程序配置文件(web. config)中】选择"是,将此连接另存为 ASPNETDBConnectionString"。

💡 通过展开"连接字符串",可以查看到已经生成的连接字符串:

```
Data Source = . \SQLEXPRESS; AttachDbFilename = D: \exampleWeb \App_Data \
ASPNETDB.MDF;
    Integrated Security = True; Connect Timeout = 30; User Instance = True
```

其中包括了绝对路径"D:\exampleWeb\App_Data\",这会降低网站的可移植性。解决的办法是编辑 web. config 文件,使用系统变量"|DataDirectory|"代替该绝对路径。即更改为:

```
Data Source = . \SQLEXPRESS; AttachDbFilename = |DataDirectory| ASPNETDB.MDF;
    Integrated Security = True; Connect Timeout = 30; User Instance = True
```

系统变量"|DataDirectory|"在调用时,会自动定位当前网站目录下的 App_Data 子目录。

(8) 在"配置 Select 语句"中,选择"指定自定义 SQL 语句或存储过程",单击【下一步】按钮。

(9) 在"定义自定义语句或存储过程"中,为 SELECT 添加 SQL 语句如下:

```
SELECT TOP 10 [infoTitle],[infoId] FROM [user_Information] WHERE [infoType] = 1
ORDER BY [infoId] DESC
```

其作用是查询最新发布的 10 条信息类型为 1(信息动态)的记录的标题、类型和主键。最后单击【完成】按钮结束配置向导。

(10) 从【GridView 任务】菜单中选择【编辑列】,弹出【字段】。在"选定的字段列表"中删除 infoTitle 和 infoId 字段,添加一个 HyperLinkField 类型字段,并设置如下属性,见表 17-2。

表 17-2   HyperLinkField 类型字段属性设置

属 性 名	属 性 值	含 义
DataNavigateUrlFields	infoId	导航链接用字段
DataNavigateUrlFormatString	view. aspx? id = |0|	导航链接格式
DataTextField	infoTitle	链接显示的文本用字段
HeaderText	内容标题	标题显示文本
ShowHeader	False	不显示标题

(11) 接下来为 GridView 控件(gvEssay)数据显示进行设置。方法与 GridView 控件(gvInformat)的设置步骤完全一样,主要注意以下几点:

① 需要为 GridView 控件(gvEssay)再新建一个数据源;

② 在"选择您的数据连接"中不必再新建连接,而是展开下拉列表,选择由前面

GridView 控件（gvInformat）创建并保存的数据连接字符串"ASPNETDBConnectionString"；

③ 在"定义自定义语句或存储过程"中，将 SELECT 添加的 SQL 语句修改为：

SELECT TOP 10 [infoTitle],[infoId] FROM [user_Information] WHERE [infoType] =2
ORDER BY [infoId] DESC

其作用是查询最新发布的 10 条信息类型为 2（站长随笔）的记录的标题、类型和主键。

最终首页的设计效果如图 17-11 所示。

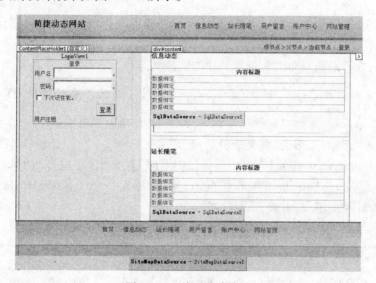

图 17-11　首页设计效果

17.8　各栏目页设计

各栏目页的设计与首页类似。

17.8.1　信息动态页设计

信息动态页用来展示网站的新闻信息，并具有分页功能。

（1）右击网站主目录，选择【添加新项】|【Web 窗体】，并选中【选择母版页】复选框，新建信息动态网页 Information. aspx。

（2）在源标签视图下，修改 Title 属性值为"信息动态页"；向内容控件 ContentPlaceHolder1 中添加 3 个 <div> 标签，格式与首页完全一样。

（3）切换到设计视图，在左侧 Id 名为 sidebar 的 <div> 标签内拖入一个 LoginView 控件。展开其快捷任务菜单，在 AnonymousTemplate 模板视图内拖入 Login 控件，设置 CreateUserText 属性为"用户注册"，设置 CreateUserUrl 属性为"~/Register. aspx"；在 LoggedInTemplate 模板视图内拖入 LoginName 控件。

（4）在 LoginView 控件的下方再拖入一个 DetailsView 控件（设置 Id 名为 dvPhoto），

用于显示信息动态栏目最新的一张照片。首先设置 Width 为 180px，然后展开【DetailsView 任务】菜单，在【选择数据源】列表中单击"新建数据源"，弹出【数据源配置向导】对话框。

（5）数据源的配置与前面类似，注意的地方是：

① 在"选择您的数据连接"中选择由前面创建并保存的数据连接字符串"ASPNETDBConnectionString"；

② 在"定义自定义语句或存储过程"中，为 SELECT 添加 SQL 语句如下：

```
SELECT TOP 1 [infoTitle],[infoPhoto],[infoId] FROM [user_Information] WHERE
[infoType] =1 AND [infoPhoto] < >'' ORDER BY [infoId] DESC
```

其作用是查询最新发布的 1 条含照片的信息动态。

由于系统对标签边界符"<"和">"会出于安全目的而自动进行 HTML 编码，所以配置数据源结束后，应切换到源标签视图，检查 SQL 语句中的不等于（< >）符号，是否被误编码为"<>"，若是，需要手动改回为"< >"。

（6）从【DetailsView 任务】菜单中选择【编辑字段】，弹出【字段】对话框。在"选定的字段列表"中删除 infoTitle、infoPhoto 和 infoId 字段，添加一个 HyperLinkField 类型字段和一个 ImageField 类型字段，并设置属性，见表 17-3。

表 17-3　字段属性设置

类 型 字 段	属 性 名	属 性 值	含 义
HyperLinkField	DataNavigateUrlFields	infoId	导航链接用字段
	DataNavigateUrlFormatString	view. aspx? id = {0}	导航链接格式
	DataTextField	infoTitle	链接显示的文本用字段
	HeaderText	标题说明	标题显示文本
	ShowHeader	False	不显示标题
	ItemStyle/HorizontalAlign	Center	水平居中
ImageField	DataImageUrlField	infoPhoto	图片 URL 所在字段
	DataImageUrlFormatString	Upload/{0}	显示图片的格式（加上了目录）
	HeaderText	标题说明	标题显示文本
	ShowHeader	False	不显示标题
	ControlStyle/Width	180px	显示宽度

（7）在右侧 Id 名为 content 的 <div> 标签内拖入 1 个 GridView 控件，修改 Id 属性为 gvInformation，用以显示完整的"信息动态"栏目。

（8）为 GridView 控件（gvInformation）设置数据显示。方式与前面首页 Default. aspx 中的同名 GridView 控件类似，需要注意的地方是：

① 需要新建一个数据源；

② 在"选择您的数据连接"中选择由前面创建并保存的数据连接字符串"ASPNETDBConnectionString"；

③ 在"定义自定义语句或存储过程"中，为"SELECT"添加 SQL 语句如下：

```
SELECT [infoTitle],[infoId] FROM [user_Information] WHERE [infoType] = 1
ORDER BY [infoId] DESC
```

其作用是查询所有的信息动态。

（9）从【GridView 任务】菜单中选择【编辑列】，弹出【字段】对话框。设置方法与首页 GridView 控件（gvInformation）的设置相同。

（10）在【GridView 任务】菜单中选择【启用分页】和【启用排序】。

（11）设置 GridView 控件（gvInformation）的 PageSize 属性为 20，PagerStyly 的子属性 HorizontalAlign 为 Right。

最终信息动态页的设计效果如图 17-12 所示。

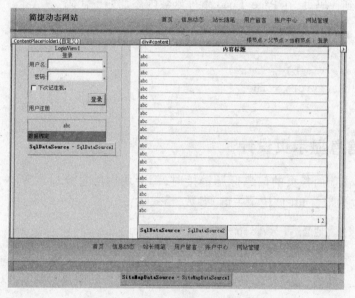

图 17-12　信息动态页设计效果

17.8.2　站长随笔页设计

右击网站主目录，选择【添加新项】|【Web 窗体】，并选中【选择母版页】复选框，新建站长随笔网页 Essay. aspx。

从基本功能上看，站长随笔页与信息动态页的设计大致相同，最主要的区别在于从数据源中获取的信息类型由 1 转换为 2。涉及的部位共有 2 处：

（1）SqlDataSource 控件（ID 为 SqlDataSource1）的 SelectCommand 属性值改为：

```
SELECT TOP 1 [infoTitle],[infoPhoto],[infoId] FROM [user_Information] WHERE
[infoType] =2 AND [infoPhoto] < >'' ORDER BY [infoId] DESC
```

（2）SqlDataSource 控件（ID 为 SqlDataSource2）的 SelectCommand 属性值改为：

```
SELECT [infoTitle],[infoId] FROM [user_Information] WHERE [infoType] = 2
ORDER BY [infoId] DESC
```

可以采用一个快捷的方法来构建该网页,即从已经创建好的信息动态网页 Information. aspx 中,切换到源标签代码,将 ContentPlaceHolder 控件(ContentPlaceHolderID 名为 ContentPlaceHolder1)内的全部代码,复制至站长随笔网页 Essay. aspx 的 ContentPlaceHolder 控件内,然后再逐一对涉及部分的代码进行修改。

另外,根据设计要求,站长随笔页的文章内容只能被注册用户访问,因此,还需要对本页进行一些针对性的完善。

(1) 在 GridView 控件上方添加一个 Label 控件(更改 Id 属性值为 labEssay)用于提示,设置 Text 属性值为"非注册用户只能查看本栏目的信息标题,而无权查看信息的具体内容!"。

(2) 设置左侧预览图片的 DetailsView 控件(dvPhoto)的 Visible 属性值为"False"。

(3) 切换到代码页,在 Page_Load 事件函数内添加如下代码:

```
if (User.Identity.IsAuthenticated)                    //如果当前用户已经登录
{
    labEssay.Visible = false;
    dvPhoto.Visible = true;
}
```

17.8.3　信息显示页设计

当用户单击前面各页的信息标题链接时,都会调用信息显示页 View. aspx,调用的 URL 中同时也携带着 Id(该记录主键)参数,格式如:

```
http://服务器地址/ View.aspx? id=123
```

该页的任务就是获取 URL 中的参数,然后依据参数到数据源中查询到对应记录,并显示到页面上。同时,也对访问站长随笔类型信息的用户权限进行判断,以决定是否提供显示。

(1) 右击网站主目录,选择【添加新项】|【Web 窗体】,并选中【选择母版页】复选框,新建信息显示页 View. aspx。

(2) 在源标签视图下,修改 Title 属性值为"信息显示";向内容控件 ContentPlaceHolder1 中添加 1 个 <div> 标签,添加 2 个属性: class = "page" 和 id = "home"。

(3) 切换到设计视图,向 <div> 标签内拖入 2 个 Label 控件、1 个 Image 控件和 1 个 HyperLink 控件,并设置属性,见表 17-4。

表 17-4　各控件属性设置

控　件	属 性 名	属 性 值	外围格式标签
Label	Id	labTitle	< h3 >
信息标题	Text	〔空〕	
Label	Id	labContent	< p >
信息内容	Text	〔空〕	

续表

控　件	属性名	属性值	外围格式标签
Image 信息照片	Id	imgPhoto	< p >
	Visible	False	
HyperLink 相关下载文件	Id	hlkFile	< p >
	Text	相关文件下载	
	Visible	False	

设计效果如图 17-13 所示。

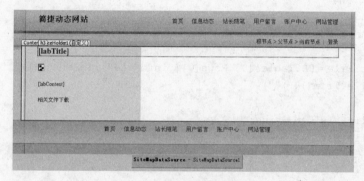

图 17-13　信息显示页设计效果

（4）单击【解决方案资源管理器】的查看代码按钮回，切换到代码视图，在 Page_Load 事件函数中书写如下代码：

```
//确保参数已经传送过来
if (Request["id"] = = null)
{
    return;
}

string strId = Request["id"].ToString();
string strSql = "SELECT infoTitle, infoType, infoContent, infoPhoto, infoFile
FROM user_Information WHERE infoId = " + strId;
DBHelper dh = new DBHelper();
DataSet DS = dh.GetDataSetSql(strSql);
if (DS.Tables[0].Rows.Count = =0)                    //若没有查询到则返回
{
    return;
}
labTitle.Text = DS.Tables[0].Rows[0]["infoTitle"].ToString();

int intTypeId = int.Parse(DS.Tables[0].Rows[0]["infoType"].ToString());
//如果用户访问的信息类型是"站长随笔"类,并且该用户还未登录,则提示并不再输出
if (intTypeId = =2 && !User.Identity.IsAuthenticated)
```

```
    {
        labContent.Text = "非注册用户只能查看本栏目的信息标题,而无权查看信息的具体内容!";
        return;
    }

    string strContent = DS.Tables[0].Rows[0]["infoContent"].ToString();
    //编码输入,将空格替换为   将换行替换为 <br/> 标签
    labContent.Text = strContent.Replace(" ", " ").Replace("\n", "<br/>");
    string strPath = WebConfigurationManager.AppSettings["uploadDirectory"];
    string strPhoto = DS.Tables[0].Rows[0]["infoPhoto"].ToString();
    if (strPhoto.Trim() != "")              //若当前记录存在照片字符串(即不是空串)
    {
        imgPhoto.Visible = true;
        imgPhoto.ImageUrl = strPath + strPhoto;
    }
    string strFile = DS.Tables[0].Rows[0]["infoFile"].ToString();
    if (strFile.Trim() != "")
    {
        hlkFile.Visible = true;
        hlkFile.NavigateUrl = strPath + strFile;
    }
```

17.8.4 用户留言页设计

用户留言页即可以采用 DetailsView 控件加数据源的方式构建(DetailsView 控件支持插入功能),也可以使用标准控件结合代码页编程的方式构建。为使本网站后期有更大的升级空间,这里采用后者。

(1) 右击网站主目录,选择【添加新项】|【Web 窗体】,并选中【选择母版页】复选框,新建用户留言网页 Message. aspx。

(2) 在源标签视图下,修改 Title 属性值为"用户留言";向内容控件 ContentPlaceHolder1 中添加 1 个 <div> 标签,添加 2 个属性: class = "page" 和 id = "home"。

(3) 切换到设计视图,在新建的 <div> 标签内,通过单击菜单的【表】|【插入表】,插入一个 4 行 2 列的表格进行留言界面的布局。

(4) 向表格内拖入 2 个 TextBox 控件、1 个 RequiredFieldValidator 验证控件、1 个 Button 控件和 1 个 Label 控件,并设置属性,见表 17-5。

表 17-5 表格内各控件属性设置

控　件	属 性 名	属 性 值
TextBox 留言标题	Id	txtTitle
	Width	330px
RequiredFieldValidator 留言标题必填	ControlToValidate	txtTitle
	ErrorMessage	请填写留言标题

续表

控　　件	属 性 名	属 性 值
TextBox 留言内容	ID	txtContent
	Rows	8
	TextMode	MultiLine
	Width	350px
Button 提交留言	ID	btnSave
	Text	确定
Label 信息反馈	ID	labMessage
	Text	［空］

设计效果如图 17-14 所示。

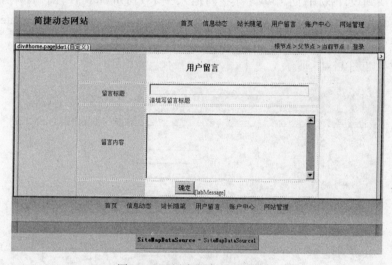

图 17-14　用户留言页设计效果

（5）双击 Button 控件【确定】，系统自动切换到代码视图，并生成 btnSave_Click 事件函数。在其中书写如下代码：

```
string strTitle = txtTitle.Text;
string strContent = txtContent.Text;
string strIP = Request.UserHostAddress;              //获取留言者 IP 地址
string strSql = "INSERT INTO user_Message(msgTitle,msgContent,msgIP) VALUES
('" + strTitle + "','" + strContent + "','" + strIP + "')";
DBHelper dh = new DBHelper();                        //创建数据操作类实例
if (dh.ExecuteSql(strSql) > -1)
{
    labMessage.Text = "留言提交成功!";
}
else
```

```
    {
        labMessage.Text = "留言提交失败,请与网管联系";
    }
```

17.8.5　账户中心页设计

账户中心网页在用户未登录情况下访问显示一个登录框,如果已经登录,则可以进行修改密码的操作。

(1) 右击网站主目录,选择【添加新项】|【Web 窗体】,并选中【选择母版页】复选框,新建网页 Account. aspx。

(2) 在源标签视图下,修改 Title 属性值为"账户中心";向内容控件 ContentPlaceHolder1 中添加 1 个 <div> 标签,添加 2 个属性: class = "page" 和 id = "home"。在该 <div> 标签内,再添加 1 个 <div> 标签,添加属性 id = "content"。

(3) 切换到设计视图,向 <div> 标签内拖入一个 LoginView 控件。展开其快捷任务菜单,在 AnonymousTemplate 模板视图内拖入 Login 控件,在 LoggedInTemplate 模板视图内拖入 1 个 LoginName 控件和 1 个 ChangePassword 控件。

设计效果如图 17-15 所示。

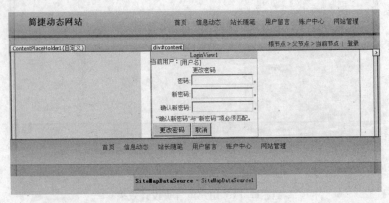

图 17-15　账户中心网页设计效果

17.8.6　用户注册页设计

(1) 右击网站主目录,选择【添加新项】|【Web 窗体】,并选中【选择母版页】复选框,新建用户注册网页 Register. aspx。

(2) 在源标签视图下,修改 Title 属性值为"用户注册";向内容控件 ContentPlaceHolder1 中添加 1 个 <div> 标签,添加 2 个属性: class = "page" 和 id = "home"。在该 <div> 标签内,再添加 1 个 <div> 标签,添加属性 id = "content"。

(3) 切换到设计视图,向 <div> 标签内拖入一个 CreateUserWizard 控件。

设计效果如图 17-16 所示。

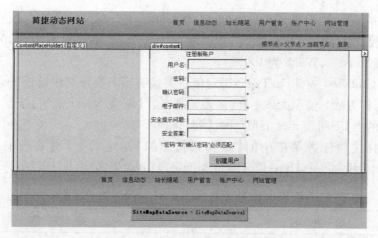

图 17-16　用户注册网页设计效果

17.9　后台设计

后台网页可以对网站的新闻信息、站长随笔、用户留言，以及注册用户进行管理。

17.9.1　结构安排

结构安排上，将在页面的左侧显示功能链接，右侧则采用内嵌框架方式。当单击左侧管理菜单后，右侧会联动显示目标功能网页。下面先创建必需的 4 个网页。

（1）右击网站主目录下的 admin 子目录，选择【添加新项】|【Web 窗体】，并选中【选择母版页】复选框，新建后台主管理网页 Default. aspx；

（2）右击网站主目录下的 admin 子目录，选择【添加新项】|【Web 窗体】，并取消【选择母版页】复选框，新建后台欢迎网页 Welcome. aspx；

（3）右击网站主目录下的 admin 子目录，选择【添加新项】|【Web 窗体】，并取消【选择母版页】复选框，新建后台内容管理网页 Manage. aspx；

（4）右击网站主目录下的 admin 子目录，选择【添加新项】|【Web 窗体】，并取消【选择母版页】复选框，新建后台留言管理网页 Message. aspx。

17.9.2　主管理网页设计

（1）在 Default. aspx 页源标签视图下，修改 Title 属性值为“后台管理”；在内容控件 ContentPlaceHolder1 中添加下列标签。

```
< div class = "page" id = "home" >
    < div id = "sidebar" >
    </div >
    < iframe src = "Welcome.aspx" name = "ManageFrame" width = "427"  height = "480"
        frameborder = "0" marginwidth = "0" marginheight = "0"  > </iframe >
</div >
```

（2）切换到设计视图，在左侧 Id 名为 sidebar 的 <div> 标签内依次拖入 1 个 LoginName 控件、1 个 GridView 控件（更改 Id 名为 gvType）和 1 个 HyperLink 控件（更改 Id 属性为 hlkMessage，Width 为 100%）。

（3）为 GridView 控件（gvType）绑定信息类型链接。展开其快捷任务菜单，选择新建数据源，操作方法与前面大致一样，需要调整是在【配置 Select 语句】步骤中，选择【指定表或视图的列】下的表 user_InfoType，【列】选择全部（*）。

再次选择快捷任务菜单中的【编辑列】，删除【选定的字段】列表中的 typeId 和 typeName，然后添加一个 HyperLinkField 类型字段，并设置属性，见表 17-6。

表 17-6　GridView 控件（gvType）HyperLinkField 类型字段属性设置

属 性 名	属 性 值
DataNavigateUrlFields	typeId
DataNavigateUrlFormatString	Manage. aspx? typeId = {0}
DataTextField	typeName
HeaderText	内容管理
GridLines	None
Target	ManageFrame

（4）设置 HyperLink 控件（hlkMessage）属性，见表 17-7。

表 17-7　HyperLink 控件属性设置

属 性 名	属 性 值	属 性 名	属 性 值
Text	用户留言管理	Target	ManageFrame
NavigateUrl	~/admin/Message. aspx		

设计效果如图 17-17 所示。

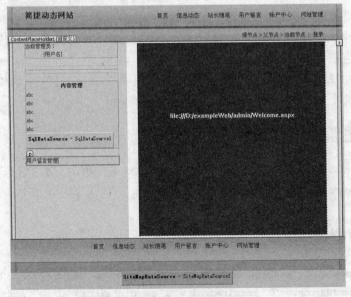

图 17-17　主管理网页设计效果

17.9.3　欢迎网页设计

由于欢迎网页 Welcome. aspx 是嵌入主管理页 Default. aspx 的框架内显示的，所以不能像其他网页那样应用同样的样式主题。为此，需要在 Welcome. aspx 页源标签视图下，修改第 1 行的 Page 指令标签，为其添加一个新属性 StyleSheetTheme = " "，表示当前网页使用空样式主题。修改后的 Page 指令标签如下：

```
<%@ Page Language = "C#" AutoEventWireup = "true" CodeFile = "Manage.aspx.cs"
  Inherits = "admin_Manage" StyleSheetTheme = "" % >
```

然后，在该页 < head > 标签内，单独添加页面样式：

```
< style type = "text/css" >
    body
    {
        background - color: #ffffff;
        margin: 0;
        padding: 0;
        font - size: 9pt;
        color: #666666;
    }
</style >
```

同理，后面也要对 Manage. aspx 和 Message. aspx 页进行同样的修改。

然后，切换到设计视图，输入欢迎信息"欢迎进入后台管理界面，请单击左侧的链接选择您的管理目标。"

17.9.4　内容管理网页设计

首先依照欢迎网页 Welcome. aspx 的方式添加内容管理网页 Manage. aspx。

为了便于理解，可以将内容管理网页划分为"内容更新模块"和"标题预览模块"两部分，如图 17-18 所示。

（1）内容更新模块界面设计。

首先插入一个 6 行 3 列的表，按图 17-18 所示进行合并、调整宽度等操作，然后拖入各控件，属性设置见表 17-8。

（2）标题预览模块界面设计。在内容更新模块下方再拖入一个 GridView 控件（Id 名改为 gvList，HorizontalAlign 设为 Center，Width 为 400px）。

展开快捷任务菜单，选择新建数据源。方法与前面类似，注意下面的几个位置要做一些调整：

① 在【配置 Select 语句】步骤中，要选择表 user_Information，列只选择 infoId 和 infoTitle；单击 WHERE，在【添加 WHERE 子句】窗口中，依次选择列（infoType）、运算符（ = ）、源（QueryString）、QueryString 字段（typeId），然后单击【添加】按钮；

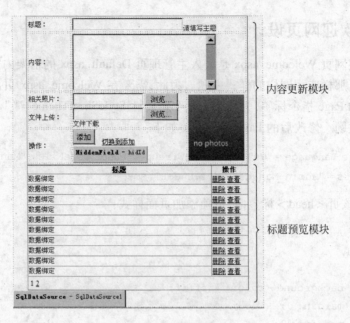

图 17-18　内容管理网页

表 17-8　表中各控件属性设置

控　件	属 性 名	属 性 值
TextBox 输入标题文本	ID	txtTitle
	Width	200px
RequiredFieldValidator 标题必填验证	ControlToValidate	txtTitle
	ErrorMessage	请填写标题
TextBox 输入内容文本	ID	txtContent
	Rows	6
	TextMode	MultiLine
	Width	260px
FileUpload 照片上传	ID	fupPhoto
Image 照片预览	ID	imgPhoto
	ImageUrl	~/images/noPhoto.jpg
	Height	116px
	Width	100px
FileUpload 文件上传	ID	fupFile
HyperLink 文件下载	ID	hlkFile
	Text	文件下载

续表

控　件	属 性 名	属 性 值
Button 提交按钮	ID	btnUpdate
	Text	添加
LinkButton 切换到添加方式	ID	lbtAdd
	Text	切换到添加
	Visible	False
HiddenField 隐藏字段控件，可用来保存数据 记录的主键	ID	hidId

② 单击 ORDER BY，在【添加 ORDER BY 子句】窗口中，排序字段选择 infoId，降序排列；

③ 单击【高级】按钮，在【高级 SQL 生成选项】窗口中，选择【生成 INSERT、UPDATE 和 DELETE 语句】与【使用开放式并发】两个复选框；

④ 在快捷任务菜单中选择【启用分页】、【启用排序】、【启用删除】、【启用选定内容】；

⑤ 选择快捷任务菜单中的【编辑列】，在【字段】对话框中，删除已选定字段中的 infoId 字段，然后设置 infoTitle 和 CommandField 字段属性，见表 17-9。

表 17-9　已选定字段各属性设置

类 型 字 段	属 性 名	属 性 值
infoTitle	HeaderText	标题
	ItemStyle/Width	330px
CommandField	HeaderText	操作
	SelectText	查看

（3）程序代码部分的编写。单击【解决方案资源管理器】的查看代码按钮◩切换到代码视图。

① 为了接收从主管理网页 Default. aspx 传过来的类别参数 typeId，需要在 Page_Load 事件函数中书写下列程序：

```
if (!Page.IsPostBack)
{
    if (Request["typeId"] != null)
    {
        //保存管理的内容类别
        ViewState["typeId"] = Request["typeId"].ToString();
    }
    gvList.DataBind();                    //绑定,即时显示信息
}
```

② 由于需要多次对"内容更新模块"各控件初始化处理,为减少代码冗余,可以新建一个自定义函数 reset( )以供其他功能调用。代码如下:

```
private void reset()
{
    hidId.Value = "";
    txtTitle.Text = "";
    txtContent.Text = "";
    imgPhoto.ImageUrl = " ~ /images/noPhoto.jpg";
    imgPhoto.ToolTip = "";
    hlkFile.NavigateUrl = "";
    hlkFile.ToolTip = "";
}
```

③ 为"内容更新模块"添加事件处理。双击添加按钮(btnUpdate),在自动生成的 btnUpdate_Click 事件函数内书写以下代码:

```
//从 web.config 中获取设定的上传文件的路径
string strUploadDirectory =
System.Web.Configuration.WebConfigurationManager.AppSettings
["uploadDirectory"];
Random rd = new Random();                //创建随机数生成器实例,用于后面的起名
string strId = hidId.Value;              //记录的主键
string strTitle = txtTitle.Text;         //标题
string strContent = txtContent.Text;     //内容
string strPhoto = "";                    //上传图片
if (fupPhoto.HasFile)                    //如果用户未选择上传文件
{
    string strExt = fupPhoto.FileName.Substring(fupPhoto.FileName.
    LastIndexOf('.'));                                           //取扩展名
    strPhoto = DateTime.Now.ToFileTime().ToString() +
rd.Next(1000,4999).ToString() + strExt;
    fupPhoto.PostedFile.SaveAs(Server.MapPath(strUploadDirectory) +
strPhoto);
    imgPhoto.ImageUrl = strUploadDirectory + strPhoto;
    imgPhoto.ToolTip = strPhoto;
}
else
{
    strPhoto = imgPhoto.ToolTip;
}
string strFile = "";                     //上传文件
if (fupFile.HasFile)
{
    string strExt = fupFile.FileName.Substring(fupFile.FileName.LastIndexOf
    ('.'));
```

```
    strFile = DateTime.Now.ToFileTime().ToString() + rd.Next(5000,9999) + strExt;
    fupFile.PostedFile.SaveAs(Server.MapPath(strUploadDirectory) + strFile);
    hlkFile.NavigateUrl = strUploadDirectory + strFile;
    hlkFile.ToolTip = strFile;
}
else
{
    strFile = hlkFile.ToolTip;
}
DBHelper dh = new DBHelper();
if (strId = = "")                            //添加操作
{
     string strSql = " INSERT INTO user_Information (infoTitle, infoContent,
infoType, infoPhoto, infoFile) ";
    strSql + = " VALUES ('" + strTitle + "','" + strContent + "','" + ViewState
["typeId"].ToString() + "','" + strPhoto + "','" + strFile + "')";
    dh.ExecuteSql(strSql);
}
else                                         //更新操作
{
    string strSql = "UPDATE user_Information set infoTitle = '" + strTitle + "' ";
    strSql + = ",infoContent = '" + strContent + "' ";
    strSql + = ",infoPhoto = '" + strPhoto + "' ";
    strSql + = ",infoFile = '" + strFile + "' ";
    strSql + = " WHERE infoId = " + strId;
    dh.ExecuteSql(strSql);
}
gvList.DataBind();
reset();
```

④ 为"主题预览模块"中的【查看】链接功能编写程序。选中 GridView 控件（gvList），在【属性】窗口中，单击 ⚡ 按钮切换到事件列表，双击 SelectedIndexChanging 事件，生成 gvList_SelectedIndexChanging 事件函数。在函数内书写如下代码：

```
string strUploadDirectory = System.Web.Configuration.
WebConfigurationManager.AppSettings
["uploadDirectory"];
string strId = gvList.DataKeys[e.NewSelectedIndex].Value.ToString();
string strSql = "SELECT * FROM user_Information WHERE infoId = " + strId;
DBHelper dh = new DBHelper();
DataSet ds = dh.GetDataSetSql(strSql);
txtTitle.Text = ds.Tables[0].Rows[0]["infoTitle"].ToString();
txtContent.Text = ds.Tables[0].Rows[0]["infoContent"].ToString();
string strPhoto = ds.Tables[0].Rows[0]["infoPhoto"].ToString().Trim();
if (strPhoto! = "")                          //若含照片
{
```

```
    imgPhoto.ImageUrl = strUploadDirectory + strPhoto;
    imgPhoto.ToolTip = strPhoto;
}
else
{
    imgPhoto.ImageUrl = " ~ /images/noPhoto.jpg";
    imgPhoto.ToolTip = "";
}
string strFile = ds.Tables[0].Rows[0]["infoFile"].ToString().Trim();
if (strFile != "")                        //若含下载文件
{
    hlkFile.NavigateUrl = strUploadDirectory + strFile;
    hlkFile.ToolTip = strFile;
}
else
{
    hlkFile.NavigateUrl = "";
    hlkFile.ToolTip = "";
}
hidId.Value = strId;
btnUpdate.Text = "更新";
lbtAdd.Visible = true;
```

⑤ 为按钮【切换到添加】编写代码。该按钮的作用是将"内容更新模块"从编辑状态恢复为添加状态。

双击该按钮(lbtAdd),产生 lbtAdd_Click 事件函数。在其中书写如下代码:

```
btnUpdate.Text = "添加";
lbtAdd.Visible = false;
reset();
```

17.9.5　留言管理网页设计

留言管理网页的功能相对要简单许多,它只包括两个功能,即"查看"和"删除"。可以通过 GridView 控件实现。

(1) 依照欢迎网页 Welcome. aspx 的方式添加留言管理网页 Message. aspx。

(2) 拖入 1 个 GridView 控件,设置 Width 为 400px,并为其选择"新建数据源"。需要特别调整的位置如下:

① 在【配置 Select 语句】步骤,选择表 user_Message,列选择全部(*);

② 单击 ORDER BY,在【添加 ORDER BY 子句】对话框中,排序字段选择 msgId,降序排列;

③ 单击【高级】按钮,在【高级 SQL 生成选项】对话框中,选择【生成 INSERT、UPDATE 和 DELETE 语句】复选框。

(3) 在快捷任务菜单中选择【启用分页】、【启用排序】、【启用删除】。

（4）选择快捷任务菜单中【编辑列】，在【字段】对话框中，删除已选定字段中的 msgId 字段，然后为其余的选定字段设置 HeaderText 属性为易理解的名称。

17.10　网站的进一步完善

尽管"简捷动态网站"的规模还比较小，但是已经具备了动态网站比较核心的一些功能，如信息显示与发布、网站后台管理。熟练创建该网站，对于后期构建一些中、小型网站具有很好的借鉴意义。

网站也存在着一些需要继续改进的地方。包括：

（1）后台添加信息只能在 TextBox 控件里输入，不能像 Word 软件那样编排格式。解决的办法是使用"HTML 编辑器"代替 TextBox 控件。常用的"HTML 编辑器"有很多，如 FCKEditor、eWebEditor、NiceEdit 等。FCKEditor 编辑器如图 17-19 所示。

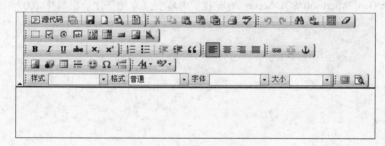

图 17-19　FCKEditor 编辑器

该"HTML 编辑器"可以从网上免费下载。

（2）在安全性方面，网站并没有对传递的 URL 参数进行过滤，在实际运转时，比较容易受到"SQL 注入攻击"。这是利用一些网站程序员在编写代码的时候，没有对用户输入数据的合法性进行判断从而使应用程序存在安全隐患，黑客通过提交一段数据库查询代码，从而获得某些非公开数据。限于篇幅，这里就不做过多介绍了。

（3）删除确认。后台信息的删除操作，并没有给用户弹出确认提示，有时会造成误删除。解决的办法在第 16 章已经做了介绍，读者可自动参考添加。

（4）尽管网站创建了 friends 角色，但并没有使用到，浏览者通过用户注册页 Register. aspx 注册后，并不隶属于任何角色。对此，网站并没有加以限制，用户登录后即可查看"站长随笔"内容，这种用户管理方式还比较低级。同时，后台也应具备用户管理的模块。对此，可以使用 11.9 节介绍的知识进行更高级控制。

（5）照片预览功能没有采用缩略图，而是查看原图的缩小显示。这在图片比较大时会影响显示速度。解决的办法是在照片上传时，使用后台程序自动再生成一个缩略图保存在另外的目录，用户单击缩略图时再链接到原始图片。生成缩略图需要用到 System. Drawing 命名空间下的 Image 类。相关使用方法可查阅其他资料。

以上问题，最好能在对本网站整个架构完理解的基础上，进行逐渐完善。

查看本实例的网上演示以及源代码下载，可以访问网站 http://www. qacn. net。

参 考 文 献

[1] 奚江华. 圣殿祭司的 ASP. NET 3.5 开发详解 II——新功能篇(使用 C#). 北京：电子工业出版社,2008.

[2] 李超. CSS 网站布局实录：基于 Web 标准的网站设计指南. 第 2 版. 北京：科学出版社,2007.

[3] 程不功. ASP. NET 2.0 动态网站开发教程. 北京：清华大学出版社,2006.

[4] 顾兵. XML 实用技术教程. 北京：清华大学出版社,2007.

[5] 徐人凤. SQL Server 2005 数据库及应用. 北京：高等教育出版社,2007.

[6] Bill Evjen. C# 高级编程. 第 6 版. 北京：清华大学出版社,2008.

[7] Mario Szpuszta. ASP. NET 3.5 高级程序设计. 第 2 版. 北京：人民邮电出版社, 2008.

[8] Stephen Walther. ASP. NET 3.5 揭秘. 北京：人民邮电出版社, 2009.

[9] Itzik Ben Gan. Microsoft SQL Server 2005 技术内幕. 北京：电子工业出版社,2007.